Découvrez l'histoire par les archives de presse

RETRONEWS
Le site de presse de la BnF

www.retronews.fr

REVUE

DES

SOCIÉTÉS SAVANTES.

REVUE

DES

SOCIÉTÉS SAVANTES,

PUBLIÉE SOUS LES AUSPICES

DU MINISTRE DE L'INSTRUCTION PUBLIQUE

ET DES BEAUX-ARTS.

SCIENCES MATHÉMATIQUES, PHYSIQUES ET NATURELLES.

DEUXIÈME SÉRIE.

TOME IX.

ANNÉE 1875.

PARIS.

IMPRIMERIE NATIONALE.

M DCCC LXXIX.

REVUE

DES

SOCIÉTÉS SAVANTES.

SCIENCES MATHÉMATIQUES,

PHYSIQUES ET NATURELLES.

ANNÉE 1875.

RAPPORTS

SUR

LES TRAVAUX DES SOCIÉTÉS SAVANTES.

RAPPORT SUR DIVERS TRAVAUX DE MATHÉMATIQUES,
par M. V. Puiseux.

Mémoires de l'Académie des sciences, inscriptions et belles-lettres de Toulouse (7ᵉ série, tome VI).

Des courbes dont les arcs sont égaux, par M. Léauté.

La recherche de relations simples entre des arcs non superposables est une question qui a beaucoup occupé les géomètres, surtout depuis que la découverte du calcul intégral a fourni des méthodes générales pour la rectification des courbes. C'est à cet ordre de travaux qu'appartient le mémoire de M. Léauté.

L'auteur y donne diverses méthodes pour trouver, soit dans un plan, soit dans l'espace, autant de couples qu'on voudra de courbes sur lesquelles il est possible de déterminer algébriquement des arcs égaux. Il serait trop long d'énumérer ici les théorèmes variés auxquels parvient M. Léauté; je me borne à indiquer la remarque qui sert de point de départ à son analyse.

Considérons deux courbes dont les points se répondent deux à deux, de façon que les tangentes aux points correspondants soient perpendiculaires entre elles. Nommons x, y, z, x', y', z' les coordonnées de ces points correspondants. Si l'on pose

$$X = x + x', \quad Y = y + y', \quad Z = z + z',$$
$$X' = x - x', \quad Y' = y - y', \quad Z' = z - z',$$

et que l'on construise les deux courbes dont l'une a pour coordonnées de ses points X, Y, Z et l'autre X', Y', Z', on voit aisément qu'on aura

$$dX^2 + dY^2 + dZ^2 = dX'^2 + dY'^2 + dZ'^2$$

et qu'ainsi un arc quelconque de l'une de ces nouvelles courbes sera égal à l'arc correspondant de l'autre.

M. Léauté fait de ce principe diverses applications et arrive ainsi à un grand nombre de propositions intéressantes.

Sur quelques points de calcul intégral, par M. Brassine.

Dans cette note, de quelques pages, M. Brassine applique à deux questions de calcul intégral ce qu'il nomme le principe de la composition et de la décomposition des équations différentielles. L'auteur se proposant de continuer ce sujet dans un prochain article, je crois devoir attendre la publication complète du travail pour en rendre compte au Comité.

Mémoires de la Société des sciences physiques et naturelles de Bordeaux (tome I, 2ᵉ série, 1875).

Ce volume de 300 pages est entièrement formé par la quatrième partie de l'important ouvrage publié par M. Hoüel, professeur à la Faculté des sciences de Bordeaux, sous le titre de *Théorie des quantités complexes*. L'objet particulier de cette section est le *Calcul des quaternions*. On sait que le géomètre irlandais Hamilton a désigné sous ce nom un nouvel élément de calcul qu'on peut regarder comme une généralisation des symboles complexes connus sous le nom de quantités imaginaires. La nouvelle branche d'analyse créée par Hamilton n'a pas encore montré sans doute une fécondité comparable à celle de la théorie habituelle des imaginaires; on en a fait néanmoins des applications intéressantes à de nombreuses questions d'analyse, de géométrie et de mécanique. Il est donc à désirer que la connaissance de ces méthodes, encore peu répandues sur le continent, deviennent familières aux géomètres : l'ouvrage de M. Hoüel, rédigé avec la clarté que l'auteur apporte dans toutes ses productions, leur en facilitera l'étude, et je n'hésite pas à considérer cette publication, originale d'ailleurs dans quelques-unes de ses parties, comme un véritable service rendu à la science.

Traduction des éléments de géométrie projective de M. Cremona, par M. Dewulf.

M. Dewulf, chef de bataillon du génie, a adressé au Comité un exemplaire de la traduction qu'il vient de publier des *Éléments de géométrie projective* de M. Cremona, et en outre un mémoire sur les *Transformations géométriques des figures planes,* mémoire rédigé d'après les travaux du savant géomètre italien.

Les méthodes fécondes par lesquelles le domaine de la géométrie a été si fort agrandi depuis le commencement de ce siècle n'ont encore pénétré que bien incomplétement dans l'enseignement, et jusqu'à ces derniers temps ne pouvaient guère être étudiées que dans des mémoires originaux ou dans des ouvrages peu accessibles aux commençants. M. Cremona, qui est, comme on sait, un des plus éminents parmi les géomètres qui ont renouvelé la science des figures, s'est proposé de combler cette lacune par un traité élémentaire; cet ouvrage, parfaitement approprié à son but, contribuera certainement de la façon la plus efficace à la diffusion et aux progrès de cette branche nouvelle des mathématiques. M. Dewulf, par la traduction fort soignée qu'il a faite de cet excellent livre, a mis les lecteurs français à même d'en profiter et a rendu ainsi un véritable service.

Quant au mémoire que M. Dewulf a envoyé en même temps au Comité et qui a paru dans le Bulletin des sciences mathématiques, il contient des recherches sur un mode de transformation des figures que M. Cremona désigne par le nom de *transformation birationnelle.* Il serait difficile d'exposer sans le secours du langage algébrique les nombreuses et intéressantes propositions auxquelles conduit cette transformation; en rassemblant et en traduisant dans notre langue les diverses parties d'une théorie éparse dans plusieurs mémoires de M. Cremona, M. Dewulf a fait encore une œuvre utile.

Je propose au Comité de remercier M. le capitaine Dewulf de ses intéressantes communications.

Rapport sur divers travaux de Mécanique,
par M. Haton de La Goupillière.

Notice de M. Lemarchand sur le parachute Salva (Bulletin des travaux de la Société libre d'émulation du commerce et de l'industrie de la Seine-Inférieure, 1870).

Les parachutes, si nombreux déjà, qui ont été proposés pour prévenir la chute de la cage d'extraction dans un puits de mine en cas de rupture du câble, emploient presque tous des griffes d'acier qui par un déclanchement spontané pénètrent dans la charpente du cuvelage. Ce principe doit naturellement être modifié lorsqu'au bois on substitue le fer dans les guidonnages. Déjà des monte-charges tels que celui de M. Bourdon ont été munis d'organes d'arrêt à frottement pour les guides en fer. Mais il n'y a encore là qu'un frein automoteur puissant et non un arrêt absolu et inévitable. M. Salva trouve dans l'arc-boutement un moyen simple et sûr d'obtenir cet effet.

Le câble soutient un plateau horizontal rectangulaire que nous réduisons pour cette explication à un de ses côtés longitudinaux. Cette traverse porte en ses extrémités deux tourillons sur lesquels jouent deux excentriques en forme de secteurs tournés vers l'intérieur du puits. Chacune de ces cames porte un peu en deçà un second axe auquel est suspendu un des montants de la cage. Le poids de cette dernière incline donc l'excentrique, mais fort peu, car un talon porté par ce secteur vient immédiatement buter contre la traverse principale. Cette faible inclinaison suffit toutefois pour que les deux cames soient en temps ordinaire écartées du fer à T qui forme le guidonnage. Mais si le câble vient à se rompre, le poids, dès lors librement abandonné dans l'espace, ne sollicite plus l'excentrique à s'incliner vers le bas. Un ressort relève ce dernier et l'applique en un temps inappréciable contre l'une des faces du fer à T. Le guidonnage est ainsi pincé entre les deux cames dans les conditions que fournit une théorie bien connue pour l'arc-boutement. L'effet est même tellement net qu'on est obligé de se mettre en garde contre ce qu'il a de trop absolu, car un arrêt aussi brusque pour supprimer la force vive acquise pendant le relèvement des cames par les ressorts pourrait provoquer quelque rupture. Aussi M. Salva suspend-il actuellement la cage au cadre horizontal par l'intermédiaire de ressorts de choc qui amortissent l'arrêt du poids malgré l'instantanéité de l'arrêt du cadre.

Cet ingénieux appareil offre ainsi une application réussie de principes justes et bien adaptés à la question. Il est toutefois nécessaire d'ajouter, dans une matière où la vie des hommes est en jeu, que le raisonnement a été ici appuyé par l'expérience et que des essais directs ont constaté l'efficacité du parachute Salva en cas de rupture du câble.

Notice de M. Le Plé sur la gaffe de sauvetage de M. Jules Le Grand (Bulletin des travaux de la Société libre d'émulation du commerce et de l'industrie de la Seine-Inférieure, 1870).

Les moyens ordinaires de sauvetage offerts aux personnes tombées à la mer ou en rivière manquent la plupart du temps leur but par le défaut de sang-froid et de présence d'esprit que provoque une situation aussi critique. M. Jules Le Grand a cherché à y adjoindre des moyens d'accrochage du noyé par ses vêtements ou même de recherche sous l'eau par les hommes du navire ou du quai.

Cet appareil, dont le prix ne dépasse pas 12 francs, se compose d'une perche en sapin de Norwége d'une longueur de 6 mètres, légère et solide tout à la fois, au bout de laquelle se trouve un grappin à pointes mousses. A un mètre de l'extrémité une barre transversale facilite la saisie de l'appareil par le noyé. Deux bouts de ligne munis de petites bouées sont suspendus aux extrémités de cette traverse, pour que l'homme qui craint de voir ses forces lui manquer puisse en entourer ses bras ou son corps. Enfin une très-heureuse innovation consiste dans l'adaptation, sur toute la longueur de la perche, d'un gros fil de cuivre rouge éprouvé à 200 kilogrammes de traction. Il peut arriver, en effet, qu'en faisant levier sur le bord du navire ou du quai sous un tel poids et tant de longueur on brise la perche en laissant retomber l'homme qu'on aurait été si près d'arracher à la mort. Le fil de cuivre préviendra à coup sûr ce danger en empêchant les deux morceaux de se détacher l'un de l'autre.

La simplicité de cet appareil parfaitement adapté à son but et la haute importance de sa destination ont déjà mérité à la gaffe de M. Le Grand plusieurs récompenses de la part de la Société d'émulation de la Seine-Inférieure et de la Société d'encouragement pour l'industrie nationale. Il a semblé à votre rapporteur que ces qualités étaient de nature à motiver l'approbation du Comité sous la forme de l'insertion du présent rapport dans le *Bulletin des Sociétés savantes*.

Notice de M. Mazurkiewiecz sur l'établissement d'un câble télédynamique polygonal, dans les usines de MM. Darblay et Béranger sur l'Essonne, par MM. Charles Callon et Vigreux (Bulletin des travaux de la Société d'émulation du commerce et de l'industrie de la Seine-Inférieure, 1870).

Nous ne pourrions insister longtemps sur cette notice fort courte d'ailleurs. Mais il nous paraît utile de citer un nouvel exemple du développement rapide, et dans des limites que chaque jour recule davantage, de la belle innovation de M. Hirn pour la transmission de la force motrice aux grandes distances.

Le câble installé par MM. Charles Callon et Vigreux devait transmettre à environ 700 mètres une puissance effective de 40 chevaux à 150 tours par minute, avec cette circonstance que les deux axes situés à 4^m,30 l'un au-dessus de l'autre comprenaient entre eux un angle de 8° 10′. On sait quelles difficultés spéciales présente la réunion par une courroie sans fin de deux poulies qui ne sont pas dans un même plan. On a ici levé cet obstacle en composant la projection horizontale du câble de plusieurs droites qui ne comprennent entre elles que l'angle négligeable de 1° 10′. La longueur totale du câble est alors de 1,424 mètres, son diamètre de 12 millimètres, son poids par mètre courant 0^k,45, la traction extrême 300 kilogrammes. Quant aux tensions variables aux divers points de cette sorte de polygone funiculaire dont les côtés sont des chaînettes, elles ont été déterminées par approximation en remplaçant les chaînettes par des arcs de parabole. On ne dépasse pas ainsi une tension de 5 à 6 kilogrammes par millimètre carré de section.

Cet ensemble constitue certainement un des exemples les plus intéressants de l'établissement des câbles télédynamiques.

———

Notice de M. Poulain, chef de bataillon du génie, intitulée : Assainissement des littoraux marécageux avec le concours des marées (Mémoires de la Société d'émulation du Doubs, 1870).

Dans le mémoire qui a été renvoyé à mon examen je distinguerai trois parties : la première renfermant la description technique des travaux proposés par l'auteur; la seconde consacrée à la mise en équation de la question théorique qu'ils soulèvent; la troisième relative à l'intégration de l'équation obtenue. .·

Les vues de l'auteur sur le fond de la question sont claires et justes, les travaux qu'il propose sont simples, condition essentielle, et paraissent bien conçus. On ne pouvait moins attendre d'un officier supérieur distingué de l'une des armes spéciales. Il ne paraît pas utile de donner ici le résumé de ces travaux d'art. Leur élément essentiel consiste en un canal établi à travers la dune, entre le marais et la mer. Dès lors la question théorique qui se présente d'elle-même est celle de l'écoulement alternatif qui s'effectuera dans ce pertuis sous l'influence des marées.

Pour en mettre le régime en équation, l'auteur procède comme l'a fait D'Aubuisson pour des questions analogues, en admettant que dans un écoulement non permanent la vitesse qui s'établit à un moment quelconque est celle qui résulterait du régime instantané actuel prolongé par la pensée dans le passé et dans l'avenir à l'état permanent. Mais le problème diffère ici [de ceux qu'a traités D'Aubuisson en ce qu'au lieu que la différence de niveau des deux biefs varie par le fait de l'écoulement, l'un d'eux, celui de l'Océan, doit être être considéré comme infini et variant avec le temps d'une manière déterminée à *priori* qui est la loi même des marées. L'auteur part donc de la formule donnée par Laplace pour représenter cette variation. Il commence par établir cette formule d'une manière directe qu'il m'est impossible de considérer autrement que comme une simple induction et non comme une démonstration. C'est ensuite en invoquant la relation usuelle des grands orifices que le commandant Poulain obtient l'équation du mouvement. Il y aurait à objecter sur ce point que l'influence du frottement de l'eau dans le canal n'y est nullement prise en considération et qu'elle influencera cependant d'une manière certaine les niveaux qui s'y établissent. Seulement l'auteur se contente plus loin d'une approximation par laquelle il aurait pu commencer, en négligeant les variations de hauteur dans le marais qui sont en effet et doivent même, au point de vue hygiénique, rester très-faibles.

L'auteur passe enfin à l'intégration de cette équation. Comme l'expression de Laplace est trigonométrique et que les formules de l'hydraulique l'engagent sous un radical carré, la quadrature à effectuer dépend des intégrales eulériennes ou elliptiques, à moins qu'on ne se contente du développement en série avec les fonctions ordinaires. M. Poulain passe en revue successivement ces trois modes de calcul. Il arrive ainsi aux formules finales qui pourront servir dans la pratique, surtout si plusieurs applications effectives permettent de se renseigner avec quelque sûreté sur le coefficient empirique dont l'auteur ne peut naturellement que proposer une valeur provisoire.

Tel est, en résumé, ce travail dont nous ne voudrions pas exagérer l'importance, mais auquel on ne peut s'empêcher de reconnaître un certain intérêt.

Rapport sur divers travaux de Météorologie,
par M. E. Renou.

Observations météorologiques faites à Saint-Étienne et Mémoire sur la climatologie du département de la Loire.

Les *Annales de la Société d'agriculture, industrie, sciences, arts et belles-lettres du département de la Loire*, t. XVI, année 1872 (Saint-Étienne, 1873), contiennent deux articles concernant la météorologie.

On trouve d'abord à la page 286 un journal météorologique du deuxième semestre 1872, sous le nom de *Remarques générales*. Ce sont des remarques sur les principales intempéries observées à Saint-Étienne, chutes de pluie, orages, etc. Elles accompagnent utilement les tableaux de chiffres.

Ces derniers comprennent les observations textuelles faites sur le même modèle que les années précédentes et que nous avons eu l'occasion d'apprécier l'an dernier. Nous espérons que, pour les années à venir, les observateurs voudront bien les mettre en rapport avec les exigences modernes de la science.

A la page 267 commence un mémoire de M. J. Rousse, portant pour titre : *Climat du département de la Loire et climature particulière de chacune de ses communes.* Après quelques généralités, M. Rousse explique comment il a formé le tableau des diverses localités du département, rangées suivant la température décroissante. Comme la température décroît, en moyenne, avec la latitude et l'altitude, il a établi la température moyenne annuelle de chaque lieu ainsi qu'il suit : il compte les latitudes depuis Bonifacio, point le plus méridional de la Corse, réduit cette latitude à 41°, soustrait cette latitude de celle de chaque point du département de la Loire et ajoute à cette différence, réduite en minutes, l'altitude du lieu en mètres. Il obtient ainsi un nombre qu'il appelle la climature de chaque lieu. Cette singulière manière de procéder donne tout au plus des nombres marchant en sens inverse de la température moyenne annuelle de chaque lieu ; elle ne donne point du tout d'ailleurs cette température elle-même. On obtiendrait une approximation bien plus satisfaisante en comptant que le centre du département de la Loire est sur l'isotherme théorique de 11°,5 environ et en supposant que la température décroît de 1 degré centigrade pour 180 mètres de hauteur et d'autant pour 1° 20' de latitude, de manière qu'un plateau incliné vers le nord sous une pente de $\frac{1}{823}$ aurait une température constante dans toute son étendue.

Je doute que le tableau de M. Rousse puisse rendre des services, même dans la pratique.

Rapport sur la topographie médicale de Troyes et de ses environs par Picard (7 mars 1786), par le docteur Arsène Vauthier.

Dans ce travail M. Vauthier analyse un mémoire écrit par Picard et conservé en manuscrit depuis la fin du siècle dernier. Ce mémoire ancien commence par des aperçus géographiques et historiques sur la ville de Troyes et ses environs, donne des renseignements statistiques intéressants, des détails sur la densité des eaux potables prise à l'aréomètre ; puis un résumé météorologique de six années d'observations faites à Troyes de 1779 à 1784. Suivent, dans le rapport de M. Vauthier, six pages de tableaux qui ne sont, paraît-il, qu'un extrait de ceux contenus dans le mémoire original.

Picard dit que les observations météorologiques ont été faites par le P. Bouthilier, de l'Oratoire.

On trouve une partie de ces résumés dans Cotte (*Mémoires*, t. II, p. 157). Cotte, en les donnant, dit que les observations ont été faites par Boutiller [1] et Rondeau, prêtres de l'Oratoire comme lui, comme lui aussi correspondants de l'Académie de médecine de Paris. Il ajoute que les observations sont faites avec soin et avec de bons instruments, comparés avec les siens de Montmorency. Le P. Boutiller se proposait alors de publier la topographie naturelle et médicale de Troyes.

La comparaison des chiffres des deux tableaux résumés de Cotte et de Picard ne laisse aucun doute sur leur identité, malgré quelques différences qui doivent provenir de fautes de calcul ou d'impression. Les hauteurs de pluie, seules, sont notablement différentes, ce qui peut provenir de ce que dans l'un des tableaux on aurait appliqué une correction négligée dans l'autre, ou que les résumés ont été faits par deux personnes différentes. A cette époque on ne paraissait guère comprendre la nécessité de l'exactitude, et les tableaux de Cotte lui-même, placé à la fin du siècle dernier à la tête de la météorologie, sont couverts de fautes de calcul.

M. Vauthier ne dit pas précisément en quoi consiste le *tableau météorologique très-soigné pour les années 1779 à 1874*, mais la pénurie de documents météorologiques de cette époque rend précieux tous ceux qu'on a conservés, surtout quand les observations ont été faites avec des instruments comparés à d'autres connus. Or, les instruments dont Cotte se servait à cette époque avaient été construits sous la direction de Lavoisier et étaient exacts, fait unique à cette époque.

Les résumés plus ou moins étendus ont peu d'utilité; les tableaux textuels ont au contraire une grande valeur. Nous exprimons donc le vœu que la Société académique de Troyes publie intégralement le mémoire de Picard et les tableaux météorologiques de Boutiller et Rondeau.

---

[1] J'ai transcrit ce nom de la même personne avec les deux orthographes que lui donnent Picard et Cotte : la dernière est évidemment la plus probable.

Climatologie de la ville de Fécamp, ou Résumé général des observations météorologiques faites en cette ville pendant les années 1863-1872, par M. Marchand (Le Havre, 1874, in-8° de 114 pages).

M. Marchand, pharmacien à Fécamp, a terminé en 1872 une série de vingt années d'observations, dont nous avons déjà eu l'occasion d'apprécier ici la première partie. Elles ont été continuées dans la deuxième partie sur le même modèle et avec les mêmes instruments placés au même endroit. M. Marchand, muni d'excellents instruments, vérifiés avec soin, dans une bonne position, en a obtenu des chiffres météorologiques faits pour servir de contrôle aux autres. Il obtient pour température moyenne annuelle de sa ville 9°,9, nombre qui ne s'accorde presque avec aucun autre; on trouve partout en effet, à bien peu d'exceptions près, des nombres trop élevés, à cause de la mauvaise position des instruments, placés à des fenêtres ou sous des abris insuffisants.

L'auteur étudie dans ce livre un certain nombre de questions relatives à l'influence de la lune sur les différents éléments du climat.

Il a d'abord dressé un tableau des orages observés pendant vingt ans à Fécamp, chaque jour de l'année, et l'a mis en regard d'un autre tableau résultant du relevé qu'il a fait sur les registres de l'observatoire de Paris de tous les orages qu'on y a notés, de 1785 à 1872.

Il s'est demandé si la distribution journalière des orages était influencée par la lune, et il trouve plusieurs minima et maxima qui se déplacent suivant que l'on considère la 7°, la 8° lune de l'année, etc., jusqu'à la 13°.

Il est difficile de se prononcer sur la réalité de cette distribution tant qu'on n'aura pas fait le même travail pour d'autres localités, surtout pour un grand nombre d'années d'observations.

Ce qui paraît le mieux démontré, c'est que la pression atmosphérique est influencée par les phases lunaires.

En effet, M. Marchand, partant de ce fait que la mer est basse à midi les 10° et 25° jours de la lune et pleine les 3° et 17° jours, trouve pour hauteurs barométriques correspondant à ces jours :

$$
\text{A midi :} \quad
\begin{cases}
\text{le 10° jour} \ldots\ldots\ldots\ 760^{mm},28 \\
\text{le 25° jour} \ldots\ldots\ldots\ 760\ \ ,22
\end{cases}
\text{moyenne } 760^{mm},15
$$

$$
\begin{cases}
\text{le 3° jour} \ldots\ldots\ldots\ 759\ \ ,81 \\
\text{le 17° jour} \ldots\ldots\ldots\ 758\ \ ,85
\end{cases}
\text{moyenne } 759^{mm},33
$$

Il y aurait donc $0^{mm},82$ de différence à midi entre les hauteurs barométriques les jours de basse et de haute mer, mais du 10° au 17° jour la différence s'élève à $1^{mm},43$.

Espérons que ces intéressantes recherches en provoqueront de nouvelles de la part d'autres observateurs.

Travaux relatifs à la météorologie, contenus dans les Annales de la Société d'agriculture de Lyon, t. IV, V et VI, 1871-1872-1873, par M. E. Renou.

Tome IV, page 256. *Action du froid sur les végétaux ligneux pendant l'hiver 1870-1871*, par M. Ant. Joannon.

On possède un grand nombre de notices de ce genre, mais qui laissent presque toutes beaucoup à désirer quant au degré de froid précis qui correspond aux accidents étudiés. Dans la plupart des cas le froid a été indiqué par des thermomètres non vérifiés ou mal placés, sujets à accuser un froid moindre de 3 ou 4 degrés que celui qui avait lieu réellement autour des végétaux considérés.

Nous trouvons précisément dans la notice de M. Joannon la rectification des chiffres de l'observatoire de Lyon, placé au centre de la ville, dans une position qui ne permet pas de déterminer des nombres d'une grande valeur.

Ainsi, tandis que les minima ont été, en décembre 1870 —16° et en janvier 1871 —16°,8 à l'observatoire de Lyon, on obtenait en même temps, au parc de la Tête-d'Or, situé aux portes de la ville, —20° et —22°. Ce chiffre a été confirmé par les observations de M. Joannon, qui a trouvé aussi —22° à Vourles.

La notice de M. Joannon est divisée en trois sections : dans la première sont compris 28 arbres ou arbustes détruits par la gelée ou du moins qui ont gelé jusqu'au sol ; la deuxième en renferme 45 qui ont plus ou moins souffert dans leurs rameaux ; enfin, dans la troisième sont énumérés 60 arbres qui n'ont nullement souffert.

Il y aurait un grand intérêt à dresser des listes semblables dans tous les hivers un peu rigoureux ; on finirait par arriver pour chaque végétal à deux degrés assez rapprochés, —18 et —20 par exemple, tel, que le premier ne cause aucun dommage à la plante, tandis que le second la tue.

Nous ne pouvons qu'encourager l'auteur à continuer son étude quand l'occasion s'en présentera.

Page 267. *Notions élémentaires sur l'hygrométrie atmosphérique*, par M. Tabourin, professeur à l'École vétérinaire de Lyon.

Ce mémoire de 38 pages est un traité à peu près complet d'hygrométrie. Il reproduit, par des figures dans le texte, les différents appareils dont on se sert soit pour les expériences, soit pour les observations.

On trouve à la page 286 une table des tensions de la vapeur et du poids de cette vapeur par mètre cube aux diverses températures de — 20° à + 40° d'après Pouillet.

L'auteur aurait dû donner ces nombres d'après les expériences de Regnault, qui inspirent plus de confiance et qui sont adoptées par tout le monde.

Des considérations climatologiques et physiologiques complètent ce traité, qui peut être utilement consulté par tous ceux qui veulent se livrer à des études hygrométriques. Mais on n'y trouve aucun travail original. Je n'appellerai donc pas l'attention davantage sur le travail de M. Tabourin.

Le même volume contient des tableaux de chiffres dont l'énumération, suivie de quelques remarques, suffira pour faire apprécier la valeur.

1° Hauteurs et températures du Rhône et de la Saône en 1870 à midi avec la température de l'air ambiant au même instant, par M. Gobin.

2° Températures du Rhône, rive gauche, par M. Marnas, du 28 mars au 24 avril 1870, à 11 heures du matin.

Les nombres de M. Gobin sont plus élevés de près de 1 degré que ceux de M. Marnas. Il y a donc là des erreurs de lecture ou d'instruments qu'il est essentiel de faire disparaître.

C'est sans doute à ce fait que se rapporte une note de M. Gobin insérée au tome V, 1873, procès-verbaux des séances de la Société d'agriculture, p. xvi. Dans cette note M. Gobin rejette sur la planchette du thermomètre cette erreur de lecture, en attribuant à cette planchette une influence réfrigérante, explication difficile à admettre.

Nous engageons M. Gobin à porter son attention sur ce point. Tout thermomètre exact donne parfaitement la température de l'eau, à la condition qu'on l'y agite pendant un temps suffisant et qu'on le lise sans le sortir de l'eau, par conséquent en l'élevant à hauteur convenable, au moyen d'un vase de 1/4 de litre au moins, qu'on a laissé aussi séjourner quelques minutes dans l'eau, en l'agitant.

3° Observations ozonométriques pendant l'année 1870, à Lyon, place Saint-Jean, et à Saint-Irénée à l'altitude de 281 mètres.

La comparaison des deux tableaux confirme le fait bien connu que dans l'intérieur des grandes villes, de Lyon particulièrement, il se passe des mois entiers sans que le papier ozonométrique éprouve la moindre coloration. Les coups de vent seuls peuvent la déterminer. Ainsi, en mars 1870, un seul jour, le 22, le papier a indiqué la teinte 1 sur la place Saint-Jean, tandis qu'à Saint-Irénée il contractait souvent des teintes de 15 à 18 (échelle en 21 degrés).

4° Dégâts produits par la grêle dans le département du Rhône en 1867, 1868, 1869.

Dans ces tableaux, M. Maxime Benoît a indiqué par communes et a évalué en francs les dégâts causés par la grêle et aussi par la gelée.

Des tableaux analogues existent dans les volumes suivants : pour les années 1870, 1871 et 1872, dans le tome V, p. 281; pour l'année 1873, dans le tome VI, p. 911.

Ces utiles recherches intéressent un grand nombre de personnes, et il est bien à désirer qu'on en publie de semblables dans tous les départements.

5° Résumé des observations météorologiques faites à l'observatoire de Lyon, à 9 heures du matin, pendant l'année 1870, par M. Lafon, professeur d'astronomie, directeur de l'observatoire et président de la Commission météorologique du Rhône.

C'est un journal météorologique indiquant les principales variations du thermomètre et du baromètre et les intempéries les plus remarquables de l'année. Il est suivi d'un résumé spécial relatant tous les orages qui ont été observés dans le département.

Des résumés pareils pour les années 1871 et 1872 se trouvent dans les deux volumes suivants.

6° Tableaux de la Commission météorologique du Rhône pour les années 1871, 1872, 1873 faisant suite aux tableaux de la Commission hydrométrique et sur le même modèle depuis trente ans. — Dans les trois volumes déjà cités.

Tome V, 1872, page 272. *Note sur les variations barométriques et la prévision locale du temps*, par M. Gobin.

Ce sont des observations et remarques pratiques qui sont utiles à consulter.

Résumé des observations barométriques et thermométriques faites à l'observatoire de Lyon pendant seize ans, 1856-1871, à 9 heures du matin. Ce sont des moyennes mensuelles pour chaque mois de chacune des années de la période.

Observations météorologiques au parc de la Tête-d'Or, à Lyon, pendant sept mois, de mai à novembre 1872.

Ces observations n'ont malheureusement pas été continuées; elles étaient dans une bonne situation et auraient permis de déterminer l'erreur de l'observatoire. Telles qu'elles sont, elles font voir qu'en été les minima sont beaucoup plus élevés à l'observatoire que dans la campagne, car en juillet 1872 la moyenne des minima diurnes est 17°,33 et au parc 14°,27. Les maxima présentent une différence en sens contraire, mais moindre, puisque les moyennes mensuelles sont respectivement 27°,76 et 29°,48.

Tableaux des hauteurs du Rhône au pont Morand; résultats sommaires des observations de quarante années, 1826-1865.

On y trouve les moyennes hauteurs du Rhône, jour par jour, pendant cette période. Elles font voir combien le régime fluvial du Rhône diffère de celui des autres principales rivières de France. Il est, on peut le dire, exactement opposé : la plus faible hauteur moyenne du Rhône est en janvier, la plus grande en août, ce qui tient à la fonte des neiges des Alpes.

A la fin de cette année il y aura cinquante années d'observations; il est donc à espérer que la Société d'agriculture publiera un résumé général de ces cinquante années. Mais comme il est bien plus important d'avoir les observations textuelles de chaque jour que des résumés, il y aurait utilité à publier les premières années qui n'ont pas été publiées *in extenso*, du moins à ce que je pense. Il serait toujours fort utile pour les recherches de trouver toutes les hauteurs du Rhône réunies dans un seul fascicule, comme la Société météorologique de France le fait dans ce moment pour les hauteurs de la Seine à Paris depuis 1732.

Tome VI, 1873, page 869. *Recueil de quelques observations météorologiques faites à Lyon pendant le XVIIIᵉ siècle*, par M. Lafon.

C'est une chronique ou un journal météorologique dans lequel sont rapportés tous les faits principaux, toutes les intempéries les plus remarquables éprouvées par la ville de Lyon entre 1737 et 1799.

On y voit clairement, au milieu de bien d'autres choses, que les hivers rudes à Lyon sont les mêmes qu'à Paris; beaucoup de faits qui paraissent accidentels sont communs aux deux villes. Ainsi, le mois de janvier 1739 présenta à Lyon un phénomène rare à pareille époque, un orage violent qui eut lieu le 16. Réaumur a signalé aussi à Paris cet orage, qui selon lui a été aussi fort qu'un orage d'été.

On trouve dans ce mémoire un grand nombre de chiffres thermométriques relatifs surtout aux froids les plus rigoureux des principaux hivers et aussi aux grandes chaleurs de quelques étés; malheureusement les thermomètres de cette époque étaient si imparfaits, si mal gradués, si volumineux, si mal placés, qu'ils marquaient des températures beaucoup trop hautes et qu'on ne peut pas comparer avec les chiffres modernes. Quoi qu'il en soit, ces journaux météorologiques anciens présentent un grand intérêt.

Les trois volumes que je viens d'analyser contiennent les procès-verbaux des séances de la Société d'agriculture. Dans ces comptes rendus se trouvent un certain nombre de notices météorologiques.

J'en citerai quelques-unes.

Dans le tome IV, M. Lafon communique une curieuse observation d'un cataclysme qui s'est produit sous ses yeux dans le soleil le 16 juin 1871, et pendant lequel une tache s'est dédoublée subitement pour former deux taches distinctes.

M. Piaton appelle l'attention de ses collègues sur le refroidissement du 18 mai 1871, par suite duquel les vignes et même les chênes ont éprouvé de graves dommages. M. Mulsant dit à cette occasion qu'il est tombé *récemment* (commencement de juillet 1871) sur le mont Pila une quantité de neige telle que depuis trente ans on ne souvient pas d'en avoir vu autant.

M. Roussille décrit une anthélie observée au sommet du Pila le 19 juillet 1870.

Dans le tome V, M. Lafon donne des *Observations barométriques* de deux heures en deux heures environ; le 19 et 20 janvier 1873, ℓ il y a eu d'un jour à l'autre un abaissement de 20 millimètres et un grand coup de vent de sud-ouest. A Paris il y a eu, le 19 au soir, un orage comme en été, analogue à celui observé presque à la même date en 1739 et que j'ai signalé tout à l'heure.

On trouve encore dans ces mêmes volumes quelques autres notes météorologiques qui sont peu susceptibles d'être analysées ici.

Mémoires contenus dans le LIV° volume de l'Académie de Metz.

M. Abel a publié, dans le LIV° volume de l'Académie de Metz (1875) un intéressant mémoire sur une question qui intéresse surtout les viticulteurs; il a pour titre : *Les vignobles de la Moselle et les nuages artificiels.* Ce mémoire, en grande partie historique, donne de nombreux extraits d'auteurs anciens et de chroniques connues, relatifs aux intempéries des saisons, dans les siècles passés : il y a joint des renseignements plus modernes et ses propres observations jusqu'au printemps de 1873. Ces citations se rapportent surtout aux intempéries de mai, particulièrement à la fameuse période des trois saints de glace. Il ressort des citations de Pline que cette même intempérie sévissait sur les mêmes jours il y a dix-huit cents ans.

On voit aussi par les extraits de divers auteurs que depuis un temps immémorial on cherchait à garantir la vigne ou les autres plantes cultivées sensibles à la gelée au moyen de feux produisant une épaisse fumée. Ainsi Pline conseille ce moyen en termes précis. Garcilaso de la Vega rapporte aussi que les Incas du Pérou suivaient la même pratique il y a trois siècles.

M. Abel a employé la fumée artificielle dans ses vignes de Guentrange, aux environs de Metz, mais n'a pas réussi parce que le ven· l'emportait dans les propriétés voisines : aussi pense-t-il qu'il serait de l'intérêt de tous de s'entendre pour faire des feux en commun à des endroits convenables pour obscurcir l'atmosphère dans des emplacements déterminés. M. Abel a abordé aussi la question théorique à propos de ce refroidissement de mai. Il cite les opinions de divers auteurs, notamment celles d'Erman et de Petit, qu'il fait de son vivant directeur de l'observatoire de Montpellier; c'est de Toulouse qu'il a voulu dire.

.Ces deux savants sont les premiers qui aient attribué le refroi-

diss*cment du 12 mai à une offuscation du soleil produite par un
essaim d'étoiles filantes qui se manifeste à nos yeux à six mois de là,
le 11 novembre. Or, si les étoiles filantes sont la cause de ce phénomène, il ne peut se présenter tous les ans à la même date, ainsi que
Delaunay l'a fait remarquer il y a peu d'années. Les retours se règlent
nécessairement sur l'année sidérale et non sur l'année tropique, de
manière que ce qui se passe aujourd'hui le 11 mai devait tomber
le 10 mai il y a soixante et onze ans et le 17 avril du temps de
Pline, il y a dix-huit cents ans. Or nous avons vu que Pline cite
précisément la même intempérie aux mêmes dates qu'aujourd'hui.
Il y a donc là une difficulté qui n'avait pas été prévue par les par-
tisans de cette explication.

***

Notice historique sur les aurores polaires, par M. Müller.

C'est une description de l'apparence qu'a présentée à Metz l'au-
rore du 4 février 1872 et une notice dans laquelle on passe en
revue les différentes opinions émises pour l'explication des aurores
polaires en général.

A la fin du même volume on trouve les observations météorologiques faites en 1872 par M. Müller d'abord, et ensuite, à partir
du 20 novembre, par M. Schuster.

Ces observations, qui continuent, dans la même forme, celles qui
ont été publiées antérieurement par l'Académie de Metz, paraissent
faites au même lieu que les précédentes.

La série actuelle est intéressante en ce qu'elle continue une série
commencée en 1825 et qui n'a eu de lacunes que dans ces dernières
années.

***

Rapport sur divers mémoires de Géologie, par M. Hébert.

Société géologique de Normandie.

La Société géologique de Normandie a publié depuis 1873, première année de son existence, deux volumes, l'un de 230 pages,
l'autre de 176 pages.

Le siége de cette société est au Havre; elle s'occupe exclusivement

de géologie et de paléontologie aux divers points de vue scientifique, agricole et industriel.

Elle a publié :

1° Le compte rendu par M. Biochet, notaire à Bolbec, des observations faites en 1872, parmi lesquelles se trouvent des faits
importants, comme la faille de Pavilly ;

2° Des études, très-bien faites, sur la recherche de la houille en
Normandie, par M. Lennier ;

3° Une description de cinquante-cinq espèces d'Échinides fossiles
réguliers du département de la Seine-Inférieure, par M. Bucaille
de Rouen ;

4° Deux rapports intéressants sur les travaux de la Société pendant les années 1873 et 1874 ;

5° De curieuses études sur le sol et les anciens rivages du Havre,
par MM. Quin, Bucaille et Lionnet ;

6° Des rapports sur divers ouvrages, notamment sur ceux qui
traitent des roches phosphatées dans la Caroline du Sud et en Europe.

Tous ces travaux sont sérieux et ont une véritable importance.
Un encouragement venant du Comité aurait certainement la plus
heureuse influence sur le développement de ce centre scientifique.

Notices géologiques de M. de Longuemar.

M. de Longuemar, correspondant du ministère de l'instruction
publique, a envoyé à M. le Ministre :

1° Un compte rendu d'excursions géologiques ;

2° Deux conférences sur le territoire du département de la
Vienne.

Ces brochures ne sont aucunement susceptibles d'analyse. Elles
méritent d'ailleurs l'intérêt des géologues et des personnes qui s'intéressent au sol de ce départenent au point de vue topographique,
ou même sous d'autres rapports.

L'auteur, comme le Comité le sait bien, est un savant distingué
qui a reçu il y a peu d'années une médaille d'argent.

RapPORT SUR LES TRAVAUX DE BOTANIQUE *publiés dans le Bulletin de la Société linnéenne de Normandie, VIII* volume, 2* série, année 1873-1874,* par P. Duchartre.

Le volume relatif aux années 1873-1874 du *Bulletin de la Société linnéenne de Normandie* renferme plusieurs travaux qui intéressent la botanique, mais dont, malgré leur intérêt évident, aucun n'est de nature a être analysé en détail. Je me bornerai donc à les signaler au Comité, en lui indiquant l'objet que s'est proposé leur auteur et la marche qu'il a suivie.

La plupart de ces travaux sont dus à M. Louis Crié, préparateur de botanique à la Faculté des sciences de Caen, qui, faisant des Champignons l'objet principal de ses études, a trouvé dans ces végétaux cryptogames le sujet de quatre mémoires tous intéressants, mais fort inégaux d'importance et d'étendue.

1° Le plus considérable des quatre a pour titre : *Recherches sur les Pyrénomycètes de l'ouest de la France* (p. 41-96). C'est le commencement d'une flore mycologique partielle se rapportant à une catégorie fort nombreuse de petits Champignons qui, en se développant sur des végétaux d'un ordre plus élevé, y déterminent souvent de profondes altérations tissulaires. L'humidité du climat de l'ouest de la France le rend particulièrement favorable au développement de ces Cryptogames ; aussi le nombre de leurs espèces qu'ont trouvées MM. de Brébisson, Lenormand, Roberge, Guépin et l'auteur, est-il considérable. Il est vivement à désirer que ce relevé descriptif, dans lequel on trouve pour chaque espèce, avec l'indication des caractères distinctifs et une énumération détaillée des stations et des habitats, une synonymie bien comprise et étudiée avec soin, soit continué sans interruption et mené le plus rapidement possible à bonne fin. On ne saurait trop féliciter M. L. Crié de s'être placé à un point de vue souvent négligé même aujourd'hui par les mycologues descripteurs, et de s'être attaché à donner le plus possible, pour chaque espèce, l'énumération des formes distinctes sous lesquelles elle se présente successivement dans le cours de son existence, selon qu'elle porte tel ou tel de ses différents appareils producteurs.

2° Deux notes intéressantes de M. L. Crié ont pour objet de faire connaître, l'une (*Note sur le mode de dissémination des spores chez le* Rhytisma acerinum, p. 132-134), comment le *Rhytisma acerinum*, petit Champignon discomycète très-commun sur les feuilles de nos différents Érables sur lesquelles il forme de larges taches noires, lance brusquement, vers la fin de l'hiver, ses spores linéaires, en produisant une sorte de crépitation très-appréciable ; l'autre (*Note sur un cas fréquent de destruction des feuilles chez l'*Hedera Helix, L. p. 161-166), comment un autre Champignon microscopique, en se développant sur les feuilles du Lierre dans le Jardin botanique de Caen, y produit des taches blanches, entourées d'une bordure rouge, auxquelles succèdent tout autant de perforations. Ce parasite est le *Depazea hederæcola*, Fr., dont l'auteur décrit les spermogonies, avec leurs spermaties, et les conidies, les deux sortes de corps reproducteurs dont il a reconnu l'existence.

3° Enfin, sous le titre de *Coup d'œil sur la végétation fongine de la Nouvelle-Calédonie* (p. 442-451), le même cryptogamiste a donné le relevé, en texte courant, des diverses espèces de Champignons que MM. Balansa, Déplanche, Pancher et Vieillard ont rapportées de notre colonie néo-calédonienne, un peu au hasard et sans en faire l'objet de recherches spéciales. Cet aperçu a de l'intérêt comme donnant une première idée d'une flore mycologique sur laquelle on ne possédait encore aucune donnée générale.

La cryptogamie a tous les honneurs dans le volume qui fait l'objet de ce court rapport. C'est encore à cette branche de la science que se rapporte un travail important de M. Husnot, bryologue bien connu, qui y occupe une place importante et qui a pour titre : *Catalogue des Mousses du Calvados* (p. 342-376). S'aidant des matériaux recueillis par les botanistes normands qui se sont occupés de cryptogamie, et ils sont nombreux, M. Husnot a pu dresser le catalogue de 269 espèces de Mousses aujourd'hui connues dans le département du Calvados. C'est un nombre considérable, puisqu'il est presque la moitié de celui des espèces de la même famille qu'on a trouvées jusqu'à ce jour dans la France entière et plus du tiers de celles qu'on a observées dans toute l'Europe. Ce catalogue sera un excellent point de départ pour une florule mycologique dont il serait heureux que M. Husnot s'occupât ultérieurement.

En ajoutant à ces cinq mémoires une *Note biographique sur Alphonse de Brébisson*, le savant cryptogamiste, par M. J. Morière, et la *Vie de Fries*, le célèbre mycologue suédois, par M. Paul Alexandre, j'aurai complété l'indication des travaux relatifs à la botanique et à ceux qui la cultivent, qui ont trouvé place dans le volume publié en 1874 du *Bulletin de la Société linnéenne de Normandie*,

Rapport sur divers travaux de Botanique, par M. Chatin.

Société des sciences naturelles et archéologiques de la Creuse (t. IV, 2ᵉ bulletin).

I. Nous avons remarqué dans ce petit volume un catalogue de la flore fossile du bassin houiller de la Creuse, par le docteur Chaussat, médecin de la compagnie des houillères d'Ahun.

Grâce au concours empressé de M. Ad. Brongniart et de M. Grüner, qui l'ont aidé de leurs conseils et ont mis à sa disposition, pour la comparaison, les riches collections du Muséum et de l'École des mines, M. Chaussat a dressé un intéressant catalogue comprenant un assez grand nombre d'espèces des genres *Annularia, Asterophyllites, Equisetum, Calamites, Calamodendron, Sphenopteris, Cyclopteris, Nevropteris, Pecopteris, Odontopteris, Sigillaria, Rhabdocarpos*, etc.

L'auteur se propose de compléter son travail; mais ce qui vient de paraître sera dès à présent consulté avec intérêt par les botanistes paléontologistes.

II. Un autre travail, l'*Examen des plantes qu'on trouve sur les monuments antiques et les points remarquables du département de la Creuse* et des contrées limitrophes, mérite d'arrêter l'attention des botanistes. L'auteur, M. Pascal Jourdan, commence par l'énumération des plantes qui croissent sur l'église et le château du Guéret. La liste, dans laquelle se trouvent, avec bon nombre de plantes phanérogames, quelques Fougères entre lesquelles le *Ceterach*, plusieurs Mousses et Lichens, compte, en dehors d'espèces communes, le *Geranium pyrenaicum* et le *Sedum elegans*, auxquels s'associent la Giroflée (*Cheiranthus Cheiri*) et le Muflier (*Anthirrhinum majus*), plantes qui font spécialement partie de la florule des vieilles murailles.

Le *Puy de Gaudy*, dont le sommet fut un ancien camp celte, plus tard gaulois et enfin romain, a une florule assez riche, dans laquelle, suivant M. Jourdan, les plantes hibernales se sont groupées en regard de l'exposition nord-ouest, tandis que les espèces printanières et estivales se sont fixées sur la pente sud et sud-est. Parmi ces plantes il faut citer : le *Lycopodium clavatum*, les *Corydalis solida* et *claviculata*.

Les *pierres jornathres* du mont Barlot et celles d'Ep-Nell abritent la délicate Campanule à feuilles de lierre (*Wahlenbergia hederacea*) qu'y cueillit George Sand; l'*Alchemilla vulgaris* et le *Gypsophila muralis*, le *Juncus squarrosus* et le *Cyperus flavescens*, mêlés à des espèces plus communes.

M. Jourdan se propose d'étendre prochainement ses explorations au vieux château et aux ruines d'Aubusson, de Bourganeuf, de Montaigut-le-Blanc, etc. On peut croire qu'il rencontrera alors quelques-unes de ces espèces, *Dianthus, Caryophyllus, Silylium Marianum*, etc., regardées comme caractéristiques, de la florule des vieux châteaux.

RAPPORT SUR DIVERS TRAVAUX RELATIFS À LA MÉDECINE ET À L'HYGIÈNE,
par M. Dechambre.

Mémoires de la Société académique d'agriculture, des sciences, arts et belles-lettres du département de l'Aube (t. X, 3ᵉ série).

Ce volume renferme, comme afférent aux sciences médicales, un mémoire sur la topographie médicale de Troyes, écrit il y a près de cent ans (1786) par M. Picard, conseiller médecin ordinaire du roi, rapport exhumé par M. le docteur Vauthier qui en fait précéder la publication d'une courte note analytique.

Le mémoire de Picard, qui a valu, paraît-il, à son auteur une gratification de 100 livres, est d'un grand intérêt. Conçu sur une large base, il donne des détails précis en ce qui touche la ville de Troyes sur la topographie, la nature des terrains, la quantité et la composition des eaux, les variations dans les cantons composés de plusieurs communes, les maladies endémiques, avec la proportion qui revient à chacune d'elles dans le chiffre total des décès annuels. Un comité se trouvait chargé de veiller à l'organisation et au fonctionnement dans chaque commune du bureau de bienfaisance, comme à ce que le malade indigent fût libre de choisir son médecin et le prît dans la commune. Rien de plus simple que cette organisation : elle est en partie fondée sur le principe de l'égalité.

Ce système est analogue à celui qu'a défendu à l'Assemblée le rapporteur de la Commission, M. Talon. Il supprime le médecin cantonal, il supprime même le médecin des pauvres, il n'y a plus de fonctionnaire spécial. Tous les médecins d'une commune deviennent médecins des pauvres, au choix des malades, et leurs honoraires se payent par *bons de visite*, sur la caisse de la commune.

Ce rapprochement est d'autant plus naturel que la ville de Troyes a reçu, dans ces derniers temps, d'importantes améliorations qui ont pu y modifier notablement les conditions de l'hygiène publique.

RÉUNION ANNUELLE

DES

SOCIÉTÉS SAVANTES À LA SORBONNE.

SÉANCE DU 31 MARS 1875.

Le mercredi 31 mars, à midi, a eu lieu, dans la grande salle de la Sorbonne, la réunion des délégués des Sociétés savantes des départements. La séance était présidée par M. Le Verrier, membre de l'Institut, président de la section des sciences du Comité des travaux historiques. Il était assisté de MM. L. Delisle, président de la section d'histoire; Milne Edwards, Léon Renier, vice-présidents des sections des sciences et d'archéologie; Blanchard, Hippeau et Chabouillet, secrétaires.

M. Le Verrier a d'abord adressé quelques paroles aux délégués sur les travaux qui devaient avoir lieu à la Sorbonne et sur ceux qu'il promettait de diriger à l'Observatoire; puis il a donné lecture des arrêtés relatifs à la réunion des délégués, à la distribution des récompenses et à la composition des bureaux.

Voici le texte de ces actes officiels :

Le Ministre de l'instruction publique, des cultes et des beaux-arts,

Sur la proposition du Comité des travaux historiques et des Sociétés savantes,

Arrête :

ARTICLE PREMIER.

La distribution des récompenses aux Sociétés savantes des départements aura lieu à la Sorbonne, le samedi 3 avril 1875, à midi précis.

ART. 2.

Les mercredi 31 mars, jeudi 1er et vendredi 2 avril, des lectures et des conférences publiques seront faites à la Sorbonne dans les trois sections du Comité par les membres des Sociétés savantes.

Fait à Paris, le 14 décembre 1874.

Signé A. DE CUMONT.

Le Ministre de l'instruction publique, des cultes et des beaux-arts,

Sur la proposition des sections du Comité des travaux historiques et des Sociétés savantes;

Vu l'arrêté du 25 décembre 1872,

Arrête :

Une allocation de *trois mille francs* sera mise, en 1875, à la disposition de chacune des sections d'histoire, d'archéologie et des sciences du Comité des travaux historiques et des Sociétés savantes, pour être distribuée à titre d'encouragement, savoir :

1° Pour la section d'histoire et d'archéologie, aux *Sociétés savantes des départements* dont les travaux auront contribué le plus efficacement aux progrès de l'histoire et de l'archéologie;

2° Pour la section des sciences, *soit aux Sociétés, soit à des savants des départements*, dont les travaux auront contribué aux progrès des sciences.

Fait à Paris, le 17 décembre 1874.

Signé A. DE CUMONT.

Le Ministre de l'instruction publique, des cultes et des beaux-arts,

Arrête ainsi qu'il suit la composition des bureaux des trois sections du Comité des travaux historiques et des Sociétés savantes.

pour les séances qu'il tiendra à la Sorbonne les 31 mars, 1er et 2 avril 1875.

1° SECTION D'HISTOIRE ET DE PHILOLOGIE.

Président :

M. Léopold Delisle.

Vice-Président :

M. Lascoux.

Assesseurs :

MM. les Présidents de la Société des archives historiques de la Gironde, à Bordeaux ;

De la Société des archives historiques du Poitou, à Poitiers ;

De la Société archéologique de l'Orléanais, à Orléans.

Secrétaire :

M. Hippeau.

2° SECTION D'ARCHÉOLOGIE.

Président :

M. le marquis de La Grange.

Vice-Président :

M. Léon Renier.

Assesseurs :

MM. les Présidents de la Société archéologique du département de Constantine ;

De l'Académie des sciences, belles-lettres et arts de Clermont-Ferrand ;

De la Commission départementale des antiquités de la Côte-d'Or, à Dijon.

Secrétaire :

M. Chabouillet.

3° SECTION DES SCIENCES.

Président :

M. Le Verrier.

Vice-Président :

M. Milne Edwards.

Secrétaire :

M. Émile Blanchard.

MM. les assesseurs de la section des sciences seront désignés dans la réunion préparatoire de la section, qui aura lieu le mercredi 31 mars, à midi, à la Sorbonne.

Fait à Paris, le 27 mars 1875.

Signé H. WALLON.

Après cette lecture, les trois sections des sciences, d'histoire et d'archéologie se sont rendues dans leurs salles respectives pour entendre les communications de MM. les délégués.

La section des sciences s'est divisée en trois commissions, et a tenu des séances pendant les journées du 31 mars et des 1er et 2 avril.

La section d'histoire et de philologie, présidée par M. Léopold Delisle, et la section d'archéologie, présidée par M. Léon Renier, ont également tenu, pendant ces trois jours, des séances de lecture.

DISTRIBUTION

DES

RECOMPENSES ACCORDÉES AUX SOCIÉTÉS SAVANTES.

Le samedi 3 avril a eu lieu, à midi, à la Sorbonne, sous la présidence de M. Wallon, Ministre de l'instruction publique, des cultes et des beaux-arts, la distribution des récompenses aux Sociétés savantes des départements.

Ont pris place autour du Ministre : MM. Jourdain, secrétaire général; Léopold Delisle, Milne Edwards, Blanchard, Hippeau, Léon Renier, Chabouillet, Ravaisson, de la Villegille, Eichoff, Servaux, Rathery, P. Lacroix; Daubrée, Patin, Levasseur, Deltour, inspecteur de l'Académie de Paris, chef du cabinet du Ministre.

Dans la réunion nombreuse qui occupait l'amphithéâtre, on remarquait MM. Mourier, vice-recteur, A. Bertrand, A. de Barthélemy, Marty-Laveaux, Boutaric, Clément de Ris, F. Wey, Faye, Chéruel, du Mesnil, Bellaguet, Théry, l'intendant général Charles Robert, le baron de Watteville, Chasles, Alfred Maury, Boutan, G. Bertrand, Desnoyers, le colonel Leclerc, Quet, Garsonnet, Vieille, Tardif, Cocheris, Gervais, Hébert, P. Meyer, L. de Mas-Latrie, Estienne, Seguin, Maggiolo, Chevreul, Cournault, Capmas, Boucher de Molandon, Lescœur, Duval-Jouve, Vendryes, de Backer, Ortolan, Caillemer, Worms, François Combes, de Boislisle, Guillaume Guizot; de Marsy, Tholin, Lory, H. Durand, Barbet.

Trois rapports ont été lus sur les travaux des Sociétés savantes et des savants qui ont obtenu des récompenses, par MM. Blanchard, pour la section des sciences; Hippeau, pour la section d'histoire et de philologie; Chabouillet, pour la section d'archéologie.

Ces rapports, plusieurs fois applaudis, ont été écoutés avec un vif intérêt.

M. le Ministre s'est ensuite levé et a prononcé le discours suivant :

« Messieurs,

« L'idée de réunir dans la vieille Sorbonne les délégués des So-

ciétés savantes de toute la France est une idée heureuse et qui
devait se justifier par le succès. Chacune de vos Sociétés a sa vie
propre, son régime adapté à sa nature, son champ particulier
d'exploration; mais il y a entre elles plus d'une chose commune :
l'esprit qui les anime, le but élevé qu'elles poursuivent; il y a dans
le travail auquel elles se livrent plus d'une chose à mettre en
commun, soit pour comparer les résultats acquis, soit pour contrôler les méthodes, soit pour étendre le cercle des recherches et
en accroître la puissance en les coordonnant.

« L'Institut ne reste pas indifférent à ce mouvement : les noms
les plus honorés qu'il compte dans l'érudition et dans les sciences
figurent en tête de vos sections. L'Université n'est pas non plus
étrangère à vos travaux. Nos professeurs de faculté domiciliés parmi
vous par la fixité de leur chaire tiennent à grand honneur d'être
accueillis dans votre sein. Comme secrétaire perpétuel de l'Académie des inscriptions et belles-lettres, comme professeur de faculté
et comme ministre, je m'applaudis de cette association si utile aux
uns et aux autres; car, si nos professeurs portent dans les Sociétés
qui les reçoivent l'esprit critique, la méthode qu'ils tiennent de leur
éducation, souvent avec ces mêmes qualités, qui ne sont pas le pri-
vilége de l'école, ils y trouvent une connaissance des choses et des
intérêts de la province, qui, en circonscrivant le cercle de leur activité, leur permet de l'y exercer avec plus d'avantage.

« Je puis donc ne pas séparer les Facultés des Sociétés savantes
en signalant les résultats de l'œuvre commune qu'elles poursuivent :
travaux qui lentement, mais sûrement, préparent, par la restitu-
tion des histoires locales, les fondements solides d'une grande histoire du pays tout entier; interprétation des anciens monuments
que des fouilles bien dirigées font découvrir ou que le hasard des
travaux exécutés par l'État met au jour, comme il vient d'arriver à
Bourbonne-les-Bains et au Puy-de-Dôme; conservation des monuments qui sont l'honneur de notre ancienne civilisation, et qu'en
des temps peu éloignés de nous encore, lorsque vous n'existiez
pas, on a fait plus d'une fois disparaître pour les usages les plus
vulgaires (on vient de rendre à ces deux égards un hommage
particulier au zèle de la Société archéologique de la province de
Constantine et de la Commission des antiquités de la Côte-d'Or);
investigation des documents que les archives et les bibliothèques
recèlent encore, autres trésors cachés : qui nous eût dit, si M. Cap-

mas ne nous l'eût révélé, qu'on y dût trouver des lettres inédites de Mme de Sévigné? Et, dans un autre ordre de recherches, étude complète du sol, du climat et des produits du sol : car vous ne cultivez pas seulement la science pour elle-même; toutes les questions d'où dépend la fortune de notre commerce et de notre industrie sont de votre ressort, qu'il s'agisse de guider les recherches dans l'exploration de ce terrain houiller qui recèle l'avenir de toute notre industrie, ou de combattre les maladies de la vigne ou des vers à soie. C'est avec votre concours que s'organisent les commissions départementales et les comités régionaux de météorologie, dont les travaux ont tant d'importance pour notre agriculture et notre marine. Ainsi, même au point de vue matériel, les plus grands intérêts publics sont dans vos mains.

« Les rapports qui viennent d'être lus ont constaté les excellents résultats de vos travaux.

« Je pourrais indiquer la part que l'État aurait à y revendiquer pour lui-même, en raison du concours qu'il vous prête. J'aime mieux signaler par un exemple comment vous lui rendez très-largement ce que vous en avez reçu. Lorsqu'un homme qui a illustré le ministère de l'instruction publique, M. Guizot, institua auprès de lui le Comité des travaux historiques, il se proposait d'arriver à donner au public des documents sans lesquels il est impossible d'asseoir solidement les bases de notre histoire.

« Ses intentions n'ont pas été mal secondées, puisque la collection qu'il a inaugurée compte déjà plus de deux cent cinquante volumes, mais plus on pénètre dans les secrets de l'histoire, plus on y veut entrer; en tous les lieux où il y a des archives, il y a des renseignements à prendre qui peuvent éclairer les points restés obscurs dans nos annales. Tel fait qui semble ne concerner qu'une ville, qu'un homme même, peut jeter une grande lumière sur l'histoire de notre administration. Or les ressources de l'État ne suffiraient pas à satisfaire la curiosité des érudits, si l'exemple de ces publications et le goût des recherches savantes qu'elles ont développé n'avaient poussé vos Sociétés à faire elles-mêmes des publications de la même sorte. Plusieurs de nos plus célèbres académies de province ont fait une place dans leurs recueils aux chartes et aux chroniques. Bien plus, à côté des anciennes compagnies, il s'est créé, surtout depuis une dizaine d'années, des associations qui, s'appliquant en général à elles-mêmes les statuts du Comité des travaux historiques et de la Société de l'histoire de France, consacrent toutes leurs ressources à publier les documents les plus importants pour l'histoire d'une province ou d'une ville. L'activité de ces associations n'a fait que s'accroître par suite des désastres des dernières années. On a vu combien il était utile de conserver par l'impression des documents si exposés aux chances de destruction dans les archives même des villes les mieux défendues. On s'est donc mis à l'œuvre; et les Sociétés qui ont montré le plus d'ardeur pour cette sorte de travaux sont celles que vous venez de couronner : la Société historique et archéologique de l'Orléanais, la Société des archives historiques du Poitou, la Société des archives historiques de la Gironde.

« Ce n'est pas seulement par la publication des textes ou par des commissions instituées sur place, c'est aussi par des missions données au dehors que l'État aide à l'œuvre des Sociétés savantes, et ici encore le subside qu'il donne est peu de chose auprès des résultats qu'il en obtient.

« L'Assemblée nationale, malgré l'état de nos finances, a voté 300,000 francs pour que nos astronomes aillent dans les principales stations observer, concurremment avec les astronomes des autres pays, un phénomène qui n'arrive que deux fois par siècle : le passage de Vénus sur le disque du soleil. Leurs observations ont réussi, et le monde savant ne tardera pas à être informé des conséquences que le calcul en tire.

« Mais il y a eu des missions moins étendues et plus variées dont la science et l'érudition peuvent également faire leur profit. L'Assemblée nationale a exprimé le vœu qu'une commission fût établie pour les régler, et l'on pourra bientôt apprécier l'importance des résultats que cet argent bien placé a produits. Je me bornerai à signaler, pour l'histoire littéraire, les missions de MM. l'abbé Duchesne et Bayet au couvent du mont Athos, qui n'a pas encore livré tous ses secrets en fait de textes anciens; celle de M. Gustave Bertrand à la bibliothèque de Saint-Pétersbourg, si riche en documents français, et, sans aller si loin, la curieuse mission de MM. Bringuier et de Tourtoulon, afin de déterminer sur notre propre sol les limites de la langue d'oc et de la langue d'oïl; pour l'archéologie, les missions de MM. Héron de Villefosse et de Sainte-Marie à Tunis : l'un envoyé par le Louvre; l'autre qui, se mettant avec un zèle extrême aux ordres de l'Académie des inscriptions, fait pour elle une si riche moisson de textes destinés au recueil des inscriptions des langues sémitiques ; les intéressantes découvertes des deux membres de l'École d'Athènes, M. Lebègue dans l'île de Delos, et M. Rayet dans l'ancienne Ionie ; celles de M. Clermont-Ganneau en Palestine, de M. Bourgoin-Esclavy à Damas, mission précieuse pour l'histoire de l'architecture dans cette contrée ; le voyage de M. Delaporte, lieutenant de vaisseau, au Tonkin, voyage entravé par la maladie, mais qui nous a valu des moulages de statues et de bas-reliefs d'Angkor ; les recherches de zoologie et de botanique faites par M. Harmand dans l'Indo-Chine, et par M. l'abbé David dans le Thibet et dans la Chine ; celles enfin de trois jeunes naturalistes, MM. Velain et de l'Isle, attachés à l'expédition envoyée dans l'île Saint-Paul, et M. Filhol, à la mission de l'île Campbell, pour l'observation du passage de Vénus. C'est plus que leur temps, leurs connaissances acquises et leur ardeur que nos missionnaires mettent au service de l'État, c'est leur vie même qu'ils y sacrifient : témoin M. Dourneaux-Dupéré, qui, chargé au mois de septembre 1873 d'un important voyage d'exploration de l'Algérie au Sénégal par Tombouctou, a péri assassiné par les guides en qui il s'était confié.

« Ainsi, Messieurs, rien n'a suspendu l'activité et le zèle de nos savants ; et le concours de l'État ne leur a pas manqué au milieu même des temps les plus difficiles. Vous pouvez donc l'attendre avec plus de confiance dans la période plus calme où nous entrons.

« La République, que l'Assemblée a trouvée établie en fait, au milieu des désastres de l'invasion, sur les ruines de l'Empire, vient de recevoir, par le vote des lois constitutionnelles, un caractère plus défini. Sans fermer la porte aux réformes, aux transformations même de ce régime, selon que la volonté du pays régulièrement exprimée en disposera, l'Assemblée nationale a voulu qu'il eût en lui, par le jeu même des institutions, la puissance de durer : ne proscrivant que deux choses qui ont été le fléau de notre histoire contemporaine : les coups d'État et les révolutions.

« Les pouvoirs déjà conférés pour sept ans à M. le maréchal de Mac Mahon se trouvent, par le fait de ces lois, fortifiés dans leur exercice, étendus même dans leur durée possible. Sous son gouvernement loyal et ferme, la France peut donc avoir cette sécurité dont elle a besoin pour se relever par le travail. Vous êtes aussi des travailleurs, et, si l'agriculture, l'industrie et le commerce ont à

nous donner les moyens de supporter, sans faiblir, les lourdes
charges qu'une guerre fatale a ajoutées à nos budgets, vous avez,
vous, à soutenir une situation qui, grâce à Dieu, n'a jamais été
ébranlée. La science et l'érudition française ont, en effet, des titres
dont il nous est permis d'être fiers. Dans cette république des lettres dont tous les savants sont concitoyens, il y a pourtant, comme
dans l'ancienne université, des nations; et la nation française,
sans le céder à aucune autre pour l'originalité des aperçus, l'intelligence et la rigueur des recherches, se distingue toujours par la
sûreté de la méthode et la clarté de l'exposition. Ce sont des qualités qu'on disputerait difficilement à son œuvre, car elles sont le
propre de l'esprit français.

« Continuez, Messieurs, de les montrer dans l'application. Étendez
le cercle de vos travaux. Répandez-en les notions dans le public
par vos écrits et par votre enseignement, et, tout en servant les intérêts de la science, vous aurez bien mérité de votre pays. »

Après ce discours, vivement applaudi, les récompenses décer-
nées ont été proclamées dans l'ordre suivant par MM. Blanchard,
Hippeau et Chabouillet, secrétaires des sections du Comité.

———

SECTION DES SCIENCES.

Cinq médailles d'or sont accordées à :

MM. Bazin, ingénieur des ponts et chaussées, à Dijon. — Travaux
    d'hydraulique.
    Baudelot, professeur à la Faculté des sciences de Nancy. —
    Travaux de zoologie.
    Gosselet, professeur à la Faculté des sciences de Lille. — Tra-
    vaux de géologie.
    Marion, chargé de cours à la Faculté des sciences de Mar-
    seille. — Travaux de zoologie.
    Stéphan, directeur de l'Observatoire, à Marseille. — Travaux
    d'astronomie.

Huit médailles d'argent sont accordées à :

MM. Barthélemy, professeur au lycée de Toulouse. — Travaux de
    physiologie végétale.

MM. Borius (A.), médecin de 1re classe de la marine. — Travaux
sur la météorologie du Sénégal.

Cazalis de Fondouce, à Montpellier. — Travaux de géologie
et de paléontologie.

Combescure, professeur de la Faculté des sciences de Montpellier. — Travaux de mathématiques.

Durrande, professeur à la Faculté des sciences de Rennes. —
Travaux de mathématiques.

Lartet (Louis), professeur suppléant à la Faculté des sciences
de Toulouse. — Travaux de géologie.

Terquem (Alfred), professeur à la Faculté des sciences de
Lille. — Travaux de géologie.

Vézian, professeur à la Faculté des sciences de Besançon. —
Travaux de géologie.

SECTION D'HISTOIRE ET DE PHILOLOGIE.

L'allocation de *trois mille francs*, mise à la disposition de la section d'histoire, sera partagée ainsi qu'il suit entre les trois Sociétés
savantes des départements ci-après désignées :

Bordeaux, *Société des archives historiques de la Gironde*... 1,000ᶠ
Poitiers, *Société des archives historiques du Poitou*....... 1,000
Orléans, *Société archéologique de l'Orléanais*........... 1,000

SECTION D'ARCHÉOLOGIE.

L'allocation de *trois mille francs*, mise à la disposition de la section
d'archéologie, sera partagée ainsi qu'il suit entre les trois Sociétés
savantes des départements ci-après désignées :

Constantine, *Société archéologique du département*....... 1,000ᶠ
Clermont, *Académie des sciences, belles-lettres et arts*..... 1,000
Dijon, *Commission départementale des antiquités de la Côte-
d'Or*... 1,000

M. Jourdain, secrétaire général du ministère de l'instruction publique, a proclamé les noms des personnes qui, en récompense de
leurs travaux, ont obtenu les titres d'officier de l'instruction publique et d'officier d'académie.

3.

Officiers de l'instruction publique.

MM. l'abbé Chevalier (Ulysse), correspondant à Romans (Drôme).

Baudot (Henri), correspondant à Dijon.

Beaune (Henri), procureur général à Alger, correspondant du Ministère.

Revon (Louis), correspondant du Ministère, conservateur du musée d'Annecy.

l'abbé Van Drival, correspondant à Arras.

Ortolan, mécanicien de la marine à Brest.

Officiers d'académie.

MM. l'abbé Auber, correspondant à Poitiers.

Beaurepaire (Charles Robillard de), archiviste de la Seine-Inférieure, correspondant à Rouen.

Castan (Auguste), bibliothécaire à Besançon, correspondant.

l'abbé Chevalier, président de la Société archéologique d'Indre-et-Loire, à Tours.

Redet, correspondant du Ministère, à Poitiers.

Aymard, correspondant au Puy.

Mallay, correspondant à Clermont-Ferrand.

Ducat (Alfred), membre de la Société d'émulation du Doubs, à Besançon.

Bleicher, médecin-major, à Tlemcen.

Millière, naturaliste, à Cannes.

De Fromentel, docteur, à Gray (Haute-Saône).

Marchand, ancien pharmacien, à Fécamp.

Sabatier, chargé de cours à la Faculté des sciences de Montpellier.

Lantz, conservateur du musée, à l'île de la Réunion.

Petitot (le R. P.), missionnaire oblat de Marie.

Sirodot, doyen de la Faculté des sciences, à Rennes.

Garnier, inspecteur des forêts, à Valence (Drôme).

M. Wallon a ensuite lu les décrets par lesquels M. le Président de la République a nommé chevaliers de la Légion d'honneur :

MM. Allmer, correspondant du ministère de l'instruction publique.

le marquis de Caligny, correspondant de l'Académie des sciences.

M. Clermont-Ganneau, drogman de l'ambassade de France à Constantinople.

M. le Ministre a annoncé en même temps que le Gouvernement avait l'intention d'accorder la croix de chevalier de la Légion d'honneur à M. Moutié, président de la Société archéologique de Rambouillet.

Le soir a eu lieu, dans les salons du Ministère, une brillante réception, dans laquelle on remarquait un grand nombre de délégués des Sociétés savantes et de personnes de distinction.

*Discours de M. Émile Blanchard, membre de l'Institut, secrétaire
de la section des sciences du Comité des travaux historiques.*

Messieurs,

Aujourd'hui, pour la dixième fois, au nom du Comité, je viens
vous parler du mouvement scientifique de nos départements, vous
entretenir des œuvres que nous avons particulièrement distinguées
entre tous les travaux dont la publication est récente, vous dire
nos espérances. Depuis longtemps déjà, dans l'accomplissement de
cette tâche, la crainte de reproduire les mêmes pensées sans parvenir à en varier suffisamment l'expression m'inquiète, la diversité
des sujets n'empêche point l'esprit de se laisser dominer par des
vues générales qui ne changent guère. Malgré tout, l'accueil bienveillant que je ne cesse de recevoir de votre part me garantit
contre la défaillance, et je ne songe plus au chagrin d'être monotone, lorsque je dois appeler l'attention sur de fortes études, sur
d'importants résultats, sur des progrès manifestes; aux préoccupations pénibles succède alors une satisfaction. Avec moi, Messieurs,
vous allez le reconnaître, en ce moment, on travaille beaucoup dans
plusieurs de nos villes; l'intérêt qu'on porte à la recherche se propage; aussi je sens bien que vous voudrez me croire parfaitement
heureux.

L'Observatoire de Marseille demeurait plongé dans la torpeur,
une nouvelle organisation lui a donné la vie; un astronome d'un
mérite éprouvé, M. Stéphan, dirige l'établissement avec un zèle et
une intelligence qui sont fort appréciés. Il s'agissait de profiter des
avantages que donne pour l'étude des astres le beau ciel de la Provence; le directeur de l'Observatoire de Paris n'hésita point à se
dessaisir du magnifique instrument construit sous l'inspiration de
Léon Foucault. A Marseille, en effet, le puissant télescope pouvait
rendre un meilleur service qu'à Paris, dont l'atmosphère est trop
souvent chargée de brume.

Bien pourvu sous le rapport du matériel, secondé par des coo-
pérateurs instruits, M. Stéphan a répondu à toutes les espérances.
Dans le dessein de compléter la liste des nébuleuses, il a entrepris
l'exploration entière de la partie du ciel visible sous nos latitudes;
les découvertes se sont multipliées; des centaines de nébuleuses
qu'on n'avait point encore signalées ont été reconnues, et, comme

il convient, chacune d'elles a été comparée à une étoile voisine. Au sujet de ces corps célestes qui suggèrent des hypothèses plus ou moins hasardées, l'étude approfondie prépare sans doute pour l'avenir un résultat décisif. Depuis vingt à trente ans, les astronomes fouillent l'espace compris entre Jupiter et Mars; c'est le champ du ciel semé de petites planètes. A l'Observatoire de Marseille revient l'honneur de plus d'une découverte dans cette région.

Autrefois, l'apparition d'une comète répandait l'épouvante; aux yeux de la foule, c'était le présage de terribles malheurs. Avec une science naissante, pour des esprits forts s'appuyant de certaines raisons, un choc de l'astre errant pouvait réduire en poussière notre pauvre petite planète. Les temps ont bien changé : de nos jours, la visite d'une comète cause la satisfaction, presque la joie parmi les populations. Une comète qui sera visible pour tout le monde est-elle signalée, on en parle comme d'un heureux événement. Si l'annonce est due à l'un de nos observateurs, cela semble naturel; mais qu'elle vienne de l'étranger, il y a du dépit; les astronomes français se trouvent exposés à de durs reproches, la presse n'épargnera point le sarcasme.

Au premier abord, on s'étonne de l'intérêt si marqué que le public accorde aux comètes; tout s'explique lorsqu'on se reporte à d'anciens souvenirs. N'est-ce pas avec une sorte d'enthousiasme que nos pères ou nos aïeux parlent de l'année 1811? C'était l'année de la comète; l'année dont l'été ne cessa d'être superbe, dont l'automne demeura pareil à l'été; l'année où les récoltes furent magnifiques et le vin délicieux, où les enfants vinrent à merveille. Aussi, depuis lors, chez les bonnes gens, la visite d'une comète provoque l'espoir d'une infinité de bienfaits.

Le public doit être content de l'Observatoire de Marseille; c'est là qu'on a signalé le retour de plusieurs comètes périodiques, là qu'on vit une nouvelle comète en 1873, là encore qu'on observa, le 26 juillet 1874, la comète que tous nous avons contemplée durant les beaux soirs du mois d'août.

En mémoire des nébuleuses, des petites planètes et des comètes, une médaille d'or sera décernée à M. Stéphan.

Chaque année, Messieurs, nous vous parlons de quelques-uns de nos météorologistes des départements; pour une fois, il sera bien permis de les laisser à la besogne sans faire le moindre bruit. Des observations effectuées dans une des colonies françaises doivent singulièrement éveiller l'intérêt. Dans un livre récemment publié, un médecin de la marine, le docteur Borius, apporte la lumière sur le climat du Sénégal. On a généralement de la température de notre colonie africaine l'idée la plus inexacte. Est-il question d'une chaleur excessive, vraiment insupportable? C'est, dit-on, la température du Sénégal. Sans penser à mal, c'est à une hauteur prodigieuse que l'opticien inscrit sur ses thermomètres : température du Sénégal. L'Européen qui s'embarque, soit pour Saint-Louis, soit pour Gorée, croit faire preuve de courage; il est convaincu qu'il va entrer dans la fournaise.

Avec le docteur Borius, muni des notes tenues depuis une vingtaine d'années par les médecins et les pharmaciens de la marine, riche de ses propres observations et de celles des frères de Ploërmel qui tiennent école à Saint-Louis, tombent les exagérations d'un autre âge, demeurées vivaces jusqu'à l'époque actuelle. Sur le littoral de notre colonie, les chaleurs dépassent rarement 25 à 28 degrés du thermomètre centigrade. Ce sont des températures que nous supportons et qui ne déplaisent pas à tout le monde; fort passagères en France, elles sont persistantes, il est vrai, à la côte occidentale d'Afrique. Néanmoins, à Gorée, dans l'espace de dix ans, le thermomètre n'est monté que rarement à 31 ou 32 degrés, un seul jour à 33; à Saint-Louis, on le voit s'élever un peu plus, mais d'une façon très-accidentelle. C'est seulement dans l'intérieur que la chaleur est vraiment accablante.

Aussi bien que de la température, M. Borius s'est occupé des vents, de la pression barométrique, de la répartition de la pluie. Après avoir envisagé les cas de maladie selon les saisons, il entend tirer de l'étude du climat des règles d'hygiène propres à garantir la santé des Européens dans la colonie. Au Sénégal, il y a deux saisons absolument tranchées par les phénomènes météorologiques. Du mois de décembre à la fin de mai, c'est la saison sèche et charmante; de juin à la fin de novembre, la saison malsaine, pluvieuse pendant quatre mois. Que le colon et le commerçant fuient en Europe de la fin de juin à la fin d'octobre, et du climat du Sénégal ils ne connaîtront que les agréments.

M. le docteur Borius, à Brest, a fait une œuvre utile[1]; il recevra une de nos médailles.

---

[1] *Recherches sur le climat du Sénégal*, Paris, 1875.

Les mathématiciens travaillent de la manière la plus sérieuse; on le constate dans chacune de nos réunions. Tout à l'heure, Messieurs, vous entendrez proclamer les noms de M. Combescure [1], de Montpellier, et de M. Durrande, de Rennes [2].

Dans le domaine de la mécanique, c'est particulièrement l'hydraulique qui doit nous arrêter. Depuis une époque déjà lointaine, M. Anatole de Caligny a rendu son nom inséparable de divers engins qui ont l'eau pour moteur. Plusieurs questions ont été pour l'habile investigateur des sujets de constante préoccupation. Après les vues théoriques longuement méditées, des appareils ont été construits, le mode de fonction a dû être étudié, puis est venue l'idée des perfectionnements, et, à cet égard, l'auteur ne croira jamais sa tâche achevée.

Avec les écluses ordinaires établies sur les canaux, la dépense d'eau qu'entraîne la manœuvre est énorme; en un mot, c'est le gaspillage de la force motrice. M. de Caligny entend qu'on soit économe. Aux époques de sécheresse, l'eau manque; alors les bateaux se pressent sur le même point, forcés d'attendre pour le passage que le niveau s'élève. Les bateliers peuvent dormir le jour aussi bien que la nuit, c'est le temps perdu, et les gens d'affaires qui attendent avec impatience se dégoûtent des transports par les canaux. A de si graves inconvénients, M. de Caligny a voulu parer; il a réussi. Au moment du passage d'un bateau par le sas d'une écluse, au lieu de permettre à l'eau de s'écouler en aval, on la rejette, en grande partie, en amont. Dès l'instant qu'il s'agit de remplir le sas, on emprunte l'eau non plus seulement au bief d'amont, mais encore au bief d'aval. L'opération s'exécute au moyen d'un système de tuyaux d'une disposition vraiment ingénieuse. Ainsi, lorsque les eaux sont basses, les bateaux ne se trouvent plus condamnés à l'immobilité; et dans les temps ordinaires, grâce au judicieux emploi de la force motrice, ils passent avec une vitesse qu'on ne saurait obtenir dans les conditions habituelles. Sur le canal latéral à la

---

[1] Les derniers travaux de M. Combescure sont : *Aperçu élémentaire sur les formes algébriques; — Sur les déterminants fonctionnels et les coordonnées curvilignes; — Sur quelques questions qui dépendent des différences finies ou mêlées; — Annales de l'École normale.*

[2] Les derniers travaux de M. Durrande sont : *Essai sur le déplacement d'une figure de forme variable; — Étude de l'accélération dans le déplacement d'un système de forme variable; — Annales de l'École normale.*

Loire, où fonctionnent les appareils de M. de Caligny, chacun peut reconnaître l'importance du service rendu par l'habile hydraulicien. Bientôt, sans doute, le service sera plus complet, car aujourd'hui l'inventeur est à l'étude avec la volonté de parvenir à rendre les manœuvres absolument automatiques.

Ce n'est point à cette place que nous pourrions faire même la simple énumération de tous les travaux, de toutes les idées heureuses d'un savant d'une remarquable fécondité; mais comment ne pas se souvenir de certaines inventions qui ont été fort prisées de l'autre côté des Alpes? M. de Caligny a donné le moyen d'épuiser les marais du littoral en employant la force des vagues de la mer; en usant de cette force, M. l'ingénieur Moro a opéré dans les marais d'Ostie, et il se plaît à déclarer que le principe scientifique appartient à notre compatriote. M. de Caligny a imaginé de faire servir, à la compression de l'air des colonnes liquides oscillantes; la justesse de ses vues a été démontrée par une application grandiose effectuée pour les travaux du mont Cenis.

M. de Caligny n'a fréquenté aucune école, il n'a eu aucun maître; il n'a été stimulé que par son goût pour la science. Indépendant comme un nomade au désert, c'est dans son village qu'il a médité sur de nouveaux principes d'hydraulique; personne ne doutera de la valeur de ses conceptions; dès 1839, il recevait le prix de mécanique de l'Académie des sciences, et, plus tard, c'est au grand avantage de vastes opérations qu'on empruntait ses idées. Le Comité ne pouvait l'oublier.

Certaines questions relatives à l'hydraulique ont été traitées avec un véritable succès par M. Bazin, ingénieur des ponts et chaussées, à Dijon. Des recherches sur l'écoulement des eaux courantes et sur la variation de la vitesse en profondeur depuis la surface jusqu'au fond, des expériences sur les ressauts et la propagation des ondes, ont été signalées comme des œuvres capitales par les juges les plus compétents. Une médaille d'or sera décernée à M. Bazin.

M. A. Terquem, professeur à la Faculté des sciences de Lille, s'adonne particulièrement à l'acoustique, une partie importante de la physique assez peu cultivée. On a remarqué une étude de ce savant sur les timbres des sons produits par des ébranlements discontinus. M. Terquem recevra une de nos médailles.

Plusieurs chimistes, surtout MM. Bunsen et Roscoë, se sont appliqués à la détermination de l'intensité des réactions chimiques

sous l'influence de la lumière aux diverses époques de l'année;
M. Marchand, de la Société havraise, déjà cité dans nos rapports
pour ses travaux de météorologie, a repris le sujet et l'a étudié
avec un soin infini. Nous voulons, en ce moment, nous borner à
cette simple mention.

Les recherches de nos géologues et de nos paléontologistes sont
toujours fort actives; aussi bien des résultats mériteraient d'être
notés. Il y a dix ans, les travaux de M. Gosselet furent à cette place
même cités avec faveur. Dès cette époque, on se croyait en droit de
beaucoup attendre du jeune géologue; on avait raison. Professeur à
la Faculté des sciences de Lille, M. Gosselet a compris qu'il avait le
devoir d'acquérir une connaissance très-parfaite de la géologie du
nord de la France. En se consacrant à une œuvre d'un caractère
tout scientifique, il s'est animé à la pensée de servir les intérêts du
pays. Ferme dans son dessein, sans relâche, il a poursuivi l'étude
des limites et des contours du riche bassin houiller qui règne sous
une partie des départements du Nord et du Pas-de-Calais.

Ayant comparé la superposition des terrains, recueilli les fossiles
de chaque couche, reconnu l'extrême ressemblance que présentent
les terrains dévonien et carbonifère du Boulonnais avec ceux de la
Belgique, il apporta les preuves que les couches houillères de
Hardinghen, près de Marquise, sont le prolongement de celles de
Liége, de Charleroi, de Mons, d'Anzin. La recherche des gisements
de houille entreprise sans les données que fournit la science a causé
bien des déceptions, accumulé bien des ruines; par ses études, par
ses avertissements, par ses leçons, M. Gosselet a empêché des tentatives qui eussent été malheureuses. Sur un point (Bully-Grenay),
des sondages sont pratiqués, on rencontre des schistes rouges et
verts; aussitôt le professeur de Lille encourage la poursuite des travaux : Ces schistes, dit-il, appartiennent à la zone du grès rouge,
qui doit reposer directement soit sur le terrain houiller, soit sur le
calcaire carbonifère. Peu après, l'ingénieur chargé des opérations,
M. Lisbet, annonçait qu'on avait atteint la houille à la profondeur
de 3o8 mètres. En vérité, il faut le constater encore, le bien-être,
la richesse, la grandeur d'un pays dépendent singulièrement de
l'état de la science. Ce ne serait pas assez d'avoir cité les principales
études de M. Gosselet, il convient de rappeler que le professeur a
le mérite d'avoir su inspirer le goût de la recherche parmi la jeunesse de Lille; ses élèves forment une petite légion, et plusieurs

d'entre eux commencent à se faire connaître d'une façon avantageuse.

Une médaille d'or sera décernée à M. Gosselet.

Nous pourrions beaucoup nous étendre sur les investigations des géologues, mais le temps nous est compté. M. Alex. Vezian, professeur à la Faculté des sciences de Besançon, connu par de nombreux travaux, a fait de la partie nord-ouest du Jura une étude très-approfondie. On doit à M. Louis Lartet, depuis sa grande publication sur la Palestine, d'intéressantes recherches dans le midi de la France; à M. Rames, d'Aurillac, des observations sur les terrains du Cantal, sur les animaux et les végétaux fossiles propres à certaines couches. M. Cazalis de Fondouce, de l'Académie de Montpellier, s'est occupé avec succès des gisements de la période quaternaire ou préhistorique. Il a exploré la station de Durfort dans le département du Gard, d'une façon très-habile, et, prêtant son concours au Muséum d'histoire naturelle de Paris, il a pu enrichir cet établissement de précieux squelettes d'éléphants fossiles et d'autres espèces éteintes.

Le Comité juge très-dignes d'encouragement les recherches de physiologie végétale que poursuit M. A. Barthélemy, professeur au lycée de Toulouse : ce sont des études sur le rôle des stomates dans les fonctions des feuilles, des expériences sur l'exhalation aqueuse des végétaux dans l'air et dans l'acide carbonique, etc.

Quelques-unes de nos grandes villes donnent un exemple qui aura certainement des conséquences heureuses; l'intérêt pour la culture des sciences gagne les esprits les plus éclairés. Ici même, nous avons constaté les avantages récemment acquis à Toulouse; il faut saluer le mouvement qui, à Lyon, se prononce avec une certaine énergie. Les compagnies savantes qui maintes fois reçurent les éloges du Comité se montrent toujours actives, mais, ce qui est plus nouveau, des établissements scientifiques se montrent transformés.

Lyon possédait un musée d'histoire naturelle; naguère encore on ne voyait dans les salles que des amas confus; objets précieux ou vulgaires gisaient dans un égal abandon. Pendant ces dernières années, sous la direction de M. Lortet, les collections, prodigieusement accrues, ont été installées de la façon la plus séduisante et la plus favorable pour l'étude. Sous le titre d'*Archives du Muséum d'histoire naturelle de Lyon*, se poursuit, dans une forme superbe, une publication déjà riche de mémoires importants[1]. L'administration municipale de la seconde ville de France a procuré les moyens d'obtenir pareil luxe, qui, n'en doutons pas, sera profitable à la cité; au nom de la science, nous la remercions. Des hommes instruits, animés de l'amour des nobles études et pleins de patriotisme, ont formé une société qui se donne la mission d'enrichir le musée; nous les félicitons.

Les travaux de zoologie que nous avons à signaler sont remarquables à plus d'un titre.

M. Armand Sabatier, de l'Académie de Montpellier, a mis au jour une étude comparative du cœur et des parties centrales de l'appareil circulatoire chez les vertébrés, qui se distingue par l'abondance des faits observés[2].

M. Marion est l'explorateur du golfe de Marseille; il a recueilli une foule d'espèces, et de nouveaux détails d'organisation ou de curieuses particularités de mœurs ont été l'objet de plusieurs écrits fort remarqués. Dernièrement, le jeune investigateur a présenté une étude sur les Annélides : un travail de haut intérêt par le nombre des sujets signalés pour la première fois et recommandable par l'exactitude des observations.

Les vers marins de la classe des Annélides peuvent aider singulièrement à la solution de grandes questions. Ces animaux ont des beautés étranges : nulle part ailleurs on ne voit des chevelures d'or comme celles des aphrodites; des panaches, merveille de fraîcheur et de délicatesse, comme ceux des sabelles, des serpules, des térébelles. Les Annélides offrent d'admirables types d'organisation, des moyens de propagation variés, des phénomènes de développement vraiment remarquables. Ces êtres étant tout à fait sédentaires ou peu voyageurs, la présence d'individus de même espèce sur des côtes éloignées sera l'indice de courants, peut-être de changements survenus dans la configuration des terres, ou d'anciennes communications qui ont cessé d'exister.

Le sujet dont s'occupe M. Marion éveille un souvenir bon à garder; il rappelle que c'est en France qu'une partie importante de la zoologie a pris son caractère scientifique; c'est un domaine où Savigny, puis Audouin et Milne Edwards ont été les premiers maîtres.

---

[1] Ces mémoires sont dus à MM. Lortet, Chantre, Falsan, etc.

[2] *Études sur le cœur et la circulation centrale dans la série des Vertébrés*, Montpellier, 1873.

Au commencement du siècle, il n'existait sur les Annélides que des observations superficielles. Jeté sur les rivages de l'Égypte, Savigny se mit à la recherche de ces animaux marins, et il en fit une étude d'une étonnante perfection. Toute œuvre de ce naturaliste est un modèle. Dans un temps où les investigateurs en général ne jugeaient pas utile de beaucoup approfondir, Savigny n'abandonnait aucun détail et ne se contentait que de la précision absolue. Que son exemple reste donc présent à l'esprit de tous les jeunes naturalistes. Après les recherches qui ont ouvert la voie, des savants étrangers ont produit sur les Annélides des travaux considérables; aussi est-ce une vraie satisfaction de voir reprendre parmi nous un sujet qui longtemps encore sera fécond.

Une médaille d'or est attribuée à M. Marion. C'est la juste récompense d'études estimables, un encouragement qui, n'en doutons pas, engage l'auteur pour l'avenir. M. Marion va profiter de cet intérêt qui commence à se manifester pour les sciences naturelles; grâce au concours de M. Talabot et de quelques autres personnes de Marseille, avant peu il disposera d'un bateau à vapeur, et nous devons espérer que les explorations seront fructueuses.

A diverses époques, on a beaucoup observé les écailles des poissons, soit pour en déterminer les traits caractéristiques, soit pour en reconnaître la structure, le mode de développement, les fonctions. A l'aide des particularités de ces petites pièces tégumentaires, comme l'a montré Agassiz, on parvient à saisir les rapports de l'espèce fossile dont on ne possède qu'une empreinte avec les espèces vivantes. M. Émile Baudelot, de la Faculté des sciences de Nancy, a repris le sujet tant de fois étudié avant lui et néanmoins neuf encore à cause de la difficulté de l'étude. Apportant dans la recherche des soins scrupuleux, une habileté d'observation peu ordinaire, une hauteur de vues qui ne se rencontre pas toujours chez les investigateurs adonnés à l'examen de minutieux détails, il a su, pour la première fois, au milieu d'une étonnante diversité, apercevoir le plan de structure commun aux écailles de tous les types du groupe des poissons osseux. M. Baudelot a fait un travail qui désormais sera le point de départ de toutes les études nouvelles sur le sujet[1].

---

[1] *Recherches sur la structure et le développement des écailles des Poissons osseux;* — *Journal de zoologie expérimentale.*

Ce bel ouvrage a été jugé digne de la médaille d'or. Je ne puis ici, Messieurs, me défendre d'une bien douloureuse émotion. Au moment où le Comité constatait qu'une œuvre vraiment remarquable avait été accomplie, nous pensions que l'auteur serait aujourd'hui parmi nous, pour recevoir sa récompense des mains de M. le Ministre, et de ses confrères les marques d'estime qui sont le plus noble prix du travail persévérant. L'absence est cruelle; le professeur de la Faculté des sciences de Nancy est mort en pleine jeunesse, il y a quelques semaines, le lendemain du jour où la section de zoologie et d'anatomie de l'Académie des sciences le présentait en première ligne pour une place de correspondant.

M. Baudelot a fait des recherches délicates sur l'organisation de divers animaux; en plus d'une circonstance, il a résolu la question obscure ou controversée. Dans ses écrits, il a montré les plus belles qualités de l'investigateur et la pénétration d'un esprit capable de s'élever à de grandes généralisations. Obsédé par les souffrances physiques, M. Baudelot a dû souvent interrompre le travail commencé; il est mort avant d'avoir mis au jour des études longtemps poursuivies, parce qu'il était de l'école de ceux dont la conscience n'est jamais satisfaite. Aux jours de nos désastres, cet homme fort par le cœur et par l'esprit, mais faible de corps, se souvenant qu'il était médecin, offrit ses services au chef de l'un de nos corps d'armée, et, pendant plusieurs mois, il a donné des soins aux blessés dans les ambulances de Haguenau. Nous avons perdu, Messieurs, un véritable savant.

Le Comité n'a jamais voulu laisser dans l'ombre les services rendus à la science par les explorateurs des pays lointains. Aussi n'a-t-il pas essayé de se défendre de l'intérêt qu'inspirent les études, les observations, les longues courses d'un missionnaire dans les régions arctiques de l'Amérique. Treize ans, le P. Petitot[1] a vécu ou chez les Esquimaux ou chez les Indiens des terres voisines de la mer Glaciale. Vingt fois il a parcouru la longue vallée du Mackensie, depuis le fort Good Hope jusqu'au grand lac des Esclaves; sept fois il a visité le grand lac des Ours et foulé les steppes d'alentour; il a fait à pied le long voyage du bas Mackensie au fort Simpson, dans les Montagnes-Rocheuses; il a remonté dans le nord de l'Alaska; il a été au lac des Esquimaux et aux rives de l'océan

---

[1] De la congrégation des oblats de Marie.

Arctique, en traversant des territoires jusqu'ici demeurés sans nom pour les géographes. Dans ces contrées, où pendant huit ou neuf mois de l'année règne un froid intense, dont la pensée seule donne le frisson, le brave missionnaire a couché dans la plaine, ayant une peau pour abri. Il a séjourné dans les terriers des Esquimaux, au milieu d'une société pas du tout aimable, une société où l'on pille et où l'on tue très-volontiers l'étranger qui n'a pas su obtenir la protection d'un personnage influent.

Pendant cette existence passée en compagnie d'affreux sauvages, le P. Petitot s'est livré à d'immenses travaux. Il a tracé la carte des pays qu'il a parcourus, il a composé le dictionnaire de la langue des Esquimaux et celui de plusieurs peuplades indiennes. Je n'ai pas le droit, Messieurs, de vous entretenir de pareils sujets, mais le digne missionnaire m'appartient à d'autres titres. Nous lui devons des observations météorologiques, des remarques sur les caractères des habitants, un aperçu de la constitution géologique des contrées qui s'étendent du 54° degré de latitude à la mer Glaciale.

Le P. Petitot retourne aux régions arctiques; il sait à présent combien sont grands les services qu'il peut rendre aux sciences naturelles, et il nous permet de beaucoup espérer.

L'ardeur pour les conquêtes ds l'intelligence n'a pas cessé, Messieurs, d'être énergique dans notre pays. Certains esprits rêvent l'accomplissement d'œuvres grandioses. Nous pouvons demander à tous les pouvoirs publics, comme à toutes les personnes qui disposent de moyens d'action, la plus grande assistance possible, tant nous portons en nous la conviction qu'en servant le progrès scientifique on sert l'intérêt de la France.

COMPTE RENDU

DES COMMUNICATIONS FAITES PAR LES DÉLÉGUÉS

DES SOCIÉTÉS SAVANTES.

A midi, M. Le Verrier, président de la section des sciences; M. Milne Edwards, vice-président; M. Émile Blanchard, secrétaire, prennent place au bureau.

M. le Président adresse une courte allocution à l'assemblée. Il rappelle que toutes les communications seront entendues dans les commissions qui vont se former; que celles qui seront spécialement désignées par les commissions seront exposées dans les séances générales.

La section des sciences s'étant partagée en trois commissions : sciences mathématiques, sciences physico-chimiques, sciences naturelles,

La première a nommé : président, M. Dieu, de l'Académie de Lyon; vice-président, M. Allégret, de l'Académie de Clermont-Ferrand; secrétaire, M. Saint-Loup, de l'Académie de Besançon;

La seconde a nommé : président, M. Isidore Pierre, de l'Académie de Caen; vice-président, M. Lissajous, de Chambéry; secrétaire, M. Francisque Michel;

La troisième a nommé : président, M. de Rouville, de l'Académie de Montpellier; vice-président, M. Raulin, de la Société linnéenne de Bordeaux; secrétaire, M. A. Barthélemy, professeur au lycée de Toulouse.

A deux heures, la section s'est réunie en assemblée générale, M. le Ministre de l'instruction publique a ouvert la séance et témoigné de tout l'intérêt qu'il porte aux études scientifiques.

M. l'ingénieur Vallat-Fleury expose les avantages d'un mode de traction au moyen de l'air atmosphérique.

Il s'agit d'un système atmosphérique applicable aux locomotives atmosphériques, ayant la marche en arrière aussi facile que celle en avant, pouvant fonctionner utilement sur tous les chemins de fer sans rien changer à leurs dispositions actuelles; applicable également aux machines fixes sur les bateaux à vapeur transatlantiques, dont il doublerait la vitesse et permettrait de remplacer les trois quarts du chargement en houille par celui des marchandises, qui pourraient être transportées à des conditions de fret si minimes qu'aucun armateur étranger ne pourrait soutenir la concurrence, et assurerait bientôt la prépondérance maritime et commerciale de notre nation.

La machine pneumatique, qui constitue la pièce principale dudit système, est la plus aisée à mouvoir, la plus active, la plus puissante et la plus économique que l'on puisse trouver. Elle a rapporté près d'un million de francs d'économie en combustible à la Compagnie du chemin de fer atmosphérique de Saint-Germain, qui l'a employée durant quinze ans, soit pour opérer le vide dans son long tube de propulsion, soit comme pompe à air et hydraulique élévatoire dans ses divers établissements. Elle a, durant vingt-sept ans, produit, comme pompe élévatoire mixte, une économie d'environ 450,000 fr. en combustible à l'Administration des eaux et égouts de Paris. Voici l'appréciation que M. F. Arago a formulée dans le second volume de son rapport imprimé, en parlant au nom de la commission du Gouvernement instituée jadis pour l'examen du système atmosphérique de Saint-Germain :

« Nous avons remarqué à Saint-Germain des modifications aussi heureuses que profondes, apportées récemment aux systèmes des machines aspirantes, que nous désirerions voir appliquer aux deux grandes pompes à double effet (système Papin) qui fonctionnent dans l'établissement des grandes machines. »

M. Vallat-Fleury fait observer encore que lesdites petites machines pneumatiques avaient été tronquées par le contrefacteur, comme elles l'ont été dans l'ancienne usine de la pompe à feu au Gros-Caillou, et dans l'usine de la pompe d'Austerlitz et ailleurs.

M. Delègue, professeur de philosophie à la Rochelle, expose, au point de vue de la *priorité*, quelques points de l'histoire des mathématiques : polysection des angles, etc., et revendique en faveur du marquis de l'Hospital le théorème dit *de Côtes*.

Cette communication donne lieu à une discussion intéressante entre l'orateur et M. Allégret.

M. Dieu, de l'Académie de Lyon, indique brièvement quelques modifications qu'il propose dans l'exposition des principes généraux du mouvement d'un système quelconque.

M. Trémaux, qui a déposé un opuscule intitulé *Principe universel du mouvement*, développe ses vues sur le sujet.

M. Saint-Loup présente une étude sur les courbes dérivées du cercle par un système articulé simple de six tiges, et indique celles que donne un système double, ainsi que quelques autres systèmes articulés; il en montre l'application à la résolution de l'équation du troisième degré et à la division d'un angle en parties égales.

M. Turquan expose ses recherches sur les équations aux dérivées partielles des ordres supérieurs, comprenant un nombre quelconque de variables indépendantes.

M. Nicolas, inspecteur d'académie, expose quelques propriétés des fonctions Besseliennes (première et deuxième espèce), dites aussi *fonctions cylindriques*, et fait connaître les développements de ces fonctions en séries ordonnées suivant les puissances croissantes et décroissantes de la variable.

M. Trémeau, de la Société philomathique de Verdun, expose ses idées sur la représentation géométrique des solutions imaginaires des équations; il en fait l'application à une démonstration des formules d'Euler et de la double périodicité dans les fonctions elliptiques.

M. Pousset, professeur au lycée de Poitiers, signale une application de la méthode des moindres carrés à la détermination des radiants dans les essaims d'étoiles filantes. La discussion de près de cinq cents observations l'a conduit à la détermination des coordonnées relatives à l'essaim du mois d'août 1874.

M. Marsham-Adams présente deux appareils de démonstration : l'un, *le mensurateur*, permet de construire des triangles et d'évaluer les parties inconnues, côtés ou angles, de résoudre deux équations du premier degré et une équation du deuxième degré; l'autre, *le cœlomètre*, a pour objet de faciliter l'exposition du système du monde, et de fournir la solution de quelques problèmes.

M. Durrande, de Rennes, présente quelques considérations sur l'application qu'il a faite des théories de la dynamique au mouvement d'un système susceptible de se déformer.

Commission des sciences physico-chimiques.

M. Ad. Watelet, de Soissons, traite de la théorie de la cristallisation. Après avoir fait l'historique de la marche de la science cristallographique et rendu hommage aux naturalistes français, fondateurs de la science des cristaux, il entre en matière. D'abord il établit quelques théorèmes de géométrie sur les centres de moyenne distance qu'il a publiés dans des recueils spéciaux. Il fait ensuite remarquer que, dans un tétraèdre quelconque, les centres de gravité des milieux des arêtes du tétraèdre sont les sommets d'un octaèdre, et que les centres de gravité des faces de l'octaèdre sont les sommets d'un hexaèdre, et enfin que les centres de gravité des faces du tétraèdre sont les sommets d'un tétraèdre semblable et inversement placé.

Il établit que le tétraèdre et les solides inscrits les uns dans les autres sont tous les trois du même système, et que les axes de ces trois corps coïncident dans leur direction. Il examine les conditions de la forme du tétraèdre pour que les solides inscrits appartiennent à un système déterminé.

La seule hypothèse dont il ait besoin pour obtenir toutes les modifications des centres est que *la cristallisation commence toujours par un tétraèdre*, qui est le plus simple des solides; l'auteur démontre ensuite que toutes les formes des cristaux résultent de l'action réciproque, plus ou moins prépondérante, des centres de gravité, soit des arêtes, soit des surfaces ou enfin du centre de gravité du tétraèdre. Il fait voir que tous ces points se combinent de façon à déterminer un plan qui passe ou par trois centres de gravité des arêtes (plan 3 mètres), ou par quatre centres de gravité des mêmes lignes (plan 4 mètres), ou par un dés sommets et deux centres de gravité des arêtes (plan $2^m,5o$), ou par deux sommets et un milieu d'arête (plan 25 mètres), ou enfin un plan déterminé dans sa direction par deux sommets et deux milieux des arêtes (plan $2^m,25$). Il fait ensuite mouvoir ces plans dans le tétraèdre, et il obtient toutes les modifications des trois solides tétraèdre, octaèdre et hexaèdre. Il démontre que tous les systèmes sont soumis aux mêmes lois, et que le système régulier peut, comme tous les autres, subir des modifications hémiédriques ou ne pas les subir, absolument comme les systèmes obliques.

Il démontre qu'un même plan produit souvent des modifications sur les sommets et en même temps sur les arêtes, et que ces sortes de modifications ont une même origine. L'auteur ne se préoccupe pas de la forme des molécules pour expliquer les hémiédries.

Cette théorie donne une explication simple de tous les phénomènes cristallographiques, et explique d'une manière satisfaisante les hémitropies. Enfin toutes les modifications considérées comme des déformations, des oblitérations, rentrent dans la règle générale et ne constituent aucun cas anormal.

M. Léon Vidal, délégué de la Société de statistique de Marseille, expose un nouveau procédé pour obtenir des images photographiques colorées.

L'art photographique actuel produit d'une façon merveilleuse des images à l'état monochrome.

Grâce aux découvertes les plus récentes, on arrive à imprimer des épreuves à l'aide de l'encre grasse, mécaniquement, d'une façon continue, et après une seule impression lumineuse.

L'auteur a pensé que, puisque l'on imprime des monochromes à l'encre grasse, rien ne s'opposait à ce que l'on fît de la sorte des polychromies.

Tout consistait à tirer du cliché, à l'aide de réserves déterminées, divers monochromes des couleurs voulues, à les combiner, à les terminer par une image totale donnant et le dessin et les ombres.

Ce problème, ainsi posé, a été résolu au delà de tous les souhaits : l'auteur a commencé, par un procédé très-rationnel, à ramener le cliché à la valeur relative de tous les tons, à l'amener à l'état qu'il devrait présenter s'il avait été obtenu d'une couleur grisaille. Cela fait, par le report de l'image totale imprimée à l'état monochrome, obtenu par une simple voie de suppression et sans le secours du dessin ni du pinceau, il a créé les planches afférentes à chaque couleur séparée.

Il a ensuite, *au charbon*, obtenu sur une glace polie une image totale de la couleur qui doit former le dessin et le modèle.

Par superposition de ce dessin final, on eût pu voir les teintes à identifier avec celles de l'original, non pas à l'état de teintes plates ou seulement modelées dans le ton, mais telles qu'elles doivent être modifiées par l'ombre.

C'est presque un moyen mécanique d'arriver à l'exactitude du ton, et l'homme le moins expérimenté dans l'art de la peinture arrive ainsi à copier exactement un tableau.

L'impression, le repérage, la multiplication des images, ont lieu, dit l'auteur, par des procédés qui m'ont coûté de longues recherches, mais auxquels je suis arrivé à donner une perfection industrielle déjà bien grande.

La durée des images ainsi obtenues est aussi indélébile, sinon davantage, par suite d'un procédé d'emmagasinement des couleurs dans une sorte de vitrification de l'image.

En un mot, le procédé, si on le compare aux systèmes d'impressions lithochromiques, est à ces systèmes connus dans le même rapport que le sont aux images en noir obtenues par un crayon habile les images monochromes si belles que produit la photographie usuelle.

Les applications sont considérables, et l'auteur se réserve, en ce qui concerne l'histoire naturelle spécialement, de faire parvenir à M. Blanchard, dans quelques semaines, une fois rentré chez lui, une série de papillons ainsi reproduits. Il voudra bien apprécier l'œuvre.

M. L. Vidal a lieu d'espérer que, à l'aide des moyens puissants dont il va disposer, il sera bientôt possible de voir la photographie jouer, dans la production des images en couleurs, un rôle aussi universel que celui qu'elle joué dans la production des images à l'état monochrome.

Le Dr Monoyer, secrétaire général de la Société des sciences de Nancy, fait une première communication relative à une *nouvelle formule destinée à calculer le numéro ou la force réfringente des lunettes dans la presbytie.* Après avoir rappelé que tous les traités de physique donnent une formule qui n'a jamais reçu la sanction de l'usage, parce qu'elle fournit, en général, à moins de coïncidences fortuites, des valeurs numériques absolument inacceptables, l'orateur recherche les causes qui empêchent cette ancienne formule de conduire à des résultats propres à procurer la correction de la presbytie, et il montre que cela provient de l'oubli de données importantes.

En tenant compte de tous les éléments dont dépend le choix du numéro d'une lunette de presbyte, M. Monoyer a obtenu une nouvelle formule, parfaitement exacte, essentiellement rationnelle, applicable à tous les cas (presbytie simple ou compliquée d'amétropie), et permettant ainsi de calculer avec la plus grande précision la force réfringente de la lentille correctrice la plus convenable.

Cette formule est la suivante :

$$\frac{1}{d} - \frac{1}{r} - k\frac{1}{a} = \frac{1}{f}$$

dans laquelle f désigne la longueur focale de la lentille, c'est-à-dire l'inconnue cherchée ; r est la distance du *point le plus éloigné de la vision distincte* ; $\frac{1}{a}$ représente le *pouvoir accommodatif* de l'œil considéré ; enfin k est une fraction plus petite que l'unité, et indiquant la proportion de pouvoir accommodatif dont l'œil doit faire usage quand il se sert de la lentille de foyer f pour voir un objet situé à la distance d.

Les quantités d et k sont des constantes pour lesquelles l'auteur propose, à titre provisoire, les valeurs $d = 25$ centimètres, et $k = 1/2$, sauf à l'expérience ultérieure à montrer si ces valeurs sont bonnes ou s'il y a lieu de les remplacer par de meilleures.

Mais, en admettant que l'observation ultérieure prouve la nécessité de modifier les valeurs numériques de ces constantes, la formule n'en conserve pas moins toute sa valeur.

Le Dr Monoyer présente ensuite à l'assemblée une *échelle typographique décimale*, qu'il a composée pour mesurer l'acuité de la vue. Tandis que les échelles typographiques de Giraud-Teulon et de Snellen, les plus employées actuellement, sont construites conformément aux anciennes mesures en pieds, la nouvelle échelle du Dr Monoyer est établie sur les bases du système métrique ; mais elle se distingue surtout des échelles en usage par un perfectionnement capital : elle comprend *dix* grandeurs différentes de caractères d'imprimerie, calculées de telle sorte que l'acuité visuelle correspondante varie d'un numéro à l'autre suivant une progression arithmétique dont la raison est 0,1 (un dixième d'unité). Au moyen de cette échelle, on exprime le degré de l'acuité visuelle en fractions décimales; l'intervalle d'un numéro au suivant est constant et égal à 1/10. Dans les échelles de Giraud-Teulon et de Snellen, il n'y a que sept numéros, et l'intervalle entre deux numéros consécutifs est variable (tantôt 1/10, tantôt 1/3, etc.).

M. le Dr Garrigou fait connaître les résultats d'une étude sur les causes d'usure et d'explosion des chaudières des machines à vapeur. A la suite d'une série d'expériences faites dans son laboratoire et après avoir analysé les tôles de chaudières ayant éclaté par suite de leur usure, il a pu reconnaître qu'il s'établit une action électro-chimique entre les tubes chauffeurs (en cuivre) et les parois de la chaudière en fer, par suite de laquelle agit l'acide chlorhydrique provenant de la décomposition par la chaleur du chlorure de magnésium que toutes les eaux contiennent en plus ou moins grande abondance. Une action électro-chimique du même genre s'établit également à la surface des tôles des parois, tôles qui contiennent toujours du cuivre réduit provenant du minerai. Cette action locale est la plus dangereuse, car elle est la cause des explosions.

Le remède à opposer à ce mal consisterait à faire les chaudières en cuivre, dans les conditions de résistance voulue, et à mettre dans l'intérieur du fer, jouant un rôle passif, pour servir d'aliment à l'acide chlorhydrique.

M. Coquillion, de Rouen, développe la suite de ses recherches relatives à l'action du platine sur les hydrocarbures en présence de l'oxygène de l'air. Chacun des composés de la série benzénique (benzine, toluène, xylène et cumène) donne comme résultat de son oxydation de très-petites quantités d'hydrure de benzoïle et de l'acide benzoïque; l'action commence un peu au delà de 100 degrés. Ces recherches viennent confirmer les travaux de M. Berthelot sur cette série si intéressante, ainsi que la théorie de M. Kekulé.

Le palladium se comporte comme le platine; en outre il diminue rapidement de poids et devient friable et cassant.

L'auteur cite à l'appui de ces recherches les analyses et les pesées qui vérifient ses expériences.

M. Th. Trannin, de Lille, indique une méthode photométrique

permettant de composer les sources lumineuses différemment colorées.

L'auteur utilise dans sa méthode les bandes cannelées des spectres d'interférence. Quand les lumières ont une intensité égale pour une radiation donnée, les bandes d'interférence disparaissent. Cette méthode, appliquée à l'étude de l'absorption, permet de mesurer quantitativement l'action des substances colorées sur les rayons lumineux.

M. Garrigou expose les nouveaux résultats de ses analyses d'eaux minérales sur des mètres cubes d'eau. Il énumère les diverses opérations de l'analyse, et indique tout d'abord la recherche de la matière organique qu'il peut séparer en deux parties parfaitement distinctes, l'une qui traverse le dyaliseur, quand on traite dans cet appareil les dépôts de l'évaporation, l'autre qui ne traverse jamais le dyaliseur.

L'analyse chimique directe, les réactions, les flammes de Bunsen et le spectroscope ont montré, dans quinze nouvelles analyses faites sur une grande échelle, les métaux suivants, pour les Pyrénées : fer, manganèse, cobalt, cuivre, plomb, bismuth, antimoine, arsenic, tellure, alumine, chrome, strontiane, magnésie, chaux, lithine, cœsium, rubidium, potasse, soude, etc.

M. Eugène Marchand, de Fécamp, membre de la Société havraise d'études diverses, expose les résultats des recherches qu'il a entreprises pour arriver à la détermination de la force chimique contenue dans la lumière du soleil. Ses observations, qui ont été prolongées sans interruption pendant plus de quatre années, l'ont mis à même de découvrir la loi selon laquelle s'opère, sous l'influence des radiations actives, la réduction du chlorure de fer mis en contact avec l'acide oxalique. Il a reconnu que l'influence exercée s'accomplit selon une proportion bien nettement caractérisée, qui lui a permis de calculer la valeur du climat chimique de la ville qu'il habite et celle des climats chimiques des lieux compris entre l'équateur et le pôle.

Déjà MM. Bunsen et Roscöe s'étaient livrés à une étude semblable en opérant sur un mélange de chlore et d'hydrogène. La somme des effets produits sur les deux réactifs employés en Allemagne et à Fécamp s'accuse par des différences considérables dans la quantité de calorique mis en mouvement; mais, malgré cela, le développement du phénomène suit une marche parallèle dans les deux observations, et sert à mettre en évidence la grande habileté avec laquelle Bunsen a su vaincre les difficultés inhérentes à sa méthode d'observation.

M. Marchand a terminé en appelant l'attention sur les services que peut rendre l'emploi de la glycérine dans les opérations de la chimie pneumatique. Ce liquide, lorsqu'il est en consistance sirupeuse, oppose une résistance absolue à la dissolution de l'oxygène et de l'azote, et il ne dissout que des quantités insignifiantes d'acide carbonique.

Nous n'entrons pas dans des détails plus circonstanciés, l'ouvrage de M. Marchand devant être très-prochainement livré à la publicité. Cependant il est bon d'appeler l'attention sur ce fait, que M. Marchand a tenu encore à signaler : c'est que la courbe du développement de l'action chimique exercée sur la zone glaciale à l'époque du solstice conduit, d'une façon imprévue, à la justification de l'hypothèse, qui paraît s'imposer de plus en plus à l'esprit des savants, d'une mer libre au pôle.

M. Raoult, professeur à la Faculté des sciences de Grenoble, membre de la Société de statistique de l'Isère, dénonce la présence du phosphore dans l'air atmosphérique.

L'air aspiré par une trompe passe d'abord dans un tube plein de coton, où il se dépouille de toutes les matières solides qu'il tient en suspension ; il passe ensuite dans un tube de cuivre pur, rempli de tournure de cuivre pur, et chauffé par un bec de Bunsen.

Après huit jours, il a passé dans le tube environ 6 mètres cubes d'air. On met alors fin à l'expérience, et on dissout le tube de cuivre et son contenu dans l'acide azotique. Cette dissolution, traitée par le molybdate d'ammoniaque, donne un précipité indiquant la présence du phosphore.

Il y a donc du phosphore dans l'air.

Ces expériences ont été faites à la ville; il serait intéressant de savoir si l'air de la campagne fournirait les mêmes résultats ; c'est une question dont l'auteur doit s'occuper.

M. A. Barthélemy, professeur au lycée de Toulouse, expose l'ensemble de ses recherches sur la respiration des plantes. Il distingue la dissociation de l'acide carbonique de la circulation d'air plus ou moins modifié, la première se jetant à travers la cuticule et l'autre dans un système particulier de canaux, au moins chez un certain nombre de plantes aquatiques.

M. Filhol, de l'Académie des sciences, inscriptions et belles-lettres de Toulouse, communique quelques faits nouveaux, tendant à prouver que le monosulfure de sodium peut exister et existe réellement dans les eaux sulfureuses thermales des Pyrénées. Aux arguments qu'il a fait valoir dans ses travaux antérieurs, le professeur de Toulouse ajoute le suivant :

Les eaux sulfureuses thermales sont toutes alcalines, et, si l'on mesure leur alcalinité au moyen d'une solution titrée d'acide sulfurique, on trouve qu'il faut employer, pour amener au rouge de la teinture de tournesol qu'on a mêlée à l'eau minérale, plus d'acide sulfurique qu'il n'en faudrait pour décomposer une quantité de monosulfure de sodium contenant la quantité de soufre dont l'analyse indique l'existence dans un poids déterminé de liquide. Or, quand on abandonne de l'eau minérale sulfureuse au contact de l'air jusqu'à ce qu'elle donne avec l'azotate d'argent un précipité blanc, c'est-à-dire jusqu'à ce que l'oxygène de l'air ait détruit le sulfure, on peut constater que l'eau minérale ne sature plus, à beaucoup près, autant d'acide sulfurique, et que l'abaissement du titre alcalimétrique correspond à la quantité de sulfate alcalin qui s'est produite par l'oxydation du sulfure.

Un litre d'eau de la source Bayen (Bagnères-de-Luchon) sature $0^{gr},098$ d'acide sulfurique réel. Le monosulfure contenu dans l'eau minérale n'en pourrait saturer que $0^{gr},072$. Il y a donc $0^{gr},026$ de carbonates ou silicates alcalins. Or un litre de cette eau minérale n'a plus saturé, après deux mois d'exposition à l'air dans une bouteille pleine et débouchée, que $0^{gr},030$. Ainsi, $\frac{62}{72}$ du monosulfure se sont transformés en sulfate, et $\frac{10}{72}$ en carbonate alcalin. On peut vérifier l'exactitude de ces résultats en dosant l'acide sulfurique contenu dans l'eau sulfureuse avant et après sa désulfuration. La quantité de sulfate qui a pris naissance correspond bien à l'abaissement du titre alcalimétrique.

M. Filhol expose ensuite les résultats de ses dernières recherches sur la chlorophylle. Le fait le plus saillant est la différence qui existe entre la chlorophylle extraite des plantes monocotylédonées et celle qu'on prépare avec des plantes dicotylédonées. La matière verte provenant des monocotylédonées donne, quand on traite sa solution alcoolique par quelques gouttes d'acide chlorhydrique, un précipité qui, vu au microscope, paraît constitué par de petites houppes formées d'aiguilles partant d'un centre commun. La chlorophylle des dicotylédonées donne un précipité qui n'a pas cette apparence et se présente sous forme de granulations très-fines. Les propriétés chimiques sont d'ailleurs les mêmes pour chacun de ces précipités. Ces deux matières se ressemblent, comme le font, par exemple, certaines espèces de glucoses qui diffèrent plus les unes des autres par leurs propriétés physiques que par leurs propriétés chimiques.

La matière qui constitue le précipité donne des solutions fluorescentes, et son examen au spectroscope permet de constater que c'est à elle que doivent être attribuées les principales bandes d'absorption que produisent les solutions de chlorophylle.

M. Filhol montre que les solutions de cette matière, brunes dans l'acide acétique cristallisable, se colorent en vert très-éclatant quand on y ajoute des traces de sels de zinc ou de sels de cuivre.

M. Favre, doyen de la Faculté des sciences de Marseille, présente le résumé de ses recherches faites en commun avec M. F. Roche sur *l'électrolyse des carbonates et des bicarbonates alcalins.*

M. le Dr Adrien Sicard, vice-président et délégué du Comité médical des Bouches-du-Rhône, résume ses études relatives à l'eau de la mer Méditerranée, conservée à domicile, sur les plantes qui peuvent vivre dans ce milieu et que l'on peut étudier chez soi.

Un appareil en verre, acclimaté à l'eau de mer, peut conserver pendant un temps illimité ce liquide, à la condition expresse de remplacer l'eau d'évaporation par de l'eau douce avant que le niveau ait baissé de 1 centimètre au maximum. Il faut, pour réussir, que ces appareils reçoivent le plus d'air, de soleil et de rayons lunaires qu'on en peut disposer. Les différences des températures de 10 degrés au-dessous de zéro et de 30 degrés au-dessus n'empêchent pas les plantes d'y vivre et de s'y développer, condition indispensable à la production des végétaux.

On peut, dans les conditions ci-dessus énoncées, voir naître et se reproduire toute sorte de familles de végétaux, et, si l'on a le soin de placer dans ces appareils des animaux en rapport avec la qualité des végétaux qui s'y développent, ils y vivent pendant long-temps ; mais on n'a pas encore pu les faire reproduire.

L'auteur possède des éponges qui végètent depuis l'année 1870, s'énucléant au printemps et quelquefois en automne ; un peu avant le moment où elles végètent à nouveau, elles poussent vers le pied, et, malgré la ténuité extrême des filaments, à peine perceptibles, en principe, à une forte loupe, ceux-ci désagrégent le rocher qui sert de support, en enlevant des morceaux de plus d'un centimètre.

On peut prendre à la mer et placer dans ces appareils des poissons, coquillages, mollusques, qui y vivent et s'y développent, et l'on peut sans peine étudier leurs mœurs et leurs habitudes. Quant aux plantes, elles se reproduisent parfaitement pendant nombre d'années.

L'eau de mer subit des différences de salure très-appréciables au pèse-sel, et cela quelle que soit la température atmosphérique.

En un mot, il résulte de ces études que l'on peut avoir chez soi, sans peine, de l'eau de mer qui permet d'y placer des plantes et des animaux, quelle que soit la profondeur d'où ils viennent.

Le Dr Sicard présente des planches contenant des plantes marines ; il possède plus de cinq mille plantes de ce genre, et depuis 1871, dans les températures, les salures et les concomitances des pressions atmosphériques de cinquante appareils d'eau de mer.

M. le Dr Frédet, de Clermont-Ferrand, traite, au point de vue thérapeutique, de la *lithine dans les eaux minérales de l'Auvergne.*

M. E. Gripon, professeur à la Faculté des sciences de Rennes, traite des *propriétés physiques des lames de collodion.*

Des lames de collodion de 0^{mm},01, tendues sur un cadre, polarisent la lumière par réflexion et par transmission.

L'angle de polarisation voisin de celui du verre est 56° 25′ ; il donne pour indice de réfraction de la lame 1,5108.

Le diathermomètre des lames de collodion diminue avec la température de la source ; elles laissent passer 0,91 de la chaleur d'une flamme, 0,70 de celle qu'émet un vase noirci plein d'eau bouillante, 0,50 de celle qui sort de ce vase si sa température ne dépasse pas 50 degrés.

On forme, en empilant plusieurs lames tendues, des piles polarisantes bien plus diathermanes que les piles de mica, et qui polarisent très-bien la chaleur transmise. Le faisceau qui sort d'une pile de neuf lames renferme 0,6 à 0,7 de chaleur polarisée.

M. Violle, professeur à la Faculté des sciences de Grenoble, traite de la température du soleil.

Les mesures de chaleur solaire peuvent se faire par deux méthodes : la *méthode dynamique*, ou méthode du pyrhéliomètre de Pouillet, et la *méthode statique*, ou méthode des actinomètres.

C'est cette deuxième méthode que l'auteur a principalement employée. Ses expériences se distinguent de celles de ses devanciers (Pouillet, le P. Secchi, Soret, de Genève) par les caractères suivants :

1° La boule du thermomètre recevant la radiation solaire était placée au centre d'une enceinte *sphérique* de dimensions suffisantes, et non plus dans une enceinte cylindrique de petites dimensions, dont l'emploi entraîne les perturbations graves signalées par MM. de la Provostaye et Desains.

2° On a fait varier les dimensions de l'ouverture d'admission par laquelle pénètrent les rayons solaires, ce qui permet d'éliminer l'action de la partie du ciel voisine du soleil et vue de la boule du thermomètre en même temps que le disque solaire.

3° On a de même fait varier les dimensions de la boule du thermomètre, et l'on a ainsi pu faire avec exactitude la correction du refroidissement.

4° On a fait varier la température de l'enceinte (de 0° à 150°), ce qui a permis de reconnaître que, contrairement à l'assertion de Waterston et du P. Secchi, l'excès de température indiqué par le thermomètre de l'actinomètre dépend de la température de l'enceinte.

Ces expériences, faites soit à Grenoble même, soit sur les sommets les plus élevés des Alpes du Dauphiné, ont conduit aux conclusions suivantes :

1° Si l'on considère d'abord la radiation solaire telle qu'elle nous parvient, affaiblie par son passage à travers notre atmosphère, cette radiation, un jour d'été, à midi, sous le parallèle 45°, équivaut à celle d'un corps de même diamètre apparent que le soleil, le pouvoir émissif égal à l'unité et maintenu à la température de 1400 degrés.

2° En faisant varier la température de l'enceinte, on a reconnu que l'excès de température accusé par un thermomètre sous l'action des rayons du soleil dépend de la température t de l'enceinte; cet excès a pour expression

$$\theta - t = \frac{c}{\alpha t},$$

α étant la constante de Dulong.

3° L'action de l'atmosphère sur l'intensité de la radiation solaire, déduite de mesures faites *simultanément* à des altitudes différentes, peut se représenter par la formule

$$\alpha^x = \alpha^X \rho \frac{H + bf}{\cos z}.$$

α^X étant l'intensité de la radiation solaire entière et α^x l'intensité de la radiation modifiée, c — et b des constantes, H la pression atmosphérique et f la tension actuelle de la vapeur d'eau dans l'air, z est la hauteur zénithale du soleil au moment de l'expérience.

De cette formule et des observations rappelées plus haut on déduit, pour la *température effective* du soleil, c'est-à-dire pour la température du soleil supposé doué du pouvoir émissif maximum, déduction faite de l'influence de l'atmosphère :

$$X = 1550°.$$

4° En estimant le pouvoir émissif moyen de la surface du soleil égal à celui de l'acier en fusion à 1500° (ce qui ne peut être bien éloigné de la vérité), la température moyenne vraie de cette surface serait

$$T = 2000°.$$

M. Ortolan, mécanicien en chef de la marine, fait l'exposé de la question du rendement comparatif des moteurs à vapeur par la méthode thermodynamique proposée par M. l'ingénieur de la marine Risbec.

M. Truchot, de l'Académie des sciences, belles-lettres et arts de Clermond-Ferrand, et directeur de la station agronomique du Centre, traite de la désagrégation des roches d'Auvergne au point de vue de la formation de la terre arable. Il fait ressortir l'importance du rôle que joue l'acide phosphorique dans les sols.

M. Nodot, de Dijon, fait connaître un nouveau microscope polarisant, présentant des dispositions nouvelles et fort ingénieuses, et un appareil pour observer la double réfraction conique, dans laquelle l'arragonite est remplacée par un bichromate de potasse ou par un sucre.

M. Abria, doyen de la Faculté des sciences de Bordeaux, démontre la vérification de la loi de la double réflexion totale dans les cristaux uni-axes.

M. Baudrimont, professeur à la Faculté des sciences de Bordeaux, signale les résultats d'expériences et d'observations relatives à la fermentation visqueuse, et des *Observations sur l'état actuel de la fabrication des engrais*.

Commission des sciences naturelles.

Le bureau, en entrant en fonctions, remercie, par l'organe de M. le Président, l'assemblée de la faveur dont il est l'objet.

M. le Président donne lecture d'une lettre adressée par la *Société botanique* de France, qui invite les membres des Sociétés savantes, présents à Paris, à assister à la séance d'avril, qui a été avancée à cette occasion et fixée au vendredi 2 de ce mois.

M. Doumet-Adanson, de Cette, à la suite d'observations faites au cours de son exploration dans le sud de la Tunisie, croit que l'origine des chotts d'importance secondaire ne devrait pas être attribuée, comme on a voulu le faire, à une sorte d'emprisonnement des eaux de la mer dans des dépressions sans issue, lors d'un cataclysme qui aurait causé simultanément la formation de la Méditerranée occidentale et l'émersion du Sahara.

M. Doumet-Adanson ne repousse pas la possibilité et même admet la probabilité de cette grande perturbation, mais à une époque bien antérieure aux temps historiques ou préhistoriques. Seulement, par l'examen des terrains environnant les chotts ou sebk'ras, terrains entièrement dépourvus de débris de coquilles et d'animaux marins de l'époque quaternaire ou contemporains de la nôtre, il est amené à regarder ces petits lacs salés comme de formation bien postérieure et tout à fait étrangère à ce grand cataclysme.

D'après l'auteur, ces dépressions seraient dues à un affaissement du sol, par suite de la dissolution et de l'amoindrissement lent,

mais continu, de grands amas de sel gemme placés au-dessous des
couches puissantes de sulfate de chaux qui constituent les montagnes et collines environnantes, et le sel, constamment entraîné
par les cours d'eau qui naissent à la base de ces couches de gypse
et se déversent dans les petits chotts, expliquerait suffisamment la
saturation des eaux de ces derniers.

Les observations de M. Doumet-Adanson ont été faites principalement sur les bords et aux alentours du chott ou sebk'ra Naïl, au
sud des montagnes de Bou-Hedma (au pied desquelles il découvrit
la forêt de gommiers indigènes qui a fait l'objet d'une lecture à
l'Institut) et du lac salé de Kerouan ou sebk'ra El-Hani, et la qualité fortement saumâtre des eaux des ruisseaux qui se déversent
dans ces chotts vient confirmer l'hypothèse de la formation récente
et même actuelle de ces nappes salées.

M. Delage, professeur au lycée de Rennes, étudie les terrains du
département d'Ille-et-Vilaine.

L'étude des terrains dans le nord du département d'Ille-et-Vilaine a conduit l'auteur au résultat suivant :

TERRAIN SILURIEN.

Terrain silurien primordial..	{ les schistes de Rennes fossilifères. { les schistes rouges de Pont-Réan. { les grès à trilobites.
Terrain silurien inférieur...	{ les schistes ardoisiers avec grès interca- { lés, grès supérieurs aux schistes. { les schistes noirs ampéliteux de Poligné, { de la Menardais et de Princé.

Les quatre premières assises se voient nettement dans la coupe
du chemin de fer de Rennes à Redon.

Les grès à trilobites forment les collines de Saint-Aubin-du-Cormier à Combourtillé, de Châtillon, de la Malnoë, de Montautour
à Princé. On retrouve ces grès jusqu'à Juvigné (Mayenne); on les
voit aussi de Saint-Médard à Mézières. Ils forment encore la crête
quartzeuse de la forêt de Haute-Sève.

Les schistes ardoisiers et les grès intercalés se trouvent entre
Vitré, Balazé et Landavran; ils forment, pour ainsi dire, le lit de
l'Islet et de la Veuvre.

Le terrain dévonien peut se poursuivre depuis Caulnes (Côtes-du-

Nord) jusque dans la Mayenne, à travers le département d'Ille-et-Vilaine. Il se compose ainsi :

TERRAIN DÉVONIEN.

Dévonien inférieur.
- grès qui occupe le haut des collines.
- schistes et grauwackes à *Plemochiryum problematicum.*

Dévonien moyen..
- calcaire à calcéoles et à spirifères.
- grès et schistes supérieurs au calcaire.

Les grès forment la colline de Saint-Germain-sur-Ille à Saint-Aubin-d'Aubigné et de Saint-Aubin-d'Aubigné à Gahard. On les retrouve à la lande de Baugé, à Izé, à la Bouëxière et jusqu'aux portes de Vitré, et aussi près de Saint-Pierre-la-Cour.

Les schistes et les grauwackes se voient à mi-côte le long de la colline de Saint-Aubin à Gahard, au-dessous du calcaire. On les retrouve au nord du bassin d'Izé.

Le calcaire se trouve à mi-côte et dans les vallées, au Bois-Roux, à Gahard et à Izé.

Les schistes et grès supérieurs se voient dans le bassin d'Izé et à Bourgon, où ils supportent le calcaire carbonifère à *Amplexus*, calcaire considéré comme dévonien.

Le terrain carbonifère se compose de deux parties :

1° De calcaire et de schistes marins fossilifères à la base ;

2° De poudingues, de schistes et de houilles en couches alternées, formant à Saint-Pierre-la-Cour deux petits bassins houillers séparés par le calcaire et les schistes marins.

Le terrain falunien se trouve par place le long du cours du Nuilon, de l'Islet et de l'Alleron. On en trouve encore au milieu du granite sur la route de Saint-Hilaire-des-Landes à Romagné. Je ne pense pas que ce dernier petit dépôt, qui est siliceux, soit connu.

COUPES FAITES.

1° De la Peignerie à Vitré ;

2° Du Bas-Plessis à la Peignerie ;

3° Passant par la Mare ;

4° De la Haute-Fenuie à travers la rivière Peyrouse, en passant par la Gélinière ;

5° De la Pelterie au Haut-Pont, en passant par Montreuil ;

6° De Baillé vers le Bois-Velloux ;

7° De Balazé au Taillis ;

8° Du rocher Palet à la Coudrais et à la Ville-Benètre;

9° Du bois Cornillers à la Coudrais;

10° Coupe géologique suivant le profil en long du chemin de fer de Rennes à Redon (longueur, 20 lieues);

11° De Saint-Aubin-du-Cormier à la Bouëxière;

12° De la Pouverie à la Boufeyère;

13° De Mézières à Gomé;

14° D'Ercé au bois de la Ferthais;

15° De Gahard à Liffré;

16° Coupe dirigée du nord au sud en passant par le Bois-Roux;

17° De Saint-Aubin-d'Aubigné à Chasné;

18° De Bourgon à la Clairie;

19° De la Croixille au château de la Gravelle.

M. Gosselet, professeur à la Faculté des sciences de Lille, s'occupe des calcaires dévoniens supérieurs. L'auteur établit que le calcaire de Ferques correspond au calcaire à *Rhynchonella cuboides* des environs de Givet. La forme est différente; mais, quand on passe du sud au nord, on voit la forme se modifier. Aux environs de Maubeuge, elle est presque réduite au *Spirifer Verneuili*; mais elle redevient plus riche vers le nord. La spécialisation des faunes sur des rivages différents est intéressante à constater.

M. Dalmas, de la Société des sciences naturelles de l'Ardèche, expose que les cellules du végétal et de l'animal, à l'état de vie, présentent des phénomènes électriques et une constitution élémentaire analogues à ceux des couples d'une pile en quantité, où une molécule est toujours assimilée ou remétallisée en échange équivalent d'une autre molécule éliminée et démétallisée. La séve chez la plante et le sang de l'animal fournissent les molécules assimilées ou éliminées, tandis que les nerfs font l'office des fils conducteurs de l'électricité. La vie générale d'une plante ou d'un animal est la résultante de la vie individuelle de toutes leurs cellules, de la même manière que l'action générale d'une pile en quantité est la résultante de l'action particulière de tous les couples dont elle est composée.

M. le D'r Masse, agrégé de la Faculté de médecine de Montpellier, membre de la Société de médecine et de chirurgie de la même ville, traite de l'*influence de l'attitude des membres sur leurs articulations*. Les recherches expérimentales ont été faites au point de vue anatomico-physiologique, pathologique et thérapeutique. L'auteur a déterminé sur le cadavre les relations des variations d'angle des leviers osseux et les modifications correspondantes de capacité de la synoviale de tension ou de relâchement des parties molles péri-articulaires. Il a déterminé les variations de capacité de la synoviale avec un manomètre gradué en centimètres cubes. Le résultat de ces recherches est la confirmation d'une loi déjà formulée par quelques physiologistes : le relâchement moyen de l'articulation correspond avec le milieu de l'excursion des leviers osseux.

Au point de vue pathologique, l'auteur fait remarquer qu'une même cause ne pouvait être invoquée pour expliquer les attitudes des membres aux différentes périodes des maladies articulaires. Le malade choisit d'abord volontairement la position qui le soulage; l'augmentation de la douleur détermine la contention spasmodique des muscles, et les attitudes primitives se modifient et s'exagèrent; enfin les désordres graves des articulations rendent l'influence de la pesanteur dominante pour porter les membres dans les attitudes vicieuses.

Le problème thérapeutique est variable suivant le but à atteindre. Si l'on veut relâcher les parties enflammées, si l'on peut espérer d'enrayer la maladie, c'est l'attitude moyenne qu'il faut donner au membre, c'est cette attitude qu'il faut conserver au malade, s'il l'a d'abord choisie. Plus tard, il faudra se préoccuper des conséquences des lésions articulaires, prévoir l'ankylose, si l'on est obligé de la subir. Il faudra conserver les fonctions les plus utiles, s'opposer le plus possible aux luxations et aux déplacements. Les positions qui seront utiles à une certaine période de la maladie devront être mo-difiées plus tard, les conditions pathologiques ayant changé, le but à atteindre n'étant plus le même.

M. le Dr Mayet, de Lyon, applique la *méthode statistique à l'étude de la pathogénie des maladies.*

S'arrêtant à l'examen des chiffres fournis par les hôpitaux de Lyon en 1872, il conclut :

Que le rôle de la chaleur dans la multiplication des fièvres ty-phoïdes, très-évident, ne s'est manifesté d'une façon notable qu'au mois de juillet et un certain temps après que la chaleur s'est pro-duite;

Que le maximum des entrées ne s'est produit qu'alors que la température s'était déjà abaissée; qu'un retour de chaleur en octobre

les a de nouveau multipliées en novembre; que la maladie a décru
ensuite rapidement;

Que les fièvres paludéennes, habituellement d'autant plus fréquentes que la chaleur est plus intense, peuvent décroître en été
par le seul fait d'une pluie intense qui élève le niveau des eaux et
recouvre les matières organiques en putréfaction;

Que le rhumatisme articulaire aigu est toujours beaucoup plus
fréquent après les élévations de température : ses moments de fréquence la plus grande pendant l'année étudiée ont été en avril,
immédiatement après des augmentations notables de température,
et en juillet, après une grande chaleur;

. Qu'à partir de cette époque la décroissance est rapide jusqu'à la
fin de l'année, pendant que la température décroît;

Que les maladies fluxionnaires des voies respiratoires sont beaucoup plus fréquentes par les abaissements de température, quand
ceux-ci ont été précédés d'une oscillation ascendante, et ont leur
minimum pendant les mois d'automne, alors que les abaissements
thermiques ne sont pas précédés d'élévation momentanée;

Que les décès deviennent plus nombreux pour toutes les maladies pendant les abaissements barométriques;

Que, pendant l'année étudiée, leur minimum a été en novembre,
époque qui suit les mois d'automne les plus favorables à la santé
publique à Lyon pour l'année étudiée.

M. Simonin, professeur à la Faculté de médecine de Nancy, secrétaire perpétuel de l'Académie de Stanislas, présente un travail
intitulé : *Des températures motivées, chez l'homme, par les diverses périodes de l'éthérisme produit par le chloroforme.* Après avoir indiqué le
but de ses recherches et les conditions multiples dans lesquelles
elles ont eu lieu, M. Simonin formule les principaux symptômes de
la période d'excitation, de la période chirurgicale et de la période
de collapsus déterminées par l'agent anesthésique; puis il indique
les synchronismes qui existent entre ces périodes, les faits relatifs
à la circulation et les très-nombreuses notations faites à l'aide du
thermomètre sur la température de vingt-quatre sujets anesthé-
siés et opérés durant l'éthérisme. Les conclusions principales de ce
travail sont les suivantes :

1° Pendant la période d'excitation, la température s'est élevée
de 1 à 8 dixièmes de degré;

2° Durant la période chirurgicale, la température a présenté, le plus généralement, un recul qui a varié de 2 à 8 dixièmes de degré ;

3° Pendant la période de collapsus, l'abaissement de température a été constaté de 9 dixièmes de degré au-dessous du *fastigium*.

Une autre conclusion de M. Simonin est que l'élévation de la température, dans la période d'excitation, ne paraît pas devoir être attribuée à une paralysie des nerfs vaso-moteurs.

M. E. Guinard, de Montpellier, expose les observations que lui ont fournies quelques formes anormales et tératologiques de Diatomacées recueillies aux environs de Montpellier. Parmi des individus offrant les formes décrites comme normales, il s'en présente qui diffèrent soit dans la forme générale, soit par les dispositions des stries, soit enfin et surtout par l'inégalité des valves, qui deviennent tout à fait asymétriques.

Le genre *Ardissonia* a montré des stries rayonnantes sur un point de la valve. Le genre *Synedra*, le plus riche en anomalies, a fourni des sujets raccourcis et renflés. Le *Nitzschia*, commun à Montpellier, en a donné avec renflements au centre de la valve et prolongements terminaux en forme de bec, arrondis, etc. Toutes ces anomalies étaient si nettes et si prononcées, que, si elles se transmettaient par hérédité, ou se montraient en grand nombre, on n'hésiterait pas à les proclamer comme espèces distinctes.

Des dessins sont présentés par l'auteur pour compléter sa communication.

M. Collot, de Montpellier, a exploré, dans le département de l'Hérault, l'infralias des environs de Saint-Chinian, au sud de la Montagne-Noire : il y a rencontré l'*Avicula contorta* à une dizaine de mètres au-dessus des marnes gris verdâtre du Keuper. Les grès arkoses sont très-peu développés. Dans les environs de Lodève, ces grès sont bien plus épais, et le système supérieur, composé principalement de calcaires siliceux blancs en bancs minces, y dépasse 200 mètres. L'ensemble de l'infralias dépasse 300 mètres.

Les fossiles des dernières couches rappellent plutôt les grès de Hettange, c'est-à-dire la fin de l'infralias, que le lias inférieur. La zone inférieure du lias moyen manque même autour de Lodève, et sur la surface devenue irrégulière, fortement corrodée et percée par les coquilles lithophages, des derniers bancs de l'infralias, repose un calcaire à encrines contenant les fossiles de la zone supérieure du lias moyen (zone à *Ammonites margaritatus* de M. Reynès, à *Pecten æquivalvis* de M. Dumortier; ces deux fossiles s'y trouvent). Pendant que le sol de la région s'enfonçait de plus en plus, les marnes du lias supérieur avec un caractère encore littoral, les calcaires gris ou roses de l'oolithe inférieure, les 120 mètres de dolomies du Pas-de-l'Escalette, etc., par-dessus, les calcaires oxfordiens supérieurs du Larzac se sont formés.

M. Rey-Lescure, vice-président de la Société d'histoire naturelle de Toulouse, membre de la Société géologique de France, fait connaître des faits géologiques nouveaux au point de vue des conclusions pratiques à en tirer, en ce qui concerne :

1° L'exploitation des phosphatières de Tarn-et-Garonne;

2° L'alimentation d'eau de la ville de Montauban.

Les phosphatières et crevasses du plateau jurassique de Caylus sont alignées tantôt N. E. — S. O., tantôt N. O. — S. E. Des filons croiseurs, presque toujours perpendiculaires à ces deux directions, prennent une extension plus ou moins grande et plus ou moins régulière.

Ces directions se rapprochent même beaucoup, dans certains cas, des fractures qui ont été signalées vers la fin de la période secondaire, et de l'éocène supérieur, suivant des alignements analogues à ceux de la Côte-d'Or, des Cévennes et des Pyrénées.

Sans vouloir ajouter actuellement, faute d'observations assez nombreuses et assez précises, une importance plus grande qu'il ne convient à des oscillations ou des déviations de la boussole qui n'étaient peut-être qu'accidentelles et dues à des influences thermo-électriques ou chimiques, M. Rey-Lescure les indique comme s'étant produites, sous ses yeux, en octobre dernier, auprès de la phosphatière de Malpérié. M. Morineau, ingénieur civil à Cahors, à qui il a communiqué ce fait, avait été frappé, paraît-il, de faits analogues. Cette circonstance, si elle était vérifiée, pourrait faire supposer la présence, à une profondeur plus ou moins grande, de fer magnétique, ou des actions diverses intéressantes à étudier au point de vue théorique et pratique du gisement et de la recherche des phosphorites et des autres matières filoniennes. En outre,

1° Les fissures et crevasses orientées découvertes récemment au fond des phosphatières, qui ne sont jamais fermées absolument, quoi qu'on en ait dit ;

2° La richesse plus grande des phosphates zonaires appliqués contre les parois corrodées des calcaires jurassiques; la formation géodique de gros cristaux calcaires dans ces filons de phosphorite;

3° La teneur moindre des phosphates terreux intercalés entre les filons à la surface ou au milieu des grandes poches, paraissent devoir amener les conclusions suivantes :

Vers la fin de l'éocène supérieur, ou pendant les phénomènes sidérolithiques, il s'est produit un épanchement ou extravasement hydro-minéral d'eaux phosphatées ou contenant de l'acide phosphorique, par les crevasses ouvertes; le dépôt chimique s'est effectué le long des parois des crevasses, et quelquefois à la surface des dépressions voisines.

Plus tard, la *réintroduction des débris des phosphates primitifs dans les crevasses*, et les remaniements successifs par les courants diluviens tertiaires, peut-être même quaternaires, ont amené l'introduction d'eaux, de boues, de débris de vertébrés, de cailloux quartzeux, qui ont comblé les vides entre les filons ou dans le milieu des poches non comblées et formées des brèches osseuses ou poudingiformes.

Ailleurs, les eaux tertiaires phosphatées et tranquilles ont attiré une population de mollusques et de vertébrés qui se trouvent à la surface, ou à une profondeur plus ou moins grande, mais n'ont pas d'importance comme exploitation de phosphates. Le délaissement des phosphatières de Lamandine et du lac d'Albrespy, à côté de Malpérié et de Mouillac, semble l'indiquer.

En ce qui concerne l'hydrologie des environs de Montauban, M. Rey-Lescure fait remarquer combien il a paru important au conseil municipal de Montauban, dont il fait partie, de voter une somme de 5,000 francs pour l'étude hydro-géologique et expérimentale des nappes aquifères et des cours d'eau, afin d'éviter le retour de mécomptes ruineux, et de procéder à l'examen approfondi du projet d'alimentation qu'il a soumis à son appréciation.

M. Delesse, auteur de la carte hydro-géologique de la Seine et de Seine-et-Marne, fait remarquer combien ces études pratiques sont utiles et désirables dans l'intérêt des populations, et combien l'on est exposé à des erreurs dans l'appréciation du rendement ou des qualités des eaux des nappes aquifères quand l'hydrotimétrie ne vient pas contrôler les indications.

Il pense que, vu son degré hydrotimétrique, l'eau de la Garonne ou du canal filtrée serait préférable à l'eau infiltrable du Tarn, ou à celle de nappes aquifères dans lesquelles l'influence des carbonates de chaux, de magnésie et des matières introduites par infiltration engendre des éléments mauvais.

M. Fabre, délégué de la Société d'agriculture de la Lozère, présente une carte géologique du canton de Mende (Lozère), dressée à l'échelle de $\frac{1}{20,000}$; une triple légende, *géologique*, *minéralogique* et *agronomique*, donne l'explication de vingt-cinq terrains différents, leurs qualités agricoles et les usages industriels des roches qu'ils renferment.

Les dépôts jurassiques, loin d'être bornés au golfe dont Mende est le centre, se retrouvent à des altitudes de 1,300 à 1,400 mètres, sur les montagnes de la Lozère et de la Margeride; on est donc amené à conclure que la mer a jadis recouvert ces hauts plateaux.

Toute la région est profondément accidentée par de nombreuses *failles*, qui peuvent se grouper en trois faisceaux, dirigés respectivement N. N. O., N. N. E. et E. O.; le premier a servi à des émissions considérables de *bauxite*, de *sables granitiques* et de *minerais de fer*.

M. Marion expose les résultats de ses recherches sur la structure anatomique du *Drepanophorus spectabilis*. Ce curieux némertien n'est encore que très-incomplétement connu, quoiqu'il ait été successivement observé par MM. de Quatrefages, Grube, Keferstein et Hubrecht. Son étude est d'autant plus importante qu'il constitue un type tout particulier parmi les *Enopla*. La trompe est armée d'une plaque recourbée, granuleuse et jaunâtre, représentant le manche du stylet. Cet organe est muni de deux faisceaux latéraux de fibres contractiles, indépendants des muscles du bulbe. De nombreuses petites pointes, identiques à celle du stylet des némertiens *enopla* ordinaires, sont enchâssées sur la carène de cette plaque. On trouve de seize à vingt vésicules styligènes disposées en deux groupes. La multiplicité de ces vésicules correspond certainement au grand nombre de petits dards de l'armature principale. L'appareil vasculaire offre une disposition assez remarquable. Il existe un vaisseau dorsal médian et deux vaisseaux latéraux situés à la face ventrale. Des anses transverses mettent en communication ces trois canaux longitudinaux, et rappellent les ramifications capillaires signalées par M. le professeur Blanchard chez le *Cerebratulus liguricus*. Ces vaisseaux contiennent un liquide incolore au sein duquel flottent des globules elliptiques, légèrement aplatis, d'une belle couleur rouge, et dont le grand diamètre est égal à un centimètre.

Les ganglions nerveux sont disposés comme ceux des némertiens armés. Les troncs latéraux appartiennent à la région ventrale. On reconnaît sur une coupe transverse que l'hypoderme enveloppe une couche basilaire anhyste. Les fibres musculaires annulaires sont très-minces, et elles diffèrent totalement des faisceaux longitudinaux. Ceux-ci montrent cette apparence pennée, signalée dans la musculature des lombrics et de quelques annélides polychètes. Le *Drepanophorus spectabilis* habite les régions coralligènes profondes du golfe de Marseille. Son extension géographique semble du reste assez considérable. Son existence dans l'Océan est mise hors de doute par les figures de Keferstein.

M. le Dr Borin, de la Société des sciences médicales de Lyon, présente un mémoire sur une question importante dans le traitement de certaines affections des femmes.

Le Dr Borin remplace tous les pessaires par un petit instrument propre, simple, solide, commode, s'appliquant à l'extérieur et n'offensant nullement les points de contact.

Cet instrument constitue un vrai fermoir dont les parties prenantes s'appliquent à la base des grandes lèvres de la vulve, pour tenir fixées l'une contre l'autre ces lèvres, dont le bord libre, non comprimé, forme un bourrelet qui s'oppose au glissement en avant de la pince, dont, d'ailleurs, on gradue à volonté la pression au moyen d'une vis que la femme manœuvre facilement elle-même.

Une modification dans la partie prenante de ce petit appareil permet d'en faire un excellent fermoir de la mamelle chez les nourrices qui perdent leur lait trop abondamment, et cela en comprimant très-légèrement le mamelon.

M. Paul de Rouville, professeur à la Faculté des sciences de Montpellier, présente, en l'accompagnant de détails techniques, le tableau des formations géologiques de l'Hérault : ce tableau comprend quarante-trois groupes d'importance diverse, mais tous correspondant à des réalités lithologiques jouant un rôle appréciable dans la constitution de la surface du département.

Voici le tableau de M. de Rouville :

TEMPS GÉOLOGIQUES.			DÉPÔTS EFFECTUÉS DURANT LES TEMPS GÉOLOGIQUES SUR LA SURFACE DU DÉPARTEMENT DE L'HÉRAULT, ou équivalents inorganiques des temps géologiques dans l'Hérault.	
ÈRES.	ÉPOQUES.	PÉRIODES.		
Aqueuse.	Qua-ternaire.	Actuelle.	A	Alluvions actuelles et Alluvions récentes (Terrasses).
			A¹	Dunes et appareil littoral.
		....	T	Tuf ou Travertin.
			B	Tuffas, Scories et Laves basaltiques.
			D	Dépôts caillouteux des plateaux.
			Mm	(*partim*). — Dépôts détritiques et dépôts chimiques concrétionnés rougeâtres (Saint-Palais, Pinet, Mèze, Bouzigues, etc.).
			Fv	Dépôts fluvio-volcaniques du Riége, près Pezénas, et de l'Estang, près Péret. Horizon de l'*Elephas meridionalis*.
	Ter-tiaire.	Pliocène..	P	Poudingue supérieur.
			S¹	Formation lacustre à la partie supérieure des Sables marins.
			S	Sables marins supérieurs de Montpellier. Horizon du *Mastodon brevirostris*.
		Miocène..	Mm	(*partim*). — Dépôt fluvio-marin (molasse à dragées) (Saint-Siméon, Fontès, Aspiran, Roujan).
			M°¹	Marnes jaunes (calcaire moellon) et Marnes bleues. Horizon de l'*Ostrea crassissima* et du *Carcharodon megalodon*.
			Lm	Formation lacustre intercalée dans les couches précédentes. Horizon du *Dinotherium* de Montouliers.
		Éocène...	L²	Calcaires supérieurs aux Poudingues (Assas, Saint-Martin-de-Londres).
			L¹	Poudingues, Grès et Marnes. Horizon de l'*Anthracotherium* de Montoulieu.
			L	Calcaires, Marnes et Grès. Horizons du *Palæotherium* de Saint-Gély et du *Lophiodon* de Cesseras.
			N	Terrain nummulitique.
		Formation lacustre sous-nummu-litique.	Ln	Calcaire marneux.
			R	Brèches et Marnes rouges, Calcaires lithographiques. = Garumnien (Leymerie).
			GR	Grès de Saint-Chinian, paraissant se rattacher au Garumnien.
			R	Calcaires inférieurs (calcaires à dentelles de Valmagne). = Calcaires de Rognac (Matheron).
			Gv	Grès de Valmagne, Marnes et Calcaires intercalés de Villeveyrac.

TEMPS GÉOLOGIQUES.			DÉPÔTS EFFECTUÉS DURANT LES TEMPS GÉOLOGIQUES SUR LA SURFACE DU DÉPARTEMENT DE L'HÉRAULT, ou équivalents inorganiques des temps géologiques dans l'Hérault.	
ÈRES.	ÉPOQUES.	PÉRIODES.		
SECONDAIRE.		CRÉTACÉE..	Ne	Néocomien.
		JURASSIQUE.	J³	Horizon coralligène à *Terebratula moravica*.
			J²	Oxfordien, Calcaires, Dolomies (la Vacquerie, Saint-Maurice), comprenant l'horizon de l'*Ammonites polyplocus*.
			J'd	Calcaires avec encrines de la Bissonne, près Saint-Guilhem-le-Désert, et Dolomies. Grande oolite ?
			J¹	Calcaires avec nodules siliceux et Calcaires marneux à fucoïdes. Oolithe inférieure.
			J⁻	Marnes supraliasiques.— Lias supérieur. Lias moyen (*partim*).
			J¹	Lias moyen (*partim*). Lias inférieur ? Infralias (*partim*).
		TRIASIQUE.		Infralias (*partim*).
			K⁻	Keuper et Calcaires subordonnés (Muschelkalk ?).
			GB	Grès bigarré.
			r	Conglomérat siliceux rouge.
		PERMIENNE.	Per²	Marnes schisteuses rouges monochromes, appelées *Ruffes* dans le pays, et Poudingues subordonnés.
			Per¹	Schistes ardoisiers de Lodève et Conglomérat calcaire inférieur. Horizon des *Walchia Schlotheimi, Hypnoides* (Brongniart).
PRIMAIRE.		CARBONIFÈRE.	H	Terrain houiller.
			Pr	Schistes et Calcaires à *Productus* (Calcaire carbonifère.)
		DÉVONIENNE.	P	Schistes et Calcaires (bancs à goniatites, bancs à polypiers, quartz à encrines).
		SILURIENNE.	Sn	Schistes à *Cardiola interrupta*.
			M	Schistes et calcaires (Horizon de la Faune II, de Barrande).
Ignéo-aqueuse.			Sm	Micaschiste. Roches feldspathiques avec Quartz hyalin violet et Stéatite (Saint-Gervais). Pegmatite.
			Gn	Gneiss et Granite ordinaire.
Ignée...			Gr	Granite porphyroïde.
			ϖ	Porphyre (Porphyrite, G. Rose) (environs de Gabian et de Laurens). Porphyre quartzifère (environs de Graissessac, Ceilhes...).
			B	Basalte.

M. le Dr Donaud, de Bordeaux, cite des expériences sur l'inoculabilité de quelques lésions de la peau.

. Conclusion. — L'herpès préputiel, l'herpès labial, ont pu être inoculés, ce qui est en opposition avec l'opinion générale admise.

L'eczéma, l'herpès zena, ne sont pas inoculables, non plus probablement que le pemphygus.

. L'ecthyma est inoculable sur le porteur de cette lésion, mais n'est pas inoculable à l'homme sain.

L'impétigo est inoculable.

Enfin des inoculations successives d'herpès peuvent donner naissance à un herpès récidivant situé ailleurs que sur les organes génitaux.

M. Chanel, de Lyon, après avoir rappelé les dangers auxquels sont exposés les naturalistes qui font usage des substances vénéneuses jusqu'ici employées pour la conservation de leurs collections, présente à la réunion des spécimens d'appareils permettant d'arriver, d'une façon simple, efficace et sans danger, à la conservation des collections d'histoire naturelle. Ces appareils peuvent rendre d'importants services, non-seulement au point de vue scientifique, mais aussi dans un champ plus vaste, pour la conservation des matières organiques sèches en général.

M. Valéry-Mayet, de la Société d'histoire naturelle de l'Hérault, signale de nouvelles observations sur l'*hypermétamorphose.* Les insectes coléoptères, dit l'auteur, apparaissent d'ordinaire sous quatre états : l'œuf, la larve, la nymphe et l'insecte parfait. Les vésicants, famille dont la mouche à vesicatoires (*Lytta vesicatoria*) est le type, et qui sont parasites de plusieurs espèces d'abeilles, revêtent sept formes différentes : l'œuf, le triongulin ou première larve qui mange l'œuf de l'hyménoptère, la seconde larve qui dévore le miel, la pseudo-nymphe, la troisième larve, la nymphe, et enfin l'insecte parfait. Depuis longtemps on cherche à lever le voile qui recouvre ces transformations si étranges. Les premiers états de la cantharide ou mouche à vésicatoires, surtout, ont été l'objet de nombreuses recherches; mais jusqu'à présent on n'avait découvert que les métamorphoses de deux espèces : le *Meloë cicatricosus,* observé par l'Anglais Newport, et le *Sitaris humeralis,* par M. Fabre. Une troisième espèce, le *Sitaris colletis* (Mayet), a été découverte par l'auteur à Montpellier, au mois de septembre 1872; il en a donné la description dans les *Annales de la Société entomologique de France*; ce Sitaris vit en parasite dans les cellules d'une abeille pionnière, le *Colletes succinctus*. Les œufs sont déposés par la mère dans le corridor que l'abeille creuse dans les talus des sablières. Au bout de quinze jours, les petites larves sont écloses et profitent des allées et venues des abeilles en train de construire leurs cellules pour se cramponner aux pattes de ces dernières et de là passer prestement sur leur dos. L'hyménoptère dépose son œuf contre les parois de la cellule et le colle par un bout à 2 millimètres au-dessus du miel. A ce moment, la petite larve parasite, quittant la fourrure de l'insecte qui la porte, saute sur cet œuf et commence à le dévorer pendant que l'abeille confiante ferme sa cellule et va recommencer son travail. Parfois plusieurs triongulins envahissent l'œuf; alors il y a combat, dans lequel une seule de ces larves doit l'emporter, car l'œuf de l'hyménoptère est juste suffisant pour la nourriture d'un seul triongulin. Si, pendant la lutte de deux ou de quatre de ces larves, lutte qui parfois dure vingt-quatre heures malgré les mandibules aiguës dont les combattants sont armés; si, pendant la lutte, un triongulin a réussi à entamer la peau de l'œuf, le vainqueur n'est pas au bout de ses peines, il a encore à se débarrasser du concurrent qui a entamé l'œuf. Celui-ci ne se dérange jamais; mais, gonflé par les sucs nourrissants qu'il absorbe, son abdomen se distend, et bientôt il est blessé à mort. Cela fait, le vainqueur arrive à l'œuf pour lequel il a tant combattu; mais, le plus souvent, il meurt faute de nourriture suffisante pour atteindre sa seconde métamorphose. En général, les cellules où ont eu lieu ces combats ne renferment que des triongulins englués dans le miel, et les larves de Sitaris qui achèvent leurs métamorphoses sont celles qui ont été assez heureuses pour posséder pour elles seules l'œuf de l'abeille.

Au bout de huit jours, la dépouille de l'œuf de *Colletes* complètement vidée s'est affaissée le long des parois de la cellule. Le triongulin y est accroché la tête en bas, à l'état de véritable boudin. Il ne tarde pas à changer de peau; alors apparaît la larve mellivore qui se met à la nage sur le miel. Longue au début de 2 millimètres, elle atteint, au terme de sa croissance, c'est-à-dire en avril ou mai, une longueur de 7 à 9 millimètres. A ce moment, cette larve cesse de manger, et quinze jours après, à travers sa peau, devenue transparente, on aperçoit un nouvel état qui est la pseudonymphe. Cet état est, en réalité, une nouvelle forme de la larve; mais son immobilité absolue, son apparence de chrysalide, lui ont valu, de la part de Newport, le nom de pseudonymphe. Cette quatrième forme dure deux mois et demi à peu près. Fin juillet ou au milieu d'août, on aperçoit à travers la peau de la pseudonymphe un cinquième état, qui est la troisième larve. Celle-ci ressemble fort à la seconde larve, ne mange rien et ne sort pas de l'enveloppe de la pseudonymphe. Au bout de huit jours apparaît la nymphe, qui reproduit, ébauchées, toutes les parties de l'insecte parfait. Cette forme ne dure guère que dix jours, au bout desquels, toujours à travers l'épiderme de la pseudonymphe, on aperçoit l'insecte parfait. Celui-ci ne tarde pas à percer son enveloppe, à refouler le sable au-dessous de lui et à gagner la lumière. Une fois sorti, il ne songe qu'à s'accoupler. Il ne prend aucune nourriture. L'accouplement dure de quinze à vingt minutes ; une heure ou deux après la femelle pose ses œufs dans les galeries de l'abeille, comme je l'ai dit en commençant, et le cycle des métamorphoses recommence.

M. G. Dollfus présente un travail intitulé *Étude géologique sur les terrains crétacés et tertiaires du Cotentin*, fait en collaboration avec M. Vieillard, ingénieur des mines à Caen, et publié dans les Bulletins de la Société linnéenne de Normandie (1875).

M. Dollfus, parlant tant au nom de M. Vieillard qu'au sien propre, indique que, depuis 1825, aucun travail d'ensemble n'a été exécuté dans la Manche sur les lambeaux de terrains crétacés et tertiaires qu'on rencontre au sud de Carentan et au midi de Valognes, où ils forment le plateau d'Orglandes. MM. Vieillard et Dollfus ont dressé la carte géologique de la région à $\frac{1}{40.000}$, l'expliquant par une série de coupes. Deux assises crétacées ont été distinguées : 1° le *grès vert à Orbitolites*, qui est le prolongement du grès cénomanien du Maine ; 2° le *calcaire à Baculites*, très-riche en fossiles et de l'horizon de Ciply en Belgique (craie blanche supérieure). Neuf grandes assises tertiaires sont décrites : 1° à la base, le *calcaire noduleux*, équivalent du calcaire grossier inférieur parisien ; 2° immédiatement au-dessus, le *calcaire à Orbitolites*, très-riche en bryozoaires et foraminifères de l'âge du calcaire grossier moyen ; et 3°, comme sommet de l'éocène moyen, le *calcaire à Keilioles*, formé de quatre zones distinctes dont les deux supérieures coïncident avec le calcaire grossier supérieur et les caillasses parisiennes.

Les auteurs ont distingué et bien étudié, pour la première fois, l'ensemble des couches miocènes qui surmonte le calcaire grossier éocène de la Manche ; ce sont : 1° les *argiles à Corbules*, connues déjà à Rauville-la-Place, et dont la faune, presque toute nouvelle, participe autant des sables de Beauchamp que des sables de Fontainebleau ; 2° les *marnes à Bithinies*, connues seulement à Véhon, dans lesquelles la *Bithinia Duchasteli* indique le niveau du calcaire de Brie ; 3° le *calcaire à Potamides Lamarckii*, développé seulement à Gouberville et de l'âge du calcaire de Beauce ; les *faluns à Bryozoaires*, très-semblables à ceux de l'Ouest avec brachiopodes et échinides. Ces diverses formations étant localisées chacune et sans contact avec les gîtes voisins, et leur âge relatif ayant été indiqué seulement par la paléontologie, les auteurs se sont livrés à une enquête minutieuse de chaque faune..

Le travail de MM. Dollfus et Vieillard se termine par la série pliocène, dont deux horizons sont connus : 1° le *tuf à Terebratula grandis* des Bohons, de l'âge du *red-crag* d'Angleterre, et dont le niveau est pour la première fois signalé en France ; 2° les *marnes à Nassa prismatica* du Bosq-d'Aubigny, pliocène supérieur, qui ont déjà été étudiées par divers autres auteurs, et sont localisées à l'est de Périers et au sud de Carentan. Quelques mots sur le quaternaire, composé de *sables ferrugineux*, *diluvium*, *limon*, complètent l'étude de cette unité géographique (golfe du Cotentin), qui est une unité géologique, car le sous-sol général est le lias et le trias, et toutes les formations analogues sont dans un rayon très-éloigné.

M. Druilhet-Lafargue, secrétaire général de la Société linnéenne de Bordeaux, lit, au nom de M. E. Delfortrie, président de cette association, un mémoire sur la découverte d'un squelette entier de *Rytiodus*. En 1861, à Saint-Morellon, canton de la Brède (Gironde), à 25 mètres d'un petit ruisseau et à 1m,50 dans le falun, lors de l'exécution d'un nivellement, un squelette d'environ 4 mètres fut mis à découvert. Les ouvriers employés à ce travail, ignorant ce que cela pouvait être, dispersèrent les ossements et brisèrent la tête d'un coup de pioche : deux énormes incisives allèrent orner la cheminée de l'un d'eux.

Douze ans plus tard, ces dents furent offertes à M. Braqueye, habile sculpteur de Bordeaux, qui, ne sachant pas ce que c'était, les offrit à son tour à M. Delfortrie, qui vit immédiatement leur frappante analogie avec les dents du *Rytiodus* de Lartet.

Des fouilles furent faites, et, après plusieurs sondages infructueux, M. Delfortrie mit la main sur un *nid*, d'où il put retirer une vingtaine de morceaux ; plus tard, deuxième et troisième fouilles et heureuse récolte ! Il est placé sous les yeux des auditeurs trois grandes planches coloriées, représentant les principales pièces recueillies.

La faune conchyliologique consiste en espèces caractéristiques des faluns de Lariey et de Mérignac, qui sont eux-mêmes synchroniques du dépôt fluvio-marin de Bazas ; d'où cette conclusion que notre *Rytiodus* appartient au miocène moyen, c'est-à-dire est placé au même niveau que celui d'où proviennent les incisives du *Rytiodus Capgrandi*.

Les différences notables qui existent entre les incisives du *Rytiodus Capgrandi* et celles de l'individu dont M. Delfortrie signale les restes autorisent à faire de celui-ci une espèce nouvelle, que l'auteur appelle *Rytiodus Larteti*.

M. le Dr Pouillet, de Lyon, fait une communication sur deux instruments d'*obstétrique* :

1° Un appareil de traction, prenant son point d'appui sur les deux ischions et permettant de faire l'accouchement difficile sans aucun aide. Cet appareil, au lieu d'exercer la traction dans une direction unique, comme tous ceux déjà proposés, réalise l'indication importante de suivre les diverses directions que la filière courbe du bassin impose à la sortie de la tête.

L'instrument, par sa construction, tire d'abord en arrière, et ensuite, à mesure que l'accouchement avance, la traction se fait dans une direction de plus en plus antérieure.

2° Le deuxième instrument est un appareil destiné à prendre la tête, non plus avec de l'acier, comme cela se pratique, mais avec de la soie sans aucune partie métallique.

Cet instrument, appelé *sériceps*, est constitué par une étoffe double tissée spécialement, sans couture, par un métier de l'invention de l'auteur.

On le place à l'aide de trois petites spatules d'acier glissant dans des gaînes spéciales ménagées dans l'épaisseur de la double étoffe. Ces spatules sont ensuite retirées avant d'exercer les tractions sur les rubans.

Cette manœuvre du placement, quoique plus difficile et plus longue que le placement du forceps, est à la portée des accoucheurs qui voudront bien s'y exercer. Cet instrument, complétement souple, a été appliqué par le Dr Pouillet dans huit accouchements. Un de ces cas a été relaté en détail par le Dr Reynaud, de Lyon, dans le journal *Lyon médical*, numéro du 28 mars 1875.

M. le Dr Roger, du Havre, présente un nouveau forceps à branches entre-croisées et à cuillers pivotantes.

Les modifications proposées sont au nombre de trois :

1° L'entre-croisement des branches pour la partie comprise entre le pivot et la base des cuillers.

Cette modification a pour but de faire disparaître les tiraillements vulvaires que produit le forceps ordinaire, et conséquemment les douleurs qui en résultent. Elle a pour conséquence de donner aux cuillers une forme plus ovoïde. Il en résulte que la tête est saisie, coiffée littéralement par les cuillers. Le périnée gardera ainsi (alors même que le forceps serait appliqué assez haut) sa forme anatomique. S'il y a dépression, elle se fera suivant une ligne droite;

2° La possibilité de faire pivoter les cuillers au-dessus de l'articulation, ce qui permet de rendre le forceps asymétrique.

On se sert de l'articulation à baïonnette et de la tige latérale qui rend fixe l'instrument. Trois trous sont creusés à la base de la tige de chaque cuiller, et permettent une rotation suffisante de dedans en dehors. Augmentée, cette rotation donnerait un écartement des cuillers qui ne permettrait plus de préhension;

3° Le jeu possible d'élévation ou d'abaissement des branches, dans l'étendue de 12 millimètres environ, par les trois trous de la branche à mortaise.

Cette modification est secondaire, elle est une ressource dans un cas donné et ne gêne pas le mécanisme ordinaire.

M. Chassagny, de la Société de médecine de Lyon, présente un instrument destiné à pratiquer une nouvelle méthode à laquelle il donne le nom de *cranio-tripsotomie*, c'est-à-dire réunion de l'écrasement des parties solides de la tête de l'enfant et des sections profondes pratiquées sur cet organe pour en diminuer le volume et en permettre l'extraction sans léser les organes maternels.

L'instrument se compose de deux branches, l'une intra, l'autre extracrânienne.

La première, terminée à son extrémité par un pas de vis conique, traverse le sommet, puis va s'implanter plus ou moins profondément dans la base du crâne. Une lame faisant une saillie à l'extrémité de cette première branche est poussée jusqu'à cette extrémité. Puis on introduit en dehors de la tête la seconde branche, qui pénètre comme une branche de forceps ou de céphalotribe; rapprochant alors les deux branches par une pression énergique exercée avec une vis de pression, on écrase la moitié de la tête comprise entre elles, et en même temps la lame envaginée dans la branche intérieure traverse tous les tissus jusqu'à ce qu'elle rencontre une fente pratiquée dans la branche extérieure; en tirant sur cette lame, on pratique sur les côtés de la tête une large boutonnière. Renouvelant alors l'opération sur le côté opposé, en avant, en arrière, on fait quatre ouvertures longitudinales, qui permettent à la voûte de s'affaisser, de passer la première sans difficulté, et d'entraîner à sa suite la base, qui a supporté un double, triple ou quadruple écrasement.

M. le Dr de Pietra-Santa, après avoir communiqué les résultats de l'enquête officielle entreprise par la Société de climatologie d'Alger sur la question de la *phthisie pulmonaire en Algérie*, expose les arguments qui lui paraissent favorables à l'affirmation de l'acclimatement de l'Européen.

M. de Pietra passe en revue trois ordres de preuves :

1° L'histoire (permanence des types blonds du Nord dans certaines tribus de la Kabylie);

2° La statistique (augmentation de l'immigration, plus grande natalité de l'élément européen, mortalité moindre);

3° Les résultats obtenus (Trappe de Staoueli, Bouffarick, Fondouck, Koléah, Marengo).

Après avoir démontré par des chiffres probants que la race autochthone est frappée d'une dégénérescence et d'une décrépitude physiques, il regarde comme une utopie l'assimilation du peuple arabe, c'est-à-dire la fusion de la race vaincue dans la race conquérante.

En 1863, en regard d'une plus-value, chez les Européens, des naissances sur les décès, de 2,743, il s'est produit, chez les Arabes du Tell, un excédant de décès sur les naissances de 2,386.

Conclusions :

1° L'acclimatement de l'Européen en Algérie est un fait réel, incontestable;

2° Cet acclimatement se fera dans des conditions d'autant plus favorables que l'immigré ou le colon voudra s'astreindre aux règles salutaires de l'hygiène (privée et publique) ;

3° L'intérêt bien entendu de la France consiste à implanter, au sud du bassin de la Méditerranée, un rameau de la race latine (Espagnols, Italiens, Maltais) dont elle sera le facteur principal.

M. le Dr Eustache, professeur agrégé à la Faculté de médecine de Montpellier, lit un mémoire intitulé *Contribution à l'étude et au traitement de la stérilité chez la femme*. L'auteur, après avoir établi qu'un grand nombre de cas de stérilité proviennent des déviations utérines, examine les divers moyens conseillés jusqu'ici pour y remédier. Après avoir condamné les essais de fécondation artificielle par le procédé américain, il pense que l'on peut en venir à bout par le simple toucher pratiqué au moment opportun et d'une façon particulière qu'il indique ; il rapporte une observation très-intéressante, dans laquelle le succès ne s'est pas fait attendre.

M. Gachassin-Lafitte, de Bordeaux, développe une méthode de *rhizoplastie* pour combattre le *phylloxera*. Cette méthode consisterait à greffer des racines de cépages américains sur des plants de vignes françaises, et de faire pour les organes souterrains ce qui réussit pour les organes aériens.

M. Doumet demande des renseignements sur l'efficacité des racines américaines, et se demande si elles pourraient réellement détruire le redoutable parasite.

M. l'abbé Boulay, professeur à l'école Belsunce, à Marseille, présente un ouvrage intitulé *Flore cryptogamique de l'Est*.

SÉANCES GÉNÉRALES.

Le 31 mars, la séance est ouverte à deux heures.

MM. Le Verrier, président ; Milne Edwards, vice-président ; Émile Blanchard, secrétaire, ont pris place au bureau.

M. Duval-Jouve, membre de l'Académie des sciences et lettres de Montpellier, expose les résultats d'intéressantes études histologiques sur la feuille des graminées; il montre à ce sujet de remarquables reproductions photographiques.

M. Léon Vidal, délégué de la Société de statistique de Marseille, expose un procédé au moyen duquel il reproduit mécaniquement, et sans l'emploi du pinceau, des photographies en couleurs, ayant le fini et le modelé des miniatures les plus soignées. L'inventeur fait circuler dans l'assemblée, et met sous les yeux de M. le Ministre présent à la séance, des spécimens dont le prix de revient ne dépasserait pas 3 centimes l'exemplaire.

M. le Dr Turrel, membre de la Société académique du Var, expose l'état actuel des jardins d'acclimatation du Var. A ce sujet, il cite un nouvel *Eucalyptus*, qui, outre ses effets fébrifuges bien connus, jouerait en quelque sorte le rôle de « repoussoir » du phylloxera. L'orateur fait remarquer que cet insecte n'est qu'un effet et non une cause de la maladie de la vigne, et que, du reste, pour le détruire, l'Académie conseille d'employer des matières fertilisantes conjointement avec un insecticide.

M. Doumet-Adanson, président de la Société d'histoire naturelle et d'horticulture de l'Hérault.— Observations sur la formation des lacs salés de la Tunisie. — Ces chotts secondaires seraient dus à la dissolution par les eaux et à l'accumulation dans ces bassins de sels provenant d'amas de sel gemme gisant sous les couches de sulfate de chaux et de calcaire qui forment les montagnes environnantes. Il rejette l'hypothèse d'un grand cataclysme qui aurait formé la Méditerranée, d'une part, et exhaussé le Sahara, de l'autre.

M. Garreau, membre de la Société des sciences, de l'agriculture et des arts de Lille, parle de la rotation de l'oxygène et de l'acide carbonique chez les animaux et les plantes.

M. le Dr de Pietra-Santa fait connaître les résultats de l'enquête officielle entreprise par la Société de climatologie d'Alger sur la phthisie pulmonaire en Algérie. Le climat d'Alger est propice pour conjurer les prédispositions ou arrêter les progrès de la maladie dans sa première phase, mais ce climat est fatal dès que la désorganisation est arrivée. M. de Pietra-Santa trouve dans la même enquête les preuves de l'acclimatement de l'Européen en Algérie. D'autre part, le croisement des Français avec la race arabe, qui dépérit dans une proportion effrayante, est désormais une utopie. C'est dans la fécondité merveilleuse et la résistance vivace des races latines du bassin de la Méditerranée (Italiens, Espagnols, Maltais), qu'il faut rechercher les croisements aptes à produire une race française acclimatée..

Le 1ᵉʳ avril, la séance s'ouvre à deux heures, sous la présidence de M. Le Verrier.

M. Tarrisson résume les observations météorologiques faites en 1874 au Pic-du-Midi de Bigorre.

Il indique les principaux résultats.

Les variations horaires du baromètre, comme celles d'une saison à l'autre, comparées à celles qui furent observées de 1841 à 1850 au grand Saint-Bernard, paraissent suivre la même loi.

La température baisse en moyenne de 1 degré quand on s'élève à 183 mètres dans les Pyrénées. On avait trouvé 185 mètres dans les Alpes.

La température moyenne est de 3 degrés plus élevée, à égalité d'altitude, dans les Pyrénées que dans les Alpes. Le niveau des neiges perpétuelles, étant de 2,700 mètres dans les Alpes, doit donc être reculé de 3,000 mètres dans les Pyrénées; et cette conclusion est conforme aux explorations faites dans la chaîne.

M. Tarrisson raconte la terrible descente du Pic effectuée le 14 décembre par le général de Nansouty. Ce dernier avait résolu de passer l'hiver à l'observatoire, avec un observateur dévoué et un intrépide montagnard. Mais, dans la nuit du 11 décembre, la fenêtre de leur habitation fut brisée par un bloc de glace, détaché d'un pic voisin par le vent. La température de l'habitation descendit aussitôt à — 18°; la station n'était désormais plus habitable. Après avoir attendu trois jours encore, le général donna le signal du départ le 14, à huit heures du matin. Il n'arriva à Gripp avec ses deux compagnons qu'à minuit. Ils avaient donc mis seize heures pour faire un trajet qui dure trois heures en été. Deux fois pendant ce terrible voyage, ils avaient failli être engloutis par la neige, et ils ne durent leur salut qu'à leur parfaite connaissance des lieux et aux sûres indications du général, qui arrêta plusieurs fois la caravane au moment où elle allait disparaître dans les précipices de Sencours et d'Arises.

, A la demande de M. Le Verrier, M. le général de Nansouty, présent à la séance, complète ces détails.

M. Lissajous présente un relief d'une partie de la Savoie avoisinant le lac d'Annecy. Ce relief a été exécuté, à l'aide d'un procédé rapide et simplifié, par les maîtres adjoints et les élèves de l'école normale d'Albertville.

Le procédé employé consiste à tracer, au moyen d'un réseau quadrillé, la position exacte de tous les points de la carte d'état-major portant des cotes d'altitude. On enfonce à chacun de ces points une pointe que l'on coupe à une hauteur proportionnelle à la cote d'altitude.

On comble ensuite l'intervalle des pointes avec de la terre à modeler que l'on affleure au niveau des pointes.

On prend ensuite en plâtre la contre-empreinte de la terre glaise, et on peut en obtenir par moulage autant d'épreuves que l'on veut.

MM. Rey-Lescure, Mayet, de Lyon, Masse, de Montpellier, Adrien Sicard, de Marseille, Simonin, de Nancy, Gripon, de Rennes, reproduisent les communications qu'ils ont faites dans les commissions.

Le 2 avril, la séance s'est ouverte à deux heures, sous la présidence de M. Milne Edwards.

M. le Dr Garrigou expose les nouveaux résultats de ses analyses d'eaux minérales sur des mètres cubes d'eau. Il énumère les diverses opérations de l'analyse, et indique tout d'abord la recherche de la matière organique qu'il peut séparer en deux parties bien distinctes, l'une traversant, l'autre ne traversant pas le dialyseur.

M. Marchand, de Fécamp, expose les résultats des recherches qu'il a entreprises pour arriver à la détermination de la force chimique contenue dans la lumière du soleil.

M. de Rouville, de Montpellier, expose les quatre cartes géologiques des arrondissements de Saint-Pons, de Lodève, de Béziers et de Montpellier (département de l'Hérault). Il fait ressortir en quelques mots la diversité des terrains qui constituent ce département.

M. de Rouville expose ensuite les essais de cartes communales qu'il a dressées, avec le concours libéral du conseil général de l'Hérault, pour l'enseignement de la géographie dans les communes et pour l'établissement d'une statistique départementale, incessamment tenue au courant des modifications nouvelles par MM. les instituteurs de l'Hérault.

Le professeur Jacquemin, de Nancy, donne communication d'un mémoire intitulé *De la nitro-benzine au point de vue analytique et toxicologique*. Après avoir rappelé l'essence employée par les fraudeurs soit pour falsifier l'essence d'amandes amères, soit pour préparer des liqueurs de faux kirsch, il expose les modifications pratiques qu'il emploie pour la constatation de ces tromperies, et ajoute deux nouveaux modes de transformation de la nitro-benzine en aniline à ceux que l'on connaissait déjà. Ces nouveaux modes de réduction paraissent à leur auteur susceptibles d'applications industrielles.

M. Sirodot présente une nombreuse série de molaires de mammouth représentant le système dentaire complet. Il insiste plus particulièrement sur les modifications d'épaisseur, du plissement des lamelles d'émail, qui constituent une transition entre le mammouth et l'*Elephas indicus*.

M. Sabatier, de la Faculté des sciences de Montpellier, communique ses recherches sur le corps désigné à tort sous le nom de *circonvolution de l'hippocampe* dans le cerveau des mammifères. Il considère ce corps comme un ganglion placé sur le trajet des conducteurs des impressions olfactives, et il explique par l'anatomie comparée et l'embryogénie le trajet très-complexe des bandelettes de la voûte à trois piliers.

M. Barthélemy expose l'ensemble de ses recherches sur la respiration des plantes.

M. Gosselet, de Lille, fait part de ses recherches sur le terrain dévonien supérieur.

M. Collot, de Montpellier, parle de la partie inférieure du terrain jurassique dans le département de l'Hérault.

Pendant la séance, M. le Président a donné lecture d'une lettre adressée par la Société de géographie, lettre engageant les délégués des Sociétés savantes à assister au congrès et à l'exposition des sciences géographiques qui s'ouvrira à Paris, le 15 juillet prochain.

M. Raulin fait une communication sur la répartition de la pluie à la surface de la chaîne des Alpes, établie sur deux cent trente séries d'observations. Le régime septentrional à pluies d'été de l'Allemagne septentrionale s'étend jusque sur les sommités de la chaîne ; le régime à pluies d'automne occupe la pente méridionale ; le régime à pluies de printemps et d'automne s'étend du pied de la chaîne jusqu'aux rives du Pô. C'est seulement à partir de celui-ci que s'établit dans la plaine lombardo-vénète le régime méridional à sécheresse d'été qui occupe le reste de l'Italie.

M. Isidore Pierre présente le tableau graphique d'une série d'observations de gelées de printemps pour les mois d'avril et de mai, depuis 1790 jusqu'à 1854.

Entre autres résultats constatés par cette longue série d'observations, M. Pierre signale un maximum remarquable de fréquence de gelées du 18 au 23 avril, et divers maxima moins prononcés dans le cours de la première moitié de mai. Les 22, 23 et 24 mai, il n'a pas gelé une seule fois assez fort pendant cinquante-quatre années consécutives pour nuire aux récoltes d'une manière sensible.

M. R. Francisque Michel fait connaître et montre à l'assemblée divers thermomètres métalliques d'une construction nouvelle et d'une grande précision. Il décrit une application toute pratique qu'il en a faite dans le but de signaler aux navires qui traversent l'Atlantique la présence des *icebergs*, blocs de glace flottants descendant du pôle lors de la débâcle des glaces, et constituant ainsi un danger permanent pour les navires, la nuit et par les temps de brouillard. Ces blocs de glace ayant pour effet de faire baisser immédiatement la température de l'eau environnante dans un rayon considérable, le thermomètre forme un courant électrique qui met en branle une sonnerie placée à portée de l'officier de quart, et lui permet ainsi d'éviter un choc de ce redoutable visiteur.

Enfin M. Francis Rochard, de Nantes, expose la théorie de sa nouvelle méthode de musique alphabétique. La langue musicale de M. Rochard est à la musique ce que la nomenclature est à la chimie, et son écriture musicale en lettres est à cet art ce que les chiffres arabes sont au calcul. L'orateur montre comment son système supprime presque totalement les difficultés de la durée, facilite considérablement l'intonation, et permet de lire et d'écrire la musique aussi facilement et beaucoup plus vite qu'on n'écrit sa langue maternelle. Enfin le jeune professeur donne le compte rendu de ses expériences à l'Association polytechnique, où ses élèves ont résolu victorieusement toutes les difficultés proposées, et abordé des problèmes impossibles à résoudre par tout autre système que la musique alphabétique.

MÉMOIRES

PRÉSENTÉS

AUX RÉUNIONS DE LA SORBONNE.

Action du platine et du palladium sur les hydrocarbures de la série benzénique, par M. Coquillion, professeur au lycée de Rouen.

Mes expériences ont eu pour point de départ la lampe sans flamme attribuée à Debœreiner; on sait qu'un fil de platine roulé en spirale et porté au rouge reste incandescent en présence des vapeurs d'alcool ou d'éther : il y a production d'aldéhyde et d'acide acétique.

Quand on s'adresse aux autres alcools monoatomiques, on constate que le phénomène est général, et que tous les alcools de cette série entretiennent l'incandescence de la spirale de platine en donnant les acides correspondants à chacun d'eux, ainsi que d'autres produits.

On favorise l'incandescence de la spirale en chauffant le liquide soumis à l'expérience.

Ce phénomène n'est pas seulement propre aux alcools ou aux éthers, mais aussi à tous les hydrocarbures, à toutes les essences; toutefois les essences sulfurées d'ail et de moutarde ne m'ont pas paru jouir de cette propriété.

Berzélius avait désigné ces actions sous le nom d'actions catalytiques; elles n'ont guère été étudiées que sur l'alcool, l'éther ou l'esprit de bois; l'expérience de la lampe sans flamme, celle du briquet à gaz hydrogène, sont les seules expériences citées dans la plupart des cours de chimie. On sait toutefois que la mousse de platine ou le noir de platine ont une action bien plus générale; ils favorisent la combinaison des gaz sous l'action d'une chaleur plus ou moins forte.

MM. Millon et Reiset ont publié en 1843 un mémoire où ils ont constaté que le beurre, l'huile d'olive, l'urée, etc., fournissent, en présence de la mousse de platine et de l'oxygène, de l'eau et de l'acide carbonique à une température à peine supérieure à 100 degrés pour quelques-uns de ces produits; les auteurs ne se sont pas attachés toutefois à étudier les produits de formation intermédiaire.

Ce sont ces produits que j'ai recherchés dans l'oxydation des hydrocarbures, et je crois pouvoir indiquer par là une méthode générale de synthèse organique qui jusqu'alors est restée inexplorée.

C'est principalement sur la série benzénique que mes recherches ont porté, et les résultats que j'ai obtenus viennent confirmer les travaux qui ont été faits sur cette série si intéressante.

Les divers produits que j'ai préparés provenaient du goudron de houille; la benzine avait cristallisé deux fois et ses cristaux avaient été exprimés dans du papier-filtre; le toluène, le xylène et le cumène avaient été pris entre les limites les plus rapprochées de leurs points d'ébullition, savoir : le toluène, dans les produits qui distillent entre 110 et 111 degrés; le xylène dans les produits compris entre 138 et 139, et le cumène dans ceux compris entre 163 et 166 degrés.

Quant aux appareils que j'ai employés, il est facile de les décrire en quelques mots. Imaginons un tube vertical en verre où arrive le mélange d'air et de vapeurs hydrocarburées; au milieu de ce tube est suspendue une spirale de platine; le bouchon qui porte cette spirale est muni d'un tube qui se rend dans un flacon barboteur; ce flacon lui-même est en relation avec un aspirateur à eau, les vapeurs hydrocarburées, en passant sur la spirale de platine, s'oxydent, et les produits de l'oxydation se dissolvent dans le barboteur.

Dans l'une des dispositions adoptées j'ai fait rougir la spirale au moyen de la pile, dans les autres cas on déplaçait la spirale pour la rendre incandescente dès qu'elle cessait de l'être.

Enfin, en mettant du platine dans un tube de porcelaine ou de verre, chauffant ce tube à des températures variables et y faisant arriver un mélange d'air et de vapeurs hydrocarburées, j'ai pu également recueillir dans des barboteurs les produits d'oxydation.

Or, avec tous les carbures de la série benzénique, les produits d'oxydation ont été de l'acide benzoïque et de très-petites quantités d'hydrure de benzoïle ou essence d'amandes amères.

Quand on opère avec la benzine, au bout de quelques jours on ne tarde pas à constater avec du papier de tournesol que l'eau est acide; si l'on concentre la liqueur, on peut recueillir dans une capsule de petites aiguilles blanches, nacrées et incolores que l'on peut faire cristalliser dans l'alcool pour les avoir plus pures.

Les diverses analyses auxquelles j'ai soumis ces résultats m'ont donné de l'acide benzoïque. Je me contente d'indiquer une de ces analyses :

$$\text{Matière employée} \dots \dots \dots \dots \dots \dots \dots \quad 0,284$$
$$CO_2 \dots \dots \dots \dots \dots \dots \dots \dots \dots \dots \dots \quad 0,714$$
$$HO \dots \dots \dots \dots \dots \dots \dots \dots \dots \dots \dots \quad 0,124$$

où, en centièmes :

		$C_{14} H_6 O_4$
C 68,5	....	68,8
H 4,85	....	4,91

En répétant les expériences dans le cas du toluène, évaporant l'eau des barboteurs au bout de huit à dix jours de marche, j'ai obtenu quelque peu d'hydrure de benzoïle et de l'acide benzoïque.

Avec le toluène, j'ai fait un certain nombre d'expériences pour prouver que plus la spirale de platine était portée à une température élevée, plus la quantité d'acide carbonique était considérable, plus par suite la combustion était complète. Je faisais passer à cet effet les produits gazeux dans un tube à ponce sulfurique; puis dans des tubes à potasse; l'augmentation de poids de ces derniers indiquait le poids d'acide carbonique produit pour un poids déterminé de toluène qui passait sur la spirale. C'était par l'adjonction d'un ou deux éléments de Bunsen que je portais le fil de platine à une température plus élevée.

J'ai fait également l'analyse complète des produits gazeux ; je transcris l'une de ces analyses :

$$\text{Avant Ph} \dots \dots \dots \dots \dots \dots \dots \dots \dots \dots \quad 89$$
$$\text{Après} \dots \dots \dots \dots \dots \dots \dots \dots \dots \dots \dots \quad 78$$
$$\text{Après KO} \dots \dots \dots \dots \dots \dots \dots \dots \dots \dots \quad 74$$
$$\text{Après Ca Cl acide} \dots \dots \dots \dots \dots \dots \dots \dots \quad 70$$

d'où $O = 9$, $C_2 O_2 = 4$, $C_2 O_4 = 4$.

Dans d'autres analyses la quantité de $C_2 O_2$ a été trouvée moindre.

J'ai recherché s'il n'y avait pas production de gaz acétylène, en faisant barboter les gaz dans le chlorure cuivreux ammoniacal, mais je n'ai pas obtenu l'acétylure rouge caractéristique de ce gaz.

Le xylène m'a donné, au bout de huit à dix jours d'expériences, des quantités appréciables d'hydrure de benzoïle qu'il est facile de séparer de l'acide; en agitant le liquide provenant de la distillation des barboteurs avec de l'éther et laissant évaporer. Quelques goutte-lettes d'hydrure restent lorsque l'éther s'est évaporé et ne tardent pas à se changer en acide benzoïque.

Il pourrait se faire toutefois que l'acide restant en dissolution dans l'eau fût un mélange d'acide toluique et d'acide benzoïque, car les résultats de l'analyse n'ont pas été aussi nets que dans le cas de la benzine et du toluène.

Le cumène m'a donné de petites quantités d'hydrure de benzoïle ainsi que de l'acide benzoïque.

Il est très-probable que le cymène doit se comporter d'une manière analogue.

Tels sont les produits d'oxydation obtenus dans le cas d'une simple spirale de platine.

En répétant les mêmes expériences avec un tube de porcelaine chauffé au rouge et contenant du platine en fils, en lames ou en éponge, on n'obtient pas de résultats nets; on reproduit en partie les expériences de M. Berthelot.

On peut ne pas chauffer le tube au rouge, le plonger dans un bain d'huile ou d'étain fondu : la décomposition des hydrocarbures commence au-dessus de 100 degrés; j'ai constaté la formation de l'acide carbonique et de l'eau à 20 ou 30 degrés au-dessus du point d'ébullition de chaque hydrocarbure.

Il reste à montrer que ces faits concordent avec les travaux exécu-tés sur ces carbures et qu'ils sont conformes aux théories admises. On sait que M. Berthelot, en faisant passer dans des tubes chauffés au rouge chacun des hydrocarbures, toluène, xylène, cumène et cymène, a constaté qu'ils se transformaient sous l'action de la cha-leur en hydrocarbures plus condensés et en benzine; ainsi le xylène, le cumène donnent :

> Benzine.
> Toluène.
> Xylène.
> Cumène.
> Naphtaline.
> Carbures divers.
> Anthracène.

La benzine est donc à juste titre, comme on le voit, le noyau de ces composés. Il est dès lors certain que si tous ces hydrocarbures se transforment en benzine, si cette dernière en s'oxydant donne de l'acide benzoïque, les autres carbures, sous l'action combinée de la chaleur et d'un corps oxydant : le platine, donneront aussi de l'acide benzoïque.

La constitution de ces hydrocarbures a du reste été parfaitement déterminée par les travaux de MM. Fittig et Tollens. D'après ces savants, le toluène est de la méthylbenzine : ils s'appuient pour cela sur la réaction suivante. Si l'on met en présence de la benzine bromée, de l'iodure de méthyle et du sodium, on obtient du toluène :

$$C^{12}H^5Br + C^2H^3I + 2\,Na = NaI + NaBr + C^{14}H^8.$$

Le xylène peut être regardé comme de la diméthylbenzine, car on peut l'obtenir en partant de la benzine, puis du toluène bromé chauffé avec l'iodure de méthyle et le sodium :

$$C^{14}H^7Br + C^2H^3I + 2\,Na = NaI + NaBr + C^{16}H^{10}.$$

On pourrait tout aussi bien l'obtenir avec l'iodure d'éthyle et la benzine bromée, ce qui fait qu'il admet deux isomères :

$$C^{12}H^5Br + C^4H^5I + 2\,Na = NaI + NaBr + C^{16}H^{10}.$$

Le cumène pourra de même être considéré comme de la tryméthylbenzine,

$$C^{12}H^3\,(C^2H^3)\,(C^2H^3)\,(C^2H^3);$$

ou comme de l'éthylméthylbenzine,

$$C^{12}H^4\,(C^4H^5)\,(C^2H^3);$$

ou enfin comme de l'amylbenzine,

$$C^{12}H^5\,(C^6H^7);$$

de sorte qu'il admet trois isomères.

Le cymène admettrait de même quatre isomères; ce serait : de la tétraméthylbenzine, biméthylbenzine, méthylamylbenzine, butylbenzine.

En se fondant sur ces faits, M. Kekulé admet que chaque carbure d'hydrogène peut être considéré comme formé d'une chaîne latérale, lorsque par oxydation il donne un acide monoatomique; ou par deux chaînes latérales, lorsqu'il donne un acide biatomique; il suffit de remplacer chaque chaîne pour connaître les oxydations résultantes par le groupe C^2O^4H.

Au lieu de cette hypothèse qui admet tantôt une chaîne, tantôt deux chaînes, on pourrait regarder chaque carbure comme formé par deux chaînes latérales; chaque chaîne pourrait être remplacée par C^2O^2H ou C^2O^4H; avec cette hypothèse plus générale, on ferait rentrer chacune des oxydations de ces carbures dans celle du type primitif d'où ils dérivent tous, le type benzine; les oxydations obtenues par des procédés différents se rattacheraient sans difficulté à cette théorie.

Ainsi la benzine serait représentée par

$$C^{12}H^4 \begin{cases} H \\ H \end{cases}$$

et chaque équivalent d'hydrogène pourrait être remplacé par C^2O^2H ou C^2O^4H; on aurait par suite les composés oxygénés suivants qui ont été obtenus par d'autres procédés d'oxydation :

$$C^{12}H^4 \begin{cases} C^2O^2H \\ H \end{cases} = C^{14}H^6O^2, \text{ hydrure de benzoïle.}$$

$$C^{12}H^4 \begin{cases} C^2O^2H \\ H \end{cases} = C^{14}H^6O^4, \text{ acide benzoïque.}$$

$$C^{12}H^4 \begin{cases} C^2O^4H \\ C^2O^4H \end{cases} = C^{16}H^6O^8, \text{ acide phthalique.}$$

. Le toluène

$$C^{12}H^4 \begin{cases} C^2H^3 \\ H \end{cases}$$

nous donnerait les produits précédents et, en outre, les nouveaux composés

$$C^{12}H^4 \begin{cases} C^2H^3 \\ C^2O^2H \end{cases} = C^{16}H^8O^2, \text{ aldéhyde toluique.}$$

$$C^{12}H^4 \begin{cases} C^2H^3 \\ C^2O^4H \end{cases} = C^{16}H^8O^4, \text{ acide toluique.}$$

Le xylène

$$C^{12}H^4 \begin{cases} C^2H^3 \\ C^2H^3 \end{cases}$$

n'introduira aucun élément nouveau dans la question; il donne par oxydation, comme on sait, l'acide toluique.

Le cumène

$$C^{12}H^4 \begin{cases} C^6H^7 \\ H \end{cases}$$

donnera

$$C^{12}H^4 \begin{cases} C^6H^7 \\ C^2O^2H \end{cases} = C^{20}H^{12}O^2, \text{ essence de cumin.}$$

$$C^{12}H^4 \begin{cases} C^6H^7 \\ C^2O^4H \end{cases} = C^{20}H^{12}O^4, \text{ acide cuminique.}$$

Tels sont en résumé les résultats de mes expériences sur les carbures de la série benzénique. Je ne suis adressé aux types de deux autres séries, le formène et l'éthylène.

Un mélange d'air et de formène n'entretient pas l'incandescence de la spirale de platine; j'ai dû recourir, pour la maintenir, à l'action de la pile. On sait que le grisou contient en majeure partie du formène; il n'est donc pas étonnant que la spirale de platine que Davy avait placée au-dessus de la lampe des mineurs n'ait donné aucun résultant satisfaisant.

Quand on a fait passer sur le platine une quantité suffisante d'air et de formène, on peut recueillir dans un condenseur un liquide acide qui précipite en petites aiguilles l'acétate de plomb; l'analyse de ce sel m'a indiqué la présence de l'acide formique.

L'éthylène C^4H^4 ou hydrogène bicarboné, sur lequel j'ai opéré ensuite, maintient très-bien l'incandescence de la spirale de platine; il est même assez difficile d'éviter les explosions, mais par un courant très-lent on peut arriver à les éviter. Les produits d'oxydation m'ont donné de l'acide acétique; Dœbereiner avait du reste annoncé déjà ce résultat.

J'ai recherché ensuite si d'autres métaux pouvaient entretenir la combustion comme le platine : le palladium m'a présenté à un plus haut degré ces mêmes propriétés; mais tandis que le platine ne s'altère pas d'une manière sensible, le palladium se ternit rapidement, devient friable et diminue de poids. Voici le résultat d'une pesée :

Poids initial du fil. . . . . $1^{gr}269$
Après vingt-quatre heures. . . . . $1 \quad 249$
Après douze heures. . . . . $1 \quad 189$

L'expérience est continuée avec un autre carbure, au bout de douze heures le poids est réduit à $1^{gr}033$.

On sait que les recherches de Graham ont établi qu'un fil de palladium absorbe jusqu'à 936 fois son volume d'hydrogène ; cette absorption est moindre si la température est plus élevée ; un composé de palladium a dû sans doute se former aussi, et c'est pour cela que ce métal est devenu friable et que des parcelles s'en sont détachées, ce qui a occasionné la diminution de poids constatée.

Nouvelles recherches sur le protoplasma végétal, par M. Garreau, professeur à l'École de médecine de Lille.

1° Dès l'année 1847, dans une série de mémoires sur l'absorption et l'exhalation par les surfaces aériennes des plantes, et leur respiration animale, depuis longtemps devenue classique, j'ai cru devoir attirer l'attention des physiologistes sur le rôle actif de leurs matières protéiques vivantes, matières que l'on doit considérer, aujourd'hui, comme la gangue dans laquelle s'élaborent les matières organiques et se produisent les sécrétions si variées des végétaux.

2° Depuis cette époque, aucune étude suivie, à l'exception de celle du protoplasma, n'a été faite de ces matières. Cependant les quantités d'azote organique, si abondantes dans les parties les plus centrales du bourgeon, dans les plantules, leur décroissance graduelle dans ces mêmes parties à mesure qu'elles s'accroissent et vieillissent, ainsi que leurs migrations (Garreau, *Ann. des sciences nat.*, 1852), offrent de nombreux sujets d'étude bien dignes d'exciter, par leur intérêt, les recherches des savants.

3° Il est vrai que, quand il faut suivre dans l'intérieur des cellules les transformations de ces matières, leur texture, leurs déplacements, et qu'il s'agit de les extraire pour mieux en étudier les formes et la composition, de nombreuses difficultés se présentent ; il faut beaucoup de temps et de patience pour trouver un joint qui conduise au progrès. On peut, cependant, en suivant le développement graduel du protoplasma dans certaines parties de quelques plantes qui se prêtent mieux que d'autres à son examen optique, et dont on peut l'extraire pour en faire l'analyse chimique, trouver quelques données nouvelles pour aider à leur histoire.

Quand on examine avec soin, par un grossissement de 350 à 400 diamètres, à l'aide d'un éclairage convenable, les plus jeunes parties des végétaux, telles que : les cotylédons de l'embryon épispermique, l'albumen des embryons périspermiques, la tigelle, la plumule, les axes très-jeunes et les feuilles les plus centrales du bourgeon naissant, il est aisé de se convaincre que les jeunes cellules qui les constituent sont gorgées d'un nombre considérable de granules, généralement arrondis, qui, alors qu'ils ne sont pas encore enchaînés par une petite quantité de matière protoplasmique amorphe, oscillent à la manière des molécules browniennes et se colorent en jaune sous l'action de l'iodure de potassium ioduré.

Ces petits corps, qui, à eux seuls, dans les très-jeunes feuilles du bourgeon et de la plumule, constituent la plus grande masse du contenu solide de chaque cellule, et qui, comme nous venons de le dire, sont isolés les uns des autres et nagent libres dans l'eau au milieu de laquelle on les observe, sont ceux que l'on retrouve à une époque plus avancée de la végétation, toujours enchaînés à l'aide de la matière visqueuse amorphe du protoplasma mobile et de la cellule primordiale. Ce sont ces granules libres du protoplasma que quelques botanistes ont désignés sous la dénomination impropre d'aleurone, car, contrairement au corps désigné sous ce nom par Hartig, ils sont insolubles dans l'eau et résistent, même pendant longtemps, à l'action des alcalis et des acides d'un certain degré de concentration.

Dans le cariopse de l'orge, les granules du protoplasma sont très-abondants, surtout dans la portion du périsperme contiguë à l'embryon; ils sont tellement nombreux dans le corps radiculaire et la plumule de l'orge qui commence à germer, qu'ils constituent, à eux seuls, la presque totalité de la masse des éléments qui tombent sur le porte-objet.

Dans le cariopse provenant de certaines variétés de blés d'Afrique, on retrouve les granules du protoplasma également libres et abondants, tant dans l'endosperme que dans le germe; mais il n'en est plus de même alors qu'on examine le périsperme des variétés de blés de nos pays. Ces granules, également abondants et libres dans le principe, sont, sous l'influence d'une certaine quantité d'eau, enchaînés par une matière plastique amorphe pour constituer ce que l'on désigne sous le nom de gluten de Beccaria, et qui, pour nous, constitue le protoplasma du froment.

D'après cela, le protoplasma est physiquement composé : 1° de granules; 2° d'une matière visqueuse amorphe qui les enchaîne à une époque voisine de celle de la germination et dès premiers développements des jeunes axes et des feuilles des très-jeunes bourgeons [1]. En effet, si l'on examine les très-jeunes cellules de la radicule naissante de l'orge, prises à la périphérie de l'organe ou au sommet de l'axe, au point végétatif, examen facile alors que l'on comprime légèrement sous le couvre-objet la portion exfoliable de la radicule, il est facile de s'assurer que les granules, primitivement libres, se montrent enchaînés dans une masse visqueuse, comme cela se remarque pour le protoplasma du froment, et que ce protoplasma, parfaitement distinct du liquide intra-cellulaire, se meut avec tous les caractères de celui de la généralité des plantes dans lesquelles on a pu facilement l'observer.

L'orge qui commence à germer, broyée et infusée dans l'eau à 3o degrés pour en extraire la diastase, donne, après filtration, une liqueur limpide ; mais l'examen microscopique de ce produit montre de nombreux granules protoplasmiques, tantôt libres, tantôt adhérents par leur enveloppe hyaline ; ils ont ainsi traversé les mailles du filtre.

Vient-on à précipiter par l'alcool, on constate que la matière précipitée, désignée sous le nom de diastase impure, est, en partie, formée par la réunion des granules protoplasmiques de l'orge. Enfin, si l'on vient à calciner cette diastase impure, elle laisse un résidu de 14 p. o/o de matières minérales fixes formées en grande partie de phosphates de chaux et de magnésie. Il y aurait, sur ces derniers faits, bien des réflexions à faire et de nouvelles recherches à entreprendre ; car il nous semble que, s'il est incontestable que le ferment du sucre, le ferment du lait, le ferment acétique constituent des espèces végétales, la prétendue diastase ne peut appartenir à la même classe.

Mais si, au lieu de précipiter le moût de l'orge après avoir été filtré, on le porte à une température de 9o degrés, on aperçoit des flocons formés par la réunion des granules protoplasmiques, presque purs, que l'on peut étudier sous le microscope et analyser chimiquement. On reconnaît alors que ce sont ceux que l'on retrouve dans la diastase impure.

---

[1] En exprimant que la masse du protoplasma est composée de granules et d'une matière plastique amorphe, nous n'entendons pas dire qu'il ne recèle pas d'autres substances essentielles à son organisation, telles que de l'albumine, par exemple, que contient aussi le fluide aqueux dans lequel il se meut. Quant à la chlorophylle, aux granules féculents, aux matières sucrées, on ne peut, dans notre opinion, les considérer que comme des matières sécrétées.

Les granules protoplasmiques et la partie plastique amorphe constituent donc les principaux éléments du protoplasma proprement dit, et il n'est guère douteux, quand on étudie ses migrations chez les plantes monocarpiennes annuelles, végétaux chez lesquels il est plus facile de le suivre, qu'il soit la seule partie vivante de l'individualité végétale; car s'il s'élève en sécrétant des cellules nouvelles, il ne fait chez elles qu'une station passagère pour s'accroître et les quitter ensuite pour se réfugier dans les graines qu'il constitue avec les combinaisons phosphorées qui l'accompagnent et les sécrétions nécessaires aux besoins d'une nouvelle génération.

Nous avons dit que les granules adhérents à l'aide d'une matière plastique constituent les principaux éléments visibles du protoplasma, et chacun sait que la farine de froment, réduite en pâte et malaxée sous l'eau, abandonne, en moyenne, 12 p. o/o de gluten. Cette matière est le protoplasma du froment, et ne peut être autre chose, car le protoplasma est insoluble dans le suc cellulaire et dans l'eau, et, en conséquence, ce liquide ne peut que lui donner de la mollesse et de la plasticité sans pouvoir le dissoudre : en effet, si l'on soumet une parcelle de gluten à l'examen microscopique, après l'avoir suffisamment comprimée, il est facile de reconnaître qu'elle se compose de granules nombreux ayant tous les caractères de ceux que l'on rencontre dans le germe et l'endosperme du grain, et d'une matière plastique qui les enchaîne. Si l'on dessèche ce produit et qu'on l'incinère, on n'y trouve que 1,6 p. o/o seulement de phosphate de chaux et de magnésie. Mais je ferai remarquer ici que les sels minéraux ne peuvent être dosés très-utilement, attendu que, d'une part, on ne peut obtenir le protoplasma du blé à l'état de pureté, et que, d'autre part, le lavage entraîne une partie des sels minéraux, y compris du phosphate tribasique de chaux.

Les granules protoplasmiques du gluten sont encore plus faciles à reconnaître, si l'on immerge cette substance dans un soluté faible d'iodure de potassium ioduré, qui les fonce un peu plus que la portion amorphe du protoplasma.

En faisant une section un peu au-dessus du point d'insertion de chaque feuille, sur la tige adulte du *Commelina tuberosa* ou du *Tradescantia virginica*, plantes chez lesquelles le protoplasma est très-abondant, il suinte de la surface coupée, par les cellules ouvertes, des gouttes poisseuses, d'un aspect opalin, d'une odeur spermatique ayant la consistance et les propriétés élastiques et collantes du gluten.

Cette matière est constituée par le protoplasma de ces plantes, dans les cellules desquelles on observe avec facilité les mouvements vitaux de ce corps.

Ce protoplasma, n'ayant eu que le contact du suc aqueux intra-cellulaire, ne contient pas de matières solides étrangères visibles, et l'examen microscopique le montre, comme le gluten, formé d'une matière azotée, plastique, amorphe, et de granules protoplasmiques très-nombreux. De telle sorte que ce protoplasma se montre physiquement le même, qu'il soit examiné dans la cellule ou recueilli directement sur le porte-objet; lavé à l'eau distillée, séché à 100 degrés et incinéré à blanc, il laisse 13,5 p. o/o de sels minéraux fixes, composés, en presque totalité, de phosphate de chaux tribasique et de phosphate de magnésie.

Le protoplasma pris chez les commelinées, les céréales, les cucurbitacées, les acanthacées, etc., plantes chez lesquelles on peut l'extraire pour l'étudier au point de vue chimique, se présente sous l'aspect d'une masse molle, demi-fluide, plus ou moins opaline, exhalant une odeur spermatique; sa sapidité est fade, et sa densité plus grande que celle de l'eau et du fluide aqueux intra-cellulaire dans lequel il se meut. L'acide acétique cristallisable lui donne plus de transparence, diminue sa consistance et le dissout très-lentement en agissant, à la fois, sur les granules et la matière plastique amorphe. La liqueur de Sweitzer ramollit le protoplasma, sans dissoudre les enveloppes des granules, et ce n'est qu'après une macération longtemps prolongée dans ce réactif que la matière plastique se dissout et que les granules se détruisent après avoir présenté un peu d'opacité : effets dus à l'ammoniaque du réactif, car cet alcali agit de la même manière que le soluté cupro-ammonique. L'acide chlorhydrique n'agit qu'avec une extrême lenteur sur les granules du protoplasma, qu'il colore en rouge comme la matière plastique amorphe. L'alcool le condense, lui donne plus d'opacité et de cohésion, en le privant d'une partie de son eau. Les granules libres du protoplasma, tels qu'ils se présentent dans les jeunes embryons, l'endosperme, les axes et les très-jeunes feuilles des bourgeons, comme ceux que l'on voit enchaînés dans la matière plastique de l'utricule primordiale et des courants intra-cellulaires, sont transparents, un peu plus réfringents et plus denses que le fluide cellulaire qui les baigne, et se rapprochent, généralement, de la forme arrondie. Leur diamètre oscille, en général, entre 1 et 2 millièmes de millimètre, et à l'aide d'un bon éclairage, par

un grossissement de 3oo à 35o diamètres, on reconnaît que chacun d'eux est entouré d'une auréole semblable à une pellicule
hyaline, très-transparente, dont ils constituent le noyau. Si l'on
vient à les précipiter du liquide aqueux qui les tient en suspension,
on remarque qu'aucun des noyaux ne touche au noyau voisin, parce
qu'ils sont séparés les uns des autres, dans la petite masse précipitée, par l'épaisseur de l'enveloppe ou couche de matière hyaline qui
les entoure.

Les matières protéiques qui constituent les granules, leurs enveloppes hyalines et la portion amorphe du protoplasma n'ont encore
pu être isolées assez complétement les unes des autres pour nous
fixer sur les différences de composition qu'elles peuvent présenter
dans la même plante ou dans des cellules provenant de végétaux
d'espèces différentes, et les physiologistes n'ont pu, jusqu'à ce jour,
que constater leur nature animale, l'action de la chaleur, du froid
plus ou moins intense, du courant voltaïque, qui à un certain degré
les anéantissent s'ils agissent avec trop d'intensité.

Quant aux mouvements qu'elles exécutent, quoique soumises
depuis plus de trente ans aux investigations nombreuses des savants
allemands pour en déterminer la cause, on n'a pu enregistrer que
des opinions assez divergentes : Sachs et d'autres physiologistes l'attri-
buent, avec peu de foi cependant, à l'affinité des molécules protoplasmiques pour l'eau qui, suivant qu'elle arrive avec plus ou moins
d'abondance sur certains points de la masse protoplasmique, la
dilate plus ou moins; de là le mouvement. D'autres avouent que
les causes de ce mouvement leur échappent. Une troisième catégorie
l'attribue à la contractilité, opinion que nous avons émise dans un
mémoire présenté à l'Académie des sciences, et qui s'appuie sur
les observations suivantes :

Les amibes brachiées, diffluentes, et beaucoup d'autres espèces
se présentent, sur le porte-objet du microscope, comme de petits
amas protoplasmiques sans traces d'organisation apparente ; cependant ces petits êtres se creusent spontanément, sous l'œil de l'observateur, d'un nombre variable de petites vacuoles qui disparaissent et
renaissent dans d'autres points; elles émettent des prolongements
simples ou rameux que l'on voit tantôt disparaître par rétraction,
tantôt se souder avec la petite masse pour s'empâter et se confondre
avec elle, comme le fait la substance des courants protoplasmiques
chez les végétaux. Or, la cause de ces mouvements, très-analogues à

ceux du protoplasma végétal, est toute vitale et suppose l'excitabilité et la contractilité pour qu'ils se produisent.

Le sarcode des infusoires, de la douve du foie, s'arrondit de lui-même en se creusant de vacuoles comme les amibes, et ce changement de forme tout spontané ne peut être attribué qu'à la contractilité de cette matière encore vivante.

Les expansions des gromies, de certaines difflugies surtout, qui, comme le protoplasma végétal, sont formées d'une matière plastique contenant des granules, se ramifient, s'anastomosent, se confondent de manière à former un réseau protoplasmique dont l'image varie à chaque instant comme celles que forme le protoplasma filamenteux des végétaux.

Après ces comparaisons, si l'on considère que les portions réticulées et filamenteuses du protoplasma végétal, qui se renflent d'ampoules, comme celles plus fluides qui ne peuvent que ramper ou fluer contre la cellule primordiale, se meuvent dans tous les sens et qu'elles progressent, les unes et les autres, contre la pesanteur, puisqu'elles se meuvent dans toutes les directions au milieu d'un liquide qui est moins dense qu'elles, et que ces directions ne peuvent être modifiées, quels que soient le sens et le degré d'inclinaison donnés au porte-objet, il faut bien, si l'on se demande à quelle cause ces changements de forme et de positions si diverses doivent être attribués, reconnaître qu'il est naturel d'admettre qu'elle est la même que celle en vertu de laquelle le sarcode, les amibes, les expansions des gromies et le protoplasma végétal sous forme d'anthérozoïdes et de zoospores se meuvent, c'est-à-dire à cette propriété vitale élémentaire, la contractilité, caractérisée par ce fait que la substance protoplasmique qui en jouit se raccourcit dans un sens et augmente de diamètre dans un autre, propriété qui appartient à sa masse comme à ses parties prises isolément.

Enquête officielle sur la phthisie en Algérie. (Acclimatement.) Par le docteur P. de Pietra-Santa.

La Société de climatologie d'Alger m'avait confié la mission de rendre compte de l'enquête officielle entreprise par son initiative et sous le haut patronage du maréchal de Mac Mahon, alors gouverneur général, sur cette très-importante question de la phthisie pulmonaire en Algérie.

Je rappellerai que la guérison de la maladie ne peut être demandée qu'à l'association intelligente et raisonnée d'un ensemble de médications dont l'expérience et l'observation clinique ont reconnu l'efficacité, aussi je ne craindrai pas de faire cette déclaration :

« Je croirais manquer à mes devoirs de travailleur et de praticien, je me croirais peu digne de prendre la parole devant des hommes de science, l'honneur et la gloire du pays, si, poussant l'optimisme jusqu'à ses dernières limites, je venais soutenir la thèse de la curabilité de cette terrible affection par la mise en œuvre d'un seul des facteurs que je viens d'énumérer. »

Après avoir fait connaître le programme du savant rapport du docteur Feuillet, j'ajouterai que l'enquête s'est faite sur tous les points de l'Algérie, de Nemours à la Calle, du littoral aux points extrêmes du sud.

Tous les médecins chefs de service civils et militaires, au nombre de cent vingt-cinq, ont répondu au questionnaire. Les chiffres, comme les notes, sont le travail d'intelligences honnêtes, consciencieuses et compétentes; ils mentionnent un million de malades environ, 94,000 décès pour toutes causes, dont 6,200 par phthisie.

D'après ces documents, la mortalité phthisique n'est en Algérie que moitié de celle des trois ou quatre points du globe les plus favorisés sous ce rapport, et que le cinquième de la moyenne normale de l'Europe.

Voici, du reste, les principales conclusions du rapport :

La phthisie originaire d'Algérie est rare.

La phthisie, si elle est importée, se guérit au début sans intervention médicale, par la seule action du climat, et, si elle est à un degré plus avancé, elle guérit encore ou s'améliore sans produire son retentissement habituel sur les fonctions vitales.

Le séjour dans les localités fébrigènes est utile aux phthisiques.

Le climat du littoral algérien qui réunit les avantages de la tonicité maritime et ceux des effluves paludéens de la plaine, jouit parmi les phthisiographes, qui tous parlent plus spécialement d'Alger, d'un grand crédit pour le traitement des diverses tuberculoses : la *torpide* et l'*éréthique*.

La maladie, rare chez l'indigène. devient rapidement grave en raison de l'ignorance où il est des lois de l'hygiène, de l'absence de soins appropriés et aussi sans doute de la concomitance si habituelle chez lui de l'infection syphilitique.

La phthisie, même au degré de ramollissement, peut guérir ou présenter avec un état d'amélioration satisfaisante des cas de remarquable longévité.

J'ai franchement déclaré en mon nom et au nom des docteurs A. Bertherand et Mitchell que je fais des réserves sur ces conclusions, et que je maintiens les idées émises dans un rapport officiel présenté, en 1860, au Ministre de l'Algérie (*Influence du climat d'Alger sur les affections chroniques de la poitrine*).

Pour moi, l'heureuse influence du climat d'Alger est très-appréciable dans les cas où il s'agit soit de conjurer les prédispositions, soit de combattre les symptômes qui constituent le premier degré de la phthisie.

Cette influence me paraît contestable dans le deuxième degré de la tuberculose, alors surtout que les symptômes généraux prédominent sur les lésions locales.

Je la déclare fatale au troisième degré dès qu'apparaissent les phénomènes de ramollissement et de désorganisation.

Pour ce qui concerne la loi d'antagonisme de Boudin, je soutiens avec MM. A. Bertherand, Michel Lévy et Cazalas, « qu'aux pieds de l'Atlas et dans le Sahel algérien la phthisie règne malheureusement en même temps que les fièvres intermittentes et la fièvre typhoïde. »

Comme dernière réserve, j'affirme que le climat du littoral algérien n'est pas également favorable dans le traitement des diverses tuberculoses.

Essentiellement bienfaisant dans les formes *torpides* de la maladie, il exige beaucoup de précautions, de ménagements, et parfois même l'abstention dans les formes franchement *éréthiques;* celles-ci réclament plus particulièrement la zone climatologique dite des collines (Pau, Venise, Madère).

A côté de la question spéciale de la phthisie, j'ai trouvé dans l'enquête des arguments péremptoires pour la solution d'un problème plus général et plus important, à savoir la possibilité de l'acclimatement en Algérie.

Mon optimisme à l'endroit de l'acclimatement algérien repose sur trois ordres de preuves :

L'histoire, la statistique (augmentation de la natalité, diminution de la mortalité), les résultats obtenus (Trappe de Staouéli, Bouffa-rick, Fondouck, Koléah, Marengo).

L'acclimatement des populations méridionales de l'Europe (italienne, espagnole, anglo-maltaise) étant désormais un fait scientifique, la possibilité de l'acclimatement de la nationalité française étant aujourd'hui prouvée par les faits les plus rigoureux, le devoir de la France, et aussi son intérêt personnel et immédiat, n'est-il pas d'implanter au sud du bassin de la Méditerranée un rameau de la race latine dont elle sera le facteur principal?

Cette thèse se trouve corroborée par des chiffres; les races autochthones (Arabes et Berbères) semblent frappées d'une dégénérescence marquée, peut-être irrémédiable.

Les pertes de l'élément musulman sont graves: la population indigène, évaluée en 1830 à 3 millions, n'est plus en 1872, que de 2,125,000. Ce qui fait pour ces 42 années un déchet de près de 90,000 personnes, soit une moyenne annuelle de décès de 20,000.

« Le peuple arabe, s'écrie M. Vinet, meurt, il périra; il tombe sous les coups d'une loi supérieure à la volonté humaine, loi implacable dans ses effets, puisqu'elle ne souffre aucune exception. » (*Amérique du Sud, Tunisie, Algérie.*)

Cette loi qui fait disparaître les peuples arriérés surgit dès que se créent les relations commerciales avec le monde civilisé.

Le peuple arabe meurt de rester immobile dans son fatalisme et ses préjugés, quand tout progresse autour de lui!

Étude sur les distributions d'eaux publiques de Saint-Étienne et de Saint-Chamond (Loire), par MM. F. Gabut et R. Pinet, membres de la Société des sciences industrielles de Lyon.

But recherché par les auteurs.

Il n'entre point dans notre pensée de faire une monographie complète des travaux entrepris pour distribuer des eaux publiques et potables dans les villes de Saint-Étienne et de Saint-Chamond; nous voulons simplement décrire à grands traits la physionomie de ces entreprises et donner un aperçu des résultats acquis. Nous avons pour but unique de signaler les besoins des populations et des industries, la grandeur dans la conception des études, l'importance des travaux exécutés et les bienfaits réalisés.

Nous dirons d'abord ce qui a été fait dans la vallée du Furens en amont de Saint-Étienne, les travaux exécutés dans la vallée du Gier en amont de la ville de Saint-Chamond ayant été la reproduction simplifiée de ceux exécutés dans la vallée du Furens.

Utilité des distributions d'eaux publiques.

Il est désirable que les magistrats municipaux chargés de l'administration des villes et des villages à proximité desquels se trouvent des montagnes granitiques ou tout au moins des roches imperméables, aient une connaissance suffisante des bienfaits réalisés par les barrages de Saint-Étienne et de Saint-Chamond.

Il y aurait un grand intérêt à multiplier la création de ces lacs artificiels, ordinairement peu coûteux eu égard aux immenses services qu'ils sont appelés à rendre à l'hygiène, à la salubrité et au développement de la richesse publique.

Saint-Étienne et la campagne environnante.

L'agglomération stéphanoise compte environ 125,000 habitants en y comprenant les populations des communes limitrophes: Saint-Jean-Bonnefonds, Terre-Noire, Saint-Priest, la Ricamarie, dans lesquelles s'étend la distribution des eaux [1].

La ville est bâtie sur le Furens, dont les eaux s'écoulent à peu près souterrainement sous les maisons, les édifices, les places et les rues de la ville.

Le cours moyen du Furens, dans la traversée de Saint-Étienne, est à la cote 520 au-dessus du niveau de la mer.

La ville est située dans une gorge plutôt que dans un vallon; cette gorge est découpée par des ravins et encaissée par des montagnes. Les divers quartiers de la ville sont étagés sur les déclivités des collines; aussi la distribution se compose de trois zones principales:

La zone supérieure, comprenant la Croix-de-l'Orme, la Béraudière, etc., est alimentée par une prise directe faite dans le canal d'aqueduc lui-même à la cote 660 ;

La zone moyenne; alimentée par le réservoir du Rey placé à la cote 618 ;

La zone inférieure, alimentée par le réservoir de Champagne établi à la cote 550.

[1] 110,000 à Saint-Étienne; 15,000 dans les communes indiquées.

On est en plein pays du Forez, contrée montagneuse; le fond des vallées se chiffre par des altitudes considérables.

Altitudes diverses.

La Loire, au Perthuizet, à quelques kilomètres de Saint-Étienne, est à la cote 340; le Rhône, sous la même latitude, à Saint-Maurice-de-l'Exil, est à la cote 140.

Le Furens prend sa source dans le massif du mont Pila; le sommet le plus élevé du massif a 1,434 mètres d'altitude; plusieurs sommets subjacents comptent 1,380 et 1,370 mètres.

Saint-Étienne manquait d'eau.

Saint-Étienne est une ville riche et industrieuse, habitée par une population active, visitée annuellement par un grand nombre de voyageurs, attirés les uns par la curiosité, le plus grand nombre par le besoin du commerce.

Outre les consommations d'eau utilisée pour le fonctionnement des établissements industriels, forces motrices, teintureries, blanchisseries, alimentation des chaudières à vapeur, ateliers divers, etc. etc., une population de 125,000 âmes, occupée principalement d'industrie minière (houille et métallurgie), devait nécessairement consommer une quantité d'eau assez notable pour les usages domestiques ou de ménage.

Et précisément l'eau manquait à cette population en raison même des travaux exécutés pour l'exploitation d'une des deux grandes industries locales; les sources souterraines étaient asséchées; l'eau de ces sources pénétrant naturellement par les fissures du sol et descendant par sa propre pesanteur dans les bas-fonds des galeries creusées pour l'extraction de la houille, ces eaux souterraines, peu abondantes du reste, étaient pour la plupart non potables, ainsi que cela arrive toujours dans les centres populeux et dans les terrains houillers.

Les besoins de l'industrie, les services publics et particuliers, l'hygiène, tout un ensemble de circonstances sollicitait les magistrats municipaux à procurer à l'agglomération stéphanoise une fourniture d'eau abondante.

A quel bassin hydraulique la ville pouvait-elle demander des eaux potables?

Mais à quelle source fallait-il puiser cette eau? Il ne faut pas oublier que Saint-Étienne est placé à l'altitude de 520 mètres et que la ville est enfermée dans une ceinture de montagnes.

Des torrents se forment dans ces terrains; les sources peuvent y être nombreuses, mais elles sont ordinairement peu abondantes, et leur débit n'offre pas une grande régularité.

Il fallait surtout distribuer des eaux potables: les eaux du Furens n'avaient pas cette qualité, car elles sont constamment souillées par les évacuations des établissements industriels groupés sur ses rives en amont de la ville; la filtration de ces eaux ne leur aurait pas même restitué leur potabilité, en admettant que cette filtration eût été facilement réalisable.

Si le thalweg du Furens avait charrié souterrainement des eaux en quantité suffisante, et en admettant que ces eaux n'eussent pas été gâtées par les infiltrations des issues des usines, le problème aurait été facile à résoudre.

Des pompes auraient aspiré l'eau et l'auraient refoulée dans des réservoirs distributeurs; tout était sur place : la houille pour produire la force motrice, les ateliers métallurgiques pour construire les machines à vapeur et les pompes élévatoires; mais l'eau manquait et c'était elle qu'il fallait se procurer.

Était-il possible de dériver et d'amener à Saint-Étienne des sources jaillissant à une altitude convenable et donnant naissance à des affluents de la Loire supérieure? Évidemment oui; mais les travaux de captage et notamment ceux de dérivation sur un long parcours, dans un pays montagneux et accidenté, se résument ordinairement par des dépenses s'élevant à un chiffre considérable et peu en harmonie avec le budget d'une ville de 110,000 âmes, cette ville fût-elle riche et industrieuse comme l'est la ville de Saint-Étienne.

Un précédent historique, tout entouré de prestige, faisait tourner les regards vers le massif montagneux du Pila.

Aqueduc romain du mont Pila.

Jadis les Romains avaient construit, des sources du Gier jusqu'à Lyon, un aqueduc déversant sur le sommet de la colline où était situé le forum, à la cote 300 à 302, des eaux captées sur les flancs des contre-forts du Pila; non pas les eaux d'un seul ruisseau ou d'une seule source, mais les eaux de plusieurs sources faisant partie du régime hydraulique de la rivière du Gier, recueillies au moyen de plusieurs sous-divisions de rigoles d'adduction, circulant aux flancs des collines et allant saisir les filets d'eau à leur point d'émergence.

Cet aqueduc, qui mesurait plus de 100 kilomètres de longueur dans ses développements et ses circuits, recueillait en outre sur son parcours les eaux des sources jaillissant à une altitude supérieure à sa ligne d'eau.

Mais l'aqueduc du Pila était une munificence de l'empereur Claude au profit de sa ville natale. C'était le travail le plus considérable et le mieux exécuté de tous ceux du même genre entrepris par les Romains. Et il n'est pas prouvé qu'en temps de sécheresse ordinaire cet aqueduc pût emprunter plus de 140 litres par seconde, soit environ 12,000 mètres cubes par vingt-quatre heures, aux sources constituant les origines du ruisseau du Gier. Et en admettant qu'il eût été possible de recueillir une même quantité d'eau (12,000 mètres cubes) aux sources du Furens, ce volume n'aurait pas été suffisant pour faire face aux services publics et privés de la ville de Saint-Étienne.

On suppose que l'aqueduc du Pila pouvait amener de 15,000 à 20,000 mètres cubes d'eau par vingt-quatre heures à Lugdunum[1], toutes réserves faites cependant pour les temps de sécheresse, temps calamiteux pour les distributions d'eau à l'époque romaine, aussi bien que de nos jours, ainsi que nous l'expliquerons plus loin en ce qui concerne la distribution actuelle de Saint-Étienne.

Problème à résoudre.

Le problème de la distribution d'eaux publiques à Saint-Étienne restait à résoudre, mais cependant les regards étaient concentrés vers le mont Pila et ses contre-forts.

La municipalité stéphanoise, les savants, les hommes intelligents, les industriels, avaient émis leurs opinions et formé des projets.

Il n'était pas possible de prendre les eaux des origines du Gier; des usines et des établissements industriels avaient des droits acquis à l'usage de ces eaux, notamment le groupe de Saint-Chamond; d'autre part, un des contre-forts du Pila sépare le bassin du Furens de celui du Gier et forme sur ce point l'arête du partage des eaux: le Furens va à l'Océan, et le Gier à la Méditerranée. Il

---

[1] Trois autres aqueducs, du Mont d'Or, de la Brevenne et de l'Yzeron, concouraient à l'alimentation de la ville; leurs eaux arrivaient à l'altitude 278 à 280.

aurait fallu percer un tunnel au travers de ce contre-fort et ce travail aurait été très-coûteux.

Études et projets.

Un système hydraulique à la fois simple et complexe, assurant une distribution d'eau potable à l'agglomération stéphanoise et donnant plus de régularité au régime des eaux du Furens, fut d'abord étudié par M. Conte-Grand'champs, ingénieur de l'arrondissement de Saint-Étienne. Puis les études du projet définitif et les travaux d'exécution furent faits par MM. Conte-Grandchamps et de Montgolfier, ingénieurs ordinaires de l'arrondissement, sous la direction, *toute particulière*, de M. Graëff, ingénieur en chef du département de la Loire.

Ce système se décompose de la manière suivante :

1° Captation de diverses sources et filets d'eau s'échappant des collines, ravins et plateaux recouverts en majeure partie par la forêt des Grands-Bois, ou bois de la République; réunion de ces eaux dans une cuve ou réservoir, sur la commune de Rochetaillée.

Deuxième établissement d'un mur ou barrage coupant, sur les communes de Rochetaillée et de Planfoy, le cours du Furens et emmagasinant le débit de ce ruisseau, de manière à créer un lac artificiel, capable de former un approvisionnement suffisant pour faire face aux besoins de l'agglomération stéphanoise, et pour régulariser le régime du Furens.

Il n'était pas possible d'absorber complétement, au profit exclusif de l'agglomération stéphanoise, le débit du ruisseau à la hauteur où le barrage devait être construit; des tiers avaient des droits acquis à l'usage des eaux du Furens, notamment des usines établies en aval de ce barrage : il fallait respecter ces droits et laisser au ruisseau un volume d'eau proportionné à son débit moyen.

Adoption du projet définitif.

Le projet de MM. les ingénieurs Graëff et Conte-Grandchamps fut approuvé et ensuite exécuté.

De l'avis de tous les hommes compétents, c'était le seul projet réalisable dans la situation. Le temps et l'expérience ont démontré l'excellence de la combinaison, tout en révélant cependant un fait connu des praticiens :

La difficulté de pourvoir à tous les services en temps de sécheresse, l'approvisionnement pouvant s'épuiser, ainsi que cela arrive à Saint-Étienne, ou devenir plus laborieux, ainsi que cela se présente même à Lyon, où les puisards des machines sont établis au bord du Rhône, avec la possibilité de pouvoir, en cas d'absolue nécessité, faire un appel direct aux eaux du fleuve.

Eaux de sources.

Le système est double :

Le premier système se compose des eaux de sources, captées dans les Grands-Bois ou bois de la République, et amenées dans une cuve placée à une altitude un peu inférieure à la cote 740; l'étiage moyen du Furens étant à la cote 520 à Saint-Étienne, la dénivellation entre ces deux points est donc de 220 mètres.

Le débit de ces sources peut être évalué, à la suite des saisons humides, à 120 ou 140 litres par seconde, soit de 10 à 12,000 mètres cubes par vingt-quatre heures; mais ce débit subit un amoindrissement notable à la suite des sécheresses prolongées.

Ces eaux forment la base de l'alimentation de la ville; si la consommation n'excédait pas leur volume, il ne serait rien emprunté aux eaux du barrage.

Le trop-plein de la cuve qui reçoit ces eaux fonctionnerait, le cas arrivant, par une décharge renvoyant l'excédant au lit du Furens, au-dessous du barrage.

Le second système d'approvisionnement consiste dans les eaux du lac formé artificiellement par le barrage.

Eaux du barrage.

Les eaux du barrage, réglées par une vanne manœuvrée par un gardien, ne vont à la distribution qu'en cas d'insuffisance des eaux des sources, et c'est à peu près l'état normal, sauf l'hiver, à la suite des grandes pluies d'automne.

Les eaux de sources forment la base de la distribution, celles du barrage n'arrivent jamais qu'à titre de complément.

Dimensions du barrage; ce qu'il a coûté; capacité.

Les dimensions du mur coupant transversalement la vallée du Furens sont les suivantes :

Hauteur. . . . . 50 mètres.
Épaisseur à la base. 45
Épaisseur au sommet. 10

Ce mur a coûté plus de 900,000 francs.

La capacité utile du réservoir ainsi formé est de 1,620,000 mètres cubes.

Le réservoir créé par le barrage se remplit ordinairement deux fois par année, pendant les saisons pluvieuses de printemps et d'automne.

Question juridique; étiage et débit du Furens.

L'usage des eaux du Furens au profit de la ville de Saint-Étienne et l'aménagement de ces eaux dans le barrage constituaient une question juridique assez délicate, encore pendante devant les autorités compétentes; mais qui dans la pratique fut jusqu'à ce jour conciliée au mieux des intérêts de tous.

Les usines et établissements industriels groupés sur les rives du Furens, et utilisant au passage une portion seulement ou la totalité de ce cours d'eau, exigent pour leur fonctionnement un débit de 300 litres par seconde; pendant les sécheresses, ce débit descend à 100 et même 50 litres.

En temps de fortes crues, le régime monte et atteint 15 mètres cubes.

Trombe, inondation.

En juillet 1849, une trombe ayant éclaté sur les versants supérieurs où le Furens prend naissance, le débit s'éleva subitement à 131 mètres cubes par seconde; aussi une portion de la ville basse de Saint-Étienne fut inondée.

L'État, la municipalité, la chambre de commerce, agissant au nom des industriels, étaient intéressés à régulariser le régime du Furens et à protéger la ville contre les inondations.

Concours de l'Etat.

Un crédit de 570,000 francs fut mis par l'État à la disposition de la municipalité stéphanoise, pour faciliter la réalisation de l'entreprise.

Accord amiable.

Il fut alors convenu et sans qu'il ait été stipulé aucun engagement de droit, qu'il était équitable qu'une portion de la réserve d'eau faite par le barrage fût utilisée pour maintenir le régime du Furens à un débit le plus rapproché possible de 300 litres par seconde, sans toutefois porter aucun préjudice au service de la distribution à faire aux habitants et à la ville de Saint-Étienne, et qu'un volume de 6 millions de mètres cubes serait mis, sauf empêchement, à la disposition des usines et établissements industriels situés en aval du barrage.

Canal latéral.

Il fut convenu qu'un système de vannes ou de ventelleries, placé en tête du réservoir, réglerait la distribution; que si le débit du ruisseau n'excédait pas le volume utile au fonctionnement des usines, les eaux passeraient par un canal creusé parallèlement au réservoir, au-dessus de sa ligne d'eau, et iraient aboutir dans le lit du torrent, en aval du barrage; que si le débit dépassait le volume utile, l'excédant se déverserait dans le réservoir formé par le barrage, en sorte que l'approvisionnement serait fait exclusivement au moyen de l'excédant du débit.

Mais dans la pratique les choses se passent différemment. En temps ordinaire, le Furens est introduit dans le barrage; ce n'est qu'en temps de fortes crues, et quand les eaux sont profondément altérées et troublées qu'elles sont introduites dans le canal latéral; et encore, pour cela, faut-il admettre que la réserve dans le barrage soit complète, ou à peu près, car il est admis en principe qu'il vaut mieux avoir à sa disposition une eau quelque peu troublée que de n'en avoir pas du tout.

Étiage, temps de sécheresse.

En temps de sécheresse, l'étiage du Furens est, non pas maintenu, mais relevé à un débit le plus rapproché possible du volume de 300 litres par seconde, au moyen de l'ouverture, sur une section convenable, de robinets-vannes placés sur des tuyaux de prise d'eau, posés dans un tunnel de 120 mètres de longueur creusé dans le contre-fort de la colline, rive droite, contre lequel s'appuie l'une des extrémités du mur du barrage.

Mais la réserve mise par la ville à la disposition des usines situées dans la vallée n'excédant pas 6 millions de mètres cubes annuellement, il arrive que l'étiage du Furens, y compris le supplément fourni par le barrage, descend à 200 et même, dans les années très-sèches, à 150 litres par seconde.

Importance du canal latéral.

Si le canal latéral est rarement utilisé, sauf le cas de crues charriant des eaux fortement troublées; son rôle n'en reste pas moins très-important dans l'économie du système hydraulique de Roche-taillée.

Dangers d'inondation.

Ses dimensions, combinées avec la ventellerie placée en tête du réservoir, permettent à ce canal de débiter environ 90 mètres cubes seulement par seconde, soit un volume qui peut s'écouler par le lit du Furens sans crainte d'inondation pour la ville de Saint-Étienne, le danger commençant seulement lorsque le débit dépasse 90 mètres cubes.

Si une nouvelle trombe éclatait, le volume d'eau excédant 90 mètres cubes par seconde se déverserait dans le réservoir du barrage où il serait emmagasiné.

Fonctionnement de deux déversoirs dans le mur du barrage.

A cet effet, le barrage comporte deux lignes d'eau, correspondant à deux déversoirs fonctionnant en trop-plein.

Le premier déversoir est placé à $44^m,5o$ au-dessus du fond devant le barrage.

Le deuxième déversoir, ou plutôt le sommet du mur, est à $5^m,5o$ au-dessus du premier trop-plein.

Si la trombe arrivait au moment où la ligne d'eau arrive au premier trop-plein, et ce serait le cas le plus défavorable, on fermerait ce déversoir, les eaux pourraient encore s'élever de $5^m,5o$ avant d'arriver au second déversoir, 400,000 mètres cubes d'eau seraient ainsi emmagasinés. Et il résulte des calculs sur la probabilité que la portion du débit de Furens au delà de 90 mètres cubes par seconde, et qui pourrait en cas de trombe inonder la ville basse, ne peut pas excéder le volume total de 200 à 250,000 mètres cubes.

Si l'événement se produisait, l'excès d'approvisionnement retenu par le barrage au-dessus du premier trop-plein serait écoulé le plus promptement possible, de manière à laisser libre la dénivellation de $5^m,5o$ du premier au second déversoir, en prévision d'une nouvelle menace d'inondation.

Envasements ou dépôts au fond du barrage.

Le barrage a été vidé en 1869, soit cinq années après sa mise en activité : on a constaté l'existence d'une couche de vase mesurant à peine 2 centimètres d'épaisseur.

Le tuyau de départ des eaux allant à la distribution est placé à 5 mètres au-dessus du fond du réservoir; donc les vases pourraient s'accumuler pendant des siècles, avant de s'écouler par le tuyau de distribution.

Qualité de l'eau.

L'eau du barrage est très-potable. Elle est généralement limpide. Le lac artificiel affecte une forme indécise, se rapprochant de celle d'un triangle allongé mesurant à sa ligne d'eau près de 1,400 mètres de longueur (de la base au sommet). L'eau du ruisseau pénètre dans le barrage par le sommet du triangle; et si elle n'est pas limpide à son arrivée, la clarification s'opère naturellement par le repos.

La température de l'eau à son arrivée dans le réservoir ou lac artificiel s'élève en été jusqu'à 23 degrés centigrades, et cependant l'eau s'écoulant à la distribution ne compte que 10 degrés; donc, durant son séjour dans le réservoir, l'eau a perdu 13 degrés de son calorique.

Il est juste de dire néanmoins que pendant les journées ardentes de certains étés, l'étiage du réservoir étant très-bas, la température à la distribution a monté à 18 degrés centigrades.

Température.

En été, la température de l'eau, à la surface du réservoir, atteint quelquefois 20 degrés, mais seulement sur une couche de quelques décimètres d'épaisseur.

Congélation.

En hiver, l'eau du barrage est à peine couverte par des cristaux de congélation flottant à la surface; la glace ne se forme que sur les bords du réservoir; on peut dire que la superficie seule de la masse liquide est influencée par la température atmosphérique.

Il ressort de ces constatations que les eaux pluviales et de rivière, accumulées en masses considérables dans des réservoirs, reprennent, avec le temps, leur limpidité et leurs qualités d'eaux potables qu'elles avaient perdues sous l'influence des agents atmosphériques.

On trouve des faits analogues dans la nature; les eaux des grands lacs traversés par des rivières ou des fleuves sont généralement considérées comme potables et de bonne qualité.

Le barrage de Saint-Étienne, assimilé à un de ces lacs, comporte par l'économie de sa création l'avantage de pouvoir être vidé, nettoyé et assaini; on peut éviter ainsi l'altération qui pourrait se produire dans l'eau du réservoir:

Utilité des barrages.

Tels sont les avantages et les bienfaits réalisés par l'exécution de ce travail colossal : ce n'est qu'un simple mur coupant transversalement un vallon dans des roches granitiques.

Mais un semblable barrage peut être reproduit en France sur mille et mille points différents, augmenter la richesse des contrées où il sera construit, stimuler et faciliter l'hygiène, améliorer la santé publique. Malheureusement, l'exemple donné par les villes de Saint-Étienne et de Saint-Chamond n'a été imité, à notre connaissance, que par la ville d'Annonay, qui a fait établir sur le ruisseau le Ternay, descendant également du massif du Pila (versant méridional), un réservoir de 3 millions de mètres cubes de capacité.

Adduction des eaux vers la ville; distribution.

Nous avons vu les origines et les approvisionnements des eaux, voyons maintenant leur répartition et leur distribution aux divers services de l'agglomération stéphanoise.

Nous le répétons, le fond du réservoir de Rochetaillée est à la cote 741; le Furens, à son étiage moyen, dans la traversée de la ville, est à la cote 520.

Un aqueduc reçoit les eaux des sources et le complément fourni par le barrage pour faire face aux besoins de la consommation de l'agglomération stéphanoise.

Cet aqueduc est construit en béton de ciment, il contourne les vallons et n'a exigé la construction d'aucun siphon; un seul pont-aqueduc a été établi pour traverser le Furens.

Réseaux distributeurs.

Les eaux sont amenées à proximité de la ville de Saint-Étienne dans divers réservoirs, notamment dans le réservoir du Rey, à la cote 618; sa capacité est d'environ 7,000 mètres cubes.

Service moyen.

Il alimente aujourd'hui le service moyen, car, à l'origine, le réservoir du Rey constituait le service supérieur, ou haut service. Il distribue les eaux aux quartiers et aux édifices situés plus bas que son radier, soit à l'étage moyen de l'agglomération stéphanoise.

Bas service.

Le réseau distributeur de la ville basse, c'est-à-dire celle qui s'étend sur les deux rives du Furens et dans la partie plane du vallon, ne reçoit pas la pression directe du réservoir du Rey; cette pression est coupée sur divers points au moyen de cuves de relais, et notamment, à la cote 55o, par le réservoir de Champagne; les eaux partant du réservoir du Rey arrivent dans ces cuves et réservoirs. La pression se trouve ainsi rompue : c'est le bas service; on a pu ainsi faciliter la distribution naturellement assez laborieuse sur un sol très-accidenté.

Haut service.

Enfin, il a été établi, vers 1871, un nouveau réseau distributeur alimenté par une prise d'eau faite directement dans le canal d'aqueduc, à la cote 66o (au-dessus du réservoir du Rey), pour alimenter les hauts quartiers de la Croix-de-l'Orme, de la Béraudière, etc. etc., dont l'altitude est supérieure à la cote du réservoir du Rey : c'est le haut service. Les tuyaux de conduite des divers réseaux distributeurs sont en fonte de fer; leur diamètre varie depuis 4 centimètres jusqu'à 6o.

Quantités distribuées.

La consommation de l'eau est évaluée de la manière suivante : pendant la saison d'été, 17,ooo mètres cubes; pendant la saison d'hiver, 15,5oo mètres cubes [1].

L'eau des sources captées dans les Grands-Bois entre pour près de la moitié dans le chiffre de cette consommation.

Dépenses.

La dépense totale, captage des sources, barrage-aqueduc d'adduction (de Rochetaillée à Saint-Étienne), réservoirs, cuves et canalisations de distribution dans la ville, s'élève à 5 millions de francs.

---

[1] Ces chiffres indiquent des moyennes et non une consommation normale et journalière. L'été pendant quelques journées ardentes, l'hiver en temps de dégel ou de fonte de neige, la consommation à domicile ou sur la voie publique atteint et dépasse même moitié en sus de la consommation moyenne.

Revenus.

Les revenus annuels se chiffrent ainsi :

Concessions aux particuliers. 210,000ᶠ
Services gratuits (établissements charitables et de
  bienfaisance). 70,000
Consommation faite par les services publics 200,000

Total. 480,000

Frais d'exploitation.

Les frais d'exploitation sont peu considérables et se réduisent presque aux frais d'entretien du barrage, rigoles de captage, aqueducs d'adduction, réservoirs, conduites de distribution et personnel d'exploitation. Les redevances pour concessions aux particuliers sont recouvrées comme en matière d'impôt.

L'exploitation proprement dite est faite par un personnel placé sous la direction de l'ingénieur de la ville, qui est aussi celui du département.

Éloges et critiques.

On pourrait croire d'après ce qui précède que l'entreprise de la distribution des eaux de la ville de Saint-Étienne est une œuvre parfaite, ne laissant rien à désirer : ce serait une erreur.

Tout est bien quant aux travaux et à leur exécution : le barrage est une œuvre magistrale qui fait le plus grand honneur à ses auteurs, M. l'ingénieur en chef Graëff et MM. les ingénieurs Conte-Grandchamps et de Montgolfier.

Causes de l'imperfection.

L'imperfection n'est pas le fait des ingénieurs, elle n'est pas imputable à la municipalité stéphanoise ni aux habitants de la ville considérée collectivement.

Elle est inhérente à la nature même des distributions d'eaux publiques; les villes de Lyon et de Rome, dans l'antiquité, ont subi les conséquences de l'imperfection en matière de distributions d'eaux publiques, de même que Londres, Paris, Lyon et la plupart des villes modernes subissent de nos jours les mêmes conséquences.

Le liquide fait défaut et manque à certains moments, et cela parce qu'il est difficile de chiffrer exactement les besoins de la consommation; une seule chose est vraie en pareille matière : « Plus on a d'eau à sa disposition, plus on en use. »

Lyon sous les Romains.

La capitale des Gaules sous les Romains, Lyon, disposait de 1,000 litres environ par jour et par tête d'habitant, soit de 50 à 60,000 mètres cubes par vingt-quatre heures; la population de cette ville romaine, aux beaux jours de sa prospérité, ayant vraisemsablement oscillé entre 50 et 60,000 habitants.

Rome ancienne.

La ville reine de l'empire, Rome, disposait de plus de 2,000 litres par jour et par tête d'habitant, le chiffre de la population de Rome n'ayant pas, selon toute probabilité, excédé ni même atteint le chiffre, de un million d'âmes; et l'on est fondé à admettre que 2,000,000 à 2,500,000 de mètres cubes d'eau arrivaient chaque jour à Rome.

Volume distribué par tête d'habitant.

Non pas que chaque habitant de Lyon ou de Rome ait employé pour ses besoins personnels 1,000 litres ou 2,500 litres d'eau par jour; mais tout est relatif, et plus une ville est populeuse et riche, plus on fait de sacrifices aux besoins de l'hygiène; plus aussi les consommations somptuaires, personnelles ou de services publics, sont largement partagées dans la distribution.

Consommations somptuaires et industrielles.

La part faite aux fournitures pour les besoins de l'industrie, dans l'antiquité, était bien peu considérable, comparée à la consommation industrielle actuelle. Mais le monde romain employait aux satisfactions du luxe et de la volupté des quantités égales, sinon supérieures, à celles fournies aujourd'hui à l'industrie et aux arts utiles.

Qu'elle soit utilement employée ou qu'elle soit prodiguée aux satisfactions d'agrément, l'eau manquait aux distributions publiques dans l'antiquité, et le même fait se reproduit de nos jours.

Difficultés dans l'approvisionnement.

Quelque bien conçu et exécuté que soit le système hydraulique de Saint-Étienne, il ne satisfait pas toujours aux besoins de la consommation.

Cette consommation, par saison, est normale et quotidienne; la source de l'approvisionnement n'est pas quotidienne, elle est souvent anormale. Exagérée pendant les saisons pluvieuses, elle fait défaut en temps de sécheresse.

Le débit des sources est limité, la consommation urbaine, en temps de sécheresse surtout, dépasse de beaucoup ce débit; d'autre part, le barrage, ainsi qu'on l'a dit, contribue annuellement à l'amélioration du régime du Furens à concurrence d'un volume maximum de 600,000 mètres cubes, soit la moitié de la capacité utilisée par le barrage, en sorte que, à certaines époques, l'approvisionnement est épuisé et le barrage est à sec ou peu s'en faut.

L'eau manque à Saint-Étienne.

A l'heure où nous écrivons, la ville de Saint-Étienne manque d'eau, ou plutôt on a dû restreindre la consommation de près de 40 p. o/o de son chiffre normal; le service de la distribution est suspendu toutes les nuits, de 9 heures du soir à 5 heures du matin (février 1874).

La faute n'est pas imputable aux auteurs du projet.

Cette situation est certainement regrettable, mais elle n'infirme en rien la bonté du système hydraulique. L'agglomération stéphanoise a subi l'application de l'axiome connu de tous les distributeurs d'eau et contre lequel viennent échouer toutes les combinaisons des ingénieurs et des magistrats municipaux.

«Plus on a d'eau à sa disposition, plus on en use.»

Position exceptionnelle.

Il ne faut pas perdre de vue que la position est exceptionnelle et que le barrage restitue au Furens une portion de la réserve pour aider au fonctionnement des établissements industriels installés en aval du réservoir de Rochetaillée.

Aussi la municipalité a-t-elle pris des dispositions pour remédier au mal.

Création d'un deuxième barrage.

Un deuxième barrage, placé en amont du premier, est en cours de construction. Commencé en 1872, il ne sera terminé que dans deux ou trois ans; ce barrage, construit et aménagé dans les mêmes conditions que celui de Rochetaillée, emmagasinera 1,300,000 mètres cubes.

Ce nouveau lac artificiel est destiné à recevoir en temps d'orage et de grosses pluies les eaux sauvages descendant sur les flancs des contre-forts formant les origines du Furens.

Fonctionnement du deuxième barrage.

La clarification de ces eaux s'opérera spontanément; le repos pur et simple, prolongé pendant le temps nécessaire, leur fera reprendre la qualité d'eau potable.

Elles seront introduites dans le barrage inférieur en temps convenable, de manière à maintenir ce dernier aux plus hautes eaux possibles.

Ou bien les eaux de ce deuxième barrage seront envoyées au lit du Furens.

Lorsque le deuxième barrage en cours de construction sera achevé, le système hydraulique de Rochetaillée sera complet.

Débit moyen du Furens.

Le module du débit du Furens, d'après les observations faites pendant plusieurs années, est de 400 litres par seconde, compensation faite des temps de sécheresse et des saisons pluvieuses, y compris même les eaux des sources captées dans les Grands-Bois et amenées directement à la distribution sans passer par le barrage.

Ces 400 litres, grâce aux capacités des barrages accumulant des réserves, pourront être répartis au gré des administrateurs, s'inspirant des besoins locaux. Alors la presque totalité du débit du Furens pourra être utilisée.

Volume d'eau produit par la vallée.

La vallée produit au minimum 10 millions de mètres cubes d'eau par année, soit en chiffres ronds 25,000 mètres cubes par jour, ce qui représente, pour une population de 125,000 âmes, 200 litres par jour et par tête d'habitant.

Dans tous les cas, après l'achèvement du deuxième barrage, le système de Rochetaillée aura produit tout son effet utile.

Surface d'approvisionnement.

La surface d'approvisionnement dont les déclivités versent les eaux vers les barrages est restreinte (2,500 hectares). Et, si la ville de Saint-Étienne a besoin d'une fourniture plus considérable, elle devra la demander aux origines d'un autre cours d'eau, et vraisemblablement à la petite rivière la Semène, sinon à un affluent de la Loire supérieure.

Pour conclure, nous ajouterons qu'il n'existe, en amont du barrage de Rochetaillée, aucune usine ou établissement industriel; que la vallée est sauvage et accidentée (elle porte le nom de *Gouffre d'enfer*); que le bassin supérieur est presque désert et ne compte que ses métairies et quelques hameaux dispersés dans la montagne, et que, par conséquent, les eaux des ruisseaux ne sont pour ainsi dire jamais altérées par les débris de toute sorte abandonnés à la surface du sol par l'évolution de la vie humaine.

Le système hydraulique de Saint-Chamond est plus simple encore que celui de Saint-Étienne.

Barrage.

Un barrage établi sur le territoire de la commune de la Valla, à 3 kilomètres en amont de la ville, coupe la vallée dans laquelle s'écoule le ruisseau le Bau, affluent du Gier.

Capacité.

Il arrête au passage les eaux de ce ruisseau et les emmagasine, à concurrence de 1,800,000 mètres cubes.

Dimensions du mur.

Le mur du barrage a 162 mètres de longueur et 45 mètres de hauteur; son épaisseur est de 35 mètres à la base et de 5 mètres au sommet.

Ligne d'eau.

La ligne d'eau, mesurée du trop-plein, devant le mur de barrage, jusqu'à la pointe où le Bau pénètre dans le réservoir, a près de 1,600 mètres de longueur.

Pas de canal latéral.

Il n'existe pas, comme à Rochetaillée, de canal latéral pour détourner les eaux troubles et les rejeter en aval du barrage, sans passer par le réservoir.

Trop-plein.

On n'a pas prévu le fonctionnement de deux trop-pleins pour emmagasiner, le cas arrivant, les eaux des trombes et parer aux dangers d'inondation de la ville.

Pas de rigoles de captage.

Il n'a pas été établi de rigoles pour le captage des eaux de source, ni d'aqueduc spécial pour leur adduction directe dans les cuves ou réservoirs de la distribution.

Toutes les eaux, limpides ou troubles, arrivent dans le réservoir; s'il y a surabondance, c'est le trop-plein du barrage qui les déverse et les renvoie dans le lit du Bau.

Qualité de l'eau.

Et cependant l'eau du barrage acquiert, avec le temps et par le simple repos, les qualités d'une bonne eau potable; elle est généralement d'une grande limpidité à la distribution en ville, et sa température, également à la distribution, ne dépasse pas 8 à 10 degrés.

Étiage et mouvement du réservoir.

Le réservoir est ordinairement plein pendant la saison d'hiver, du 1er novembre au 1er mai; il se vide aux trois quarts pendant la saison d'été.

Il n'a jamais été complétement à sec; son régime le plus bas est descendu à 275,000 mètres cubes (1er mars 1874), la mise en fonction du barrage remonte à 1868.

Consommation de l'eau.

La consommation de la ville, services publics et privés, est de 10,000 mètres cubes par vingt-quatre heures au maximum.

Régime du Bau.

Pendant les saisons très-sèches, le régime du Bau s'abaisse jusqu'à un débit de 5,000 mètres cubes par jour; la réserve fournit alors à la ville le complément nécessaire à la consommation quotidienne.

Pendant l'hiver, le régime monte à 25, 30 et même 40,000 mètres cubes; aussi l'approvisionnement du réservoir est-il certain, souvent même il y a excédant.

Droits des usines en aval du barrage.

En droit, la ville de Saint-Chamond dispose en totalité des eaux du Bau et n'est pas tenue d'en écouler une portion pour maintenir l'étiage du Gier; en fait, les choses se passent différemment, et le réservoir de la Valla fournit souvent pendant les saisons sèches 10,000 mètres cubes par jour au Gier, dont l'étiage est très-variable.

Superficie du bassin hydraulique.

La superficie du terrain constituant le bassin hydraulique du Bau est de 1,700 hectares.

Les origines du Bau et celles du Furens sont très-rapprochées et séparées seulement par un contre-fort du Pila dont l'arête, sur ce point, forme la ligne de partage des eaux entre Rhône et Loire; le Furens et le Gier prennent l'un et l'autre naissance sur les versants nord des massifs du Pila.

Dépense.

Le barrage a coûté...........................	900,000^f
Les canaux d'adduction, depuis le barrage jusqu'à proximité de Saint-Chamond, réservoirs, tuyaux de distribution, ont coûté....................	600,000
Total...................	1,500,000

Revenu.

Le revenu annuel peut être évalué ainsi :

Fourniture d'eau aux particuliers...............	115,000
Services publics...........................	15,000
Services gratuits...........................	5,000
Total...................	135,000

Population. Altitudes.

La ville de Saint-Chamond compte 12,000 habitants; l'étiage du Gier et du Janon, réunis aux portes de la ville même, est à la cote 350; le fond du réservoir devant le barrage est à la cote 484, soit 134 mètres de dénivellation; la prise d'eau est établie à 5^m,50 au-dessus du fond ou radier; le trop-plein fonctionne à 2 mètres en contre-bas du sommet du mur.

La fourniture est certaine.

La fourniture d'eau à la ville de Saint-Chamond est assurée et certaine; les chômages ne sont pas à redouter; près de 1,000 litres par jour et par tête d'habitant sont quotidiennement livrés à la consommation.

Saisons sèches, saisons pluvieuses.

En temps de sécheresse, le barrage fournit un appoint pour relever l'étiage du Gier; en outre, le réservoir fonctionne quelquefois en trop-plein pendant les saisons pluvieuses.

Résultat acquis.

Nous le répétons, l'eau du barrage de la Valla peut être classée parmi les bonnes eaux potables, et cette qualité de l'eau couronne dignement une entreprise considérable, simplifiée cependant jusqu'à l'extrême limite du possible.

Mémoire sur un nouveau genre d'abri de thermomètres, pour les observations météorologiques, par A. Demangeon, membre de la Société d'émulation des Vosges, secrétaire de la Commission de météorologie du même département.

Les expériences simultanées que nous avons faites dans notre observatoire nous ont amené à penser qu'il serait peut-être préférable d'adopter un mode d'abri particulier pour l'installation des thermomètres à l'air libre. Nous avons remarqué que les genres d'abri à surface continue, c'est-à-dire formés de plaques (bois ou métal) présentant plus ou moins d'étendue mais d'un seul contexte, ne plaçaient pas rigoureusement les thermomètres dans les conditions nécessaires pour qu'ils se mettent rapidement en équilibre de température avec la masse de l'air. Les thermomètres rayonnent comme tous les autres corps; les écrans qu'on leur superpose les préservent, il est vrai, du soleil et de la pluie, mais ils entravent aussi le rayonnement des instruments et surtout celui du sol. La situation thermique n'est plus identique à celle de l'air environnant. Déjà l'on a été amené, pour atténuer ces inconvénients, à réduire autant que possible la surface des écrans et, par suite, à rapprocher ceux-ci des thermomètres. C'est encore un inconvénient, car ces écrans, surtout lorsqu'ils sont en métal, emmagasinent du calorique qu'ils abandonnent sur le soir dès que la température baisse, d'où résulte une inexactitude dans la détermination de la température. Si l'on éloigne les écrans, on est obligé d'augmenter leur surface et l'on retombe dans une autre cause d'erreur. Voici le système auquel nous nous sommes arrêté. Disons d'abord que les écrans latéraux, dont la disposition est commandée par l'état des lieux, ne sont pas en question. Nous n'avons en vue que l'écran supérieur. Nous l'avons composé de dix planchettes en chêne, de 10 millimètres environ d'épaisseur, de 12 centimètres de largeur sur 1^m,20. Ces dimensions, adoptées après diverses modifications, nous ont paru réunir les meilleures conditions. Chacune de ces planchettes est articulée suivant l'axe sur deux pivots dans un cadre de dimensions convenables.

L'ensemble présente quelque analogie avec les persiennes ordinaires. Ces planchettes sont montées de telle sorte qu'étant rabattues complétement, chacune d'elles recouvre l'inférieure de 1 centimètre. Les tringles conductrices ne sont pas montées directement sur les planchettes; elles commandent de petits leviers fixés perpendiculairement aux angles inférieurs.

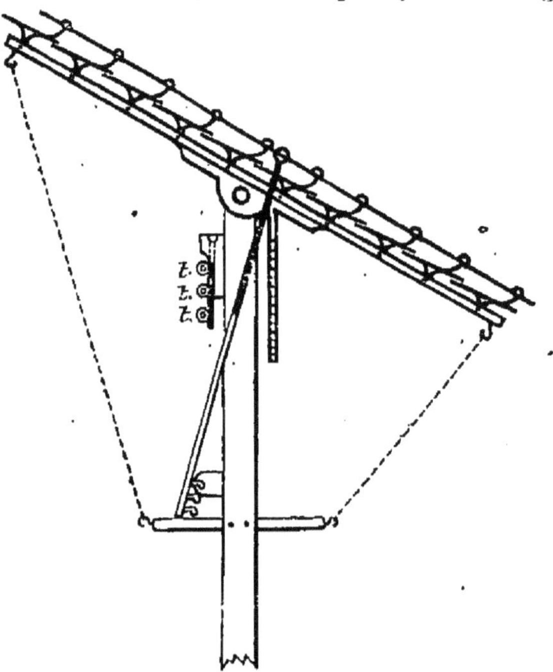
Abri de thermomètres.

D'un autre côté, les pivots sont placés à 1 centimètre plus bas que l'axe; par conséquent, le déplacement des planchettes se produit par un mouvement de bascule autour du centre. Par suite de ces dispositions, l'appareil ne demande qu'un effort très-léger pour être manœuvré. Un levier, à portée de la main de l'observateur, lui permet d'effectuer les mouvements nécessaires sans perdre de vue les thermomètres; il se trouve dès lors en situation de juger utilement de l'effet produit. Enfin, tout l'ensemble est disposé sur deux pivots, de manière à donner au châssis l'inclinaison indiquée par les circonstances. Un écran très-léger est suspendu perpendiculairement derrière les thermomètres; il n'a pas plus de 25 centimètres de largeur; sa longueur est la même que celle des planchettes.

Par un soleil d'été, l'observateur fait varier l'inclinaison générale du châssis, combinée avec le plus ou moins d'ouverture des planchettes, de telle sorte que les rayons solaires ne frappent qu'obliquement le système, sans pénétrer au delà. L'air circule et se renouvelle alors librement. Par un temps pluvieux, les exigences ne sont plus les mêmes, les planchettes sont·suffisamment rabattues et l'inclinaison du châssis est modifiée suivant l'angle de chute de la pluie. Par un temps calme, sur le soir, les planchettes sont ouvertes autant que possible, en vue de permettre le rayonnement du sol.

Trente secondes suffisent pour mettre le système en-expérience convenable. L'observateur, après chaque lecture, juge de la disposition à donner à l'appareil. Je le répète en terminant : par l'emploi de cet appareil, nous avons éliminé des causes d'erreur impossibles à éviter avec les écrans à surface continue.

Les jardins d'acclimatation du Var, par le docteur L. Turrel, de la Société académique du Var, à Toulon.

Chez les peuples dont le ressort n'est pas irrémédiablement faussé, les crises les plus terribles deviennent quelquefois le point de départ d'une renaissance. La réaction contre l'excès des maux semble proportionnée à l'intensité du péril.

Une application soutenue, un travail immense dans toutes les branches de l'activité sociale; l'éducation devenant plus logique et plus sérieuse; l'industrie conseillée par la science et inspirée par le goût de nos artistes, multipliant ses créations que l'activité du commerce va distribuer au loin, tel est le consolant spectacle que présente aujourd'hui notre pays.

Parmi les acteurs de ce vaillant effort de relèvement, les agriculteurs ne sont ni les moins courageux ni les moins méritants. Malheureux entre les plus éprouvés, ils ont cependant, outre les charges communes, à lutter contre les fléaux qui menacent la plus riche de nos industries agricoles, la production du vin; découragés un moment, ils ont repris leur tâche, soutenus par l'initiative des sociétés agricoles et les encouragements dont l'État peut disposer.

En outre, de même que nous avons vu naguère les inondations torrentielles préparer l'œuvre réparatrice du reboisement des montagnes, ce nouveau péril aura rendu deux signalés services.

Il a fait mettre à l'ordre du jour et a placé en première ligne des préoccupations de nos hommes d'État la question de l'utilisation des cours d'eau qui actuellement se jettent improductifs dans la mer.

Il a fait comprendre aux cultivateurs quels secours ils peuvent obtenir de la science dont ils dédaignent trop les enseignements au temps de leur prospérité : l'oïdium et le phylloxera leur auront ainsi démontré l'utilité de l'école et les bienfaits de l'instruction.

Nous voulons aujourd'hui donner un aperçu des efforts tentés par l'initiative privée pour faire pénétrer dans les campagnes les lumières de la science et pour déterminer les préférences raisonnées des paysans en faveur de certaines cultures et de certaines races d'animaux dont ils exploitent le travail ou les produits.

Si l'empirisme, par lequel la majorité des agriculteurs aime à se laisser conduire, offre quelques avantages que nous ne devons pas méconnaître, si les notions transmises par la tradition méritent d'être recueillies et consultées, il ne faut cependant pas oublier que le faux et les préjugés se propagent parmi les ignorants au même titre que le vrai. Il faut donc une méthode pour discerner les erreurs; il importe d'armer l'intelligence du secours de l'instruction, pour qu'elle soit capable d'accepter ce qui est bon, de repousser ce qui est mauvais. Nous savons aussi que les cultures nouvelles, les procédés scientifiques donnant à l'exploitation du sol une base rationnelle, ne peuvent être adoptés que par des hommes initiés à un certain ensemble de connaissances. Mais en attendant que l'instruction se propage au sein des masses rurales, il était bon de leur démontrer par des faits, de leur faire toucher du doigt ce qu'il serait actuellement impossible de leur prouver par la théorie, fût-elle appuyée des raisonnements les plus logiques et les plus clairs.

> Segnius irritant animos demissa per aures
> Quam quæ sunt oculis objecta fidelibus.....

C'est cet enseignement pratique par la vue et par le toucher que les jardins d'acclimatation doivent procurer.

Ces établissements né sont pas une nouveauté sans précédents et sans racines dans le passé. Ils existaient en germe dans les jardins botaniques, annexes des Facultés de médecine et des Muséums d'histoire naturelle. Mais ils se bornaient, à peu d'exceptions près, à faire de la science pure ; s'ils ont rendu d'incontestables services, c'est parce qu'on venait les leur demander, parce qu'ils n'ont pas toujours repoussé les requêtes qu'on leur adressait. Isidore Geoffroy Saint-Hilaire vint les faire entrer dans une voie nouvelle.

L'illustre fondateur de la Société d'acclimatation créée en 1854 a renouvelé d'un mot dont il avait fait sa devise : *Utilitati*, les horizons du monde savant. Sous l'influence de ce magique sésame, des penseurs et des hommes de science ont ouvert aux intelligences ordinaires les conceptions les plus spéculatives de la haute analyse, en les parant au besoin d'un attrait romanesque. Mais le corollaire le plus fécond de l'idée du grand homme de bien dont nous honorons la mémoire, c'est le jardin d'acclimatation du bois de Boulogne, à la création duquel il eut la suprême consolation de présider.

Après la cruelle guerre qui avait détruit ses trésors, ce jardin, renouvelé par l'intelligente administration de M. Albert Geoffroy Saint-Hilaire, est devenu un type sur lequel se modèleront avec plus ou moins de précision et de développement les institutions similaires.

Ce microcosme, où sont réunis les représentants les plus curieux de la faune et de la flore terrestres, a déjà rendu de signalés services. Parmi les massifs de végétaux curieux dont quelques-uns s'abritent sous des parois de cristal, figurent, à côté des races domestiques les plus perfectionnées, les animaux non encore ralliés à l'homme, mais jugés susceptibles d'enrichir la forêt, la ferme ou la basse-cour. La part que l'on y a si heureusement faite au plaisir vient indirectement en aide à l'étude, en faisant éclore chez les enfants, dont ce jardin est devenu la promenade favorite, le goût des sciences naturelles, et en préparant peut-être de fécondes vocations.

Quoi qu'il advienne de ces espérances, le résultat immédiat de ce laboratoire vivant est de fournir aux hommes de progrès dont se compose la Société d'acclimatation les moyens de réaliser les *desiderata* entrevus ou préparés par la direction.

Les associations valent, non-seulement par leurs principes et par leurs membres , mais aussi et surtout par ceux qui les administrent. La loi de hiérarchie par la libre élection est ici admirablement démontrée. Le président actuel de la Société d'acclimatation, M. Drouyn de Lhuys , représente les tendances et résume les vues de ses collègues. Il est donc l'expression la plus légitime des nobles ambitions de ce groupe d'élite qui , après avoir concouru à la création de ce remarquable jardin , en compose la plus active clientèle. C'est au bois de Boulogne que propriétaires et fermiers apportent leurs plus beaux sujets ou se procurent les races les plus intéressantes. C'est en effet aux exploitations les mieux appropriées aux besoins des animaux exotiques que le jardin s'empresse de confier des cheptels ou de procurer des acquisitions.

De ce principe qui dirige l'administration, devaient naturellement procéder les succursales destinées à recevoir et à multiplier dans des stations favorisées les plantes et les animaux originaires des régions chaudes. C'est ainsi que le département du Var a été choisi pour la création d'une première succursale qui se complète actuellement à Hyères, et que d'autres jardins auxiliaires sont en voie d'exécution à Cannes, ou en projet à Marseille.

Outre cette lignée directe du jardin du bois de Boulogne, le département du Var possède, dans l'enceinte agrandie de la ville de Toulon, un petit jardin d'essai, fondé sur une échelle proportionnée à ses ressources, par la Société d'horticulture et d'acclimatation du Var. Avant d'étudier avec détail ces deux établissements, disons un mot du jardin de l'École de médecine navale et des services qu'il a rendus à la botanique, malgré les *impedimenta* de la routine bureaucratique.

Le jardin de la marine fut fondé en 1768 sous le ministère de Choiseul , duc de Praslin. Il occupait un terrain appartenant à l'administration des hospices, qui le revendiqua en 1844 pour y construire un nouvel hôpital plus vaste et plus salubre que la vieille maison hospitalière située dans l'enceinte de l'ancienne ville. Décidée en principe, dès cette époque, la translation du jardin botanique ne fut effectuée qu'en 1849, après une inutile intervention de l'Académie des sciences pour sauver de la destruction les richesses végétales accumulées dans son enceinte. On espéra concilier les intérêts de la botanique avec les droits de l'humanité en transportant la plupart des arbres rares et précieux, extraits en mottes énormes. Transplantés sur la presqu'île de Saint-Mandrier, quelques-uns repoussèrent d'une façon inattendue, d'autres périrent. Cette opération, préparée et conduite d'une manière remarquable par M. J. Auzende, aide-jardinier, fut une hardiesse singulière à une époque où les moyens de transport et d'extraction des grands végétaux étaient loin d'être ce qu'ils sont devenus aujourd'hui.

L'intérêt exceptionnel que l'Institut accorda au jardin de la marine s'explique par le fonctionnement utile de cet établissement qui fournissait de graines, ne mûrissant bien que sous notre climat, tous les jardins botaniques de l'Europe. Il servait aussi d'intermédiaire entre l'Algérie et nos autres établissements coloniaux, tous les échanges de végétaux venant aboutir à notre port pour être réexpédiés à destination.

C'est surtout sous le directeur Robert, pharmacien de la marine, que ces envois se multiplièrent par ses soins intelligents. Robert, mis à la retraite en 1847, avait, outre la passion de la botanique, une patriotique ambition du ressort de ses études favorites. Il rêvait le reboisement des 400 hectares de rochers arides qui composent le massif calcaire de la montagne du Faron à 2 kilomètres au nord de la ville. Pendant de longues années, Robert parcourut sa montagne, répandant d'une main prodigue, partout où il trouvait une maigre veine de terre au milieu des moraines chaotiques provenant de l'effritement des calcaires, les graines de toute espèce qu'il récoltait au jardin de la marine.

Combien vit-il germer de ces aventureux semis? C'est ce qu'il importe peu de déterminer. Mais l'obstiné rêveur réussit à inoculer sa foi à quelques hommes d'initiative. Sur leurs instances, le conseil municipal de Toulon se décida à essayer quelques timides semis sur une propriété sans valeur. Ils furent heureusement confiés à l'élève, au confident de Robert, à M. J. Auzende, enfin continués par l'administration forestière représentée par un Toulonnais, M. Émile Vincent, épris de cette grande résurrection de la montagne. Aujourd'hui, après vingt-cinq ans de travaux persévérants et malgré l'insuffisance des allocations annuelles mesurées avec une rare parcimonie par la municipalité actuelle, la moraine désolée se tapisse de pins, le désert est vivifié, la solitude se peuple et le rêve de Robert est devenu une magnifique réalité.

La translation du jardin de la marine à Saint-Mandrier fut une calamité pour l'École de médecine et pour la botanique. Situé à 8 kilomètres de Toulon, dont il est séparé par toute la largeur de

la rade, il est peu accessible aux élèves, qui ont dû forcément négli-
ger l'étude pratique des végétaux. Un autre grave inconvénient ré-
sulta de l'inclusion du jardin dans une enceinte d'hôpital. Il devint
impossible, sans s'assujettir à d'interminables démarches adminis-
tratives, qui en définitive n'aboutissaient que par exception, de faire
sortir de cette prison une graine ou une plante. Tout pouvait y entrer, rien n'en était désécroué qu'avec contrôle et après enquête.
Aussi le rôle utile de l'ancien jardin de la marine est-il, depuis sa
translation, à peu près complétement annihilé.

C'est peu de temps après cet exil à Saint-Mandrier que ce jardin
reçut par les soins d'un officier de marine, M. Richard Foy, les premières graines d'*Eucalyptus globulus* qui aient été introduites en
France. La marine aurait donc pu se procurer l'honneur de la vul-
garisation de ce magnifique végétal. Mais l'enceinte administrative
resta inexorablement fermée. Que devinrent ces graines? Que pro-
duisirent ces semis? Probablement ce que, de par le règlement, deviennent les semis annuels faits par le jardinier officiel. Faute d'espace et d'emploi, il les détruit après avoir prélevé le nécessaire pour
les cours du professeur de botanique. Autrefois on les donnait géné-
reusement et utilement pour le pays : actuellement on les jette à la
fosse, et tout est régulier.

On voit par cet exemple que les tendances et les errements des
jardins en régie de la marine sont loin de donner un aliment aux
besoins nouveaux que les jardins d'acclimatation se proposent de
satisfaire. Loin de nous la pensée d'infliger un blâme à cette sévé-
rité administrative qui a pour but d'empêcher bien des abus. Mais
nous nous rappelons qu'autrefois on était moins rigoureux, sans
danger pour la chose publique, et au grand avantage de la diffusion
des végétaux rares. Donc, tout en reconnaissant que les jardins botaniques n'ont pas été créés dans le but de répandre des plantes utiles
ou d'ornement, nous constatons *a fortiori* la nécessité des jardins
spécialement consacrés à la science de l'acclimatation.

Comment faut-il entendre ce mot : *acclimatation?*

Il ne doit être pris dans le sens absolu que lorsqu'il s'agit des
animaux. S'il est un fait acquis sans conteste, c'est que les êtres vi-
vants, transportés dans un milieu qui n'est pas identique à celui de
la localité d'origine, peuvent supporter impunément, au moyen de
certaines précautions, d'assez grandes différences de température.
En général, l'appropriation est plus facile et plus complète pour les

animaux amenés de climats chauds dans une zone tempérée, que pour ceux qui, habitués aux froids rigoureux, résistent mal aux climats plus doux.

Si la température propre des animaux est la cause de leur résistance dans les milieux variés où ils sont conduits à vivre, on comprend qu'il en est autrement pour les végétaux qui ne développent pas une chaleur comparable à celle que produit la respiration pulmonaire; leur acclimatation ne saurait donc se faire, à proprement parler, s'ils sont transplantés sous des latitudes très-différentes de celles dont ils sont originaires; subissant l'influence du milieu, sans pouvoir réagir contre lui, ils ne sauraient s'accommoder de températures auxquelles leur organisation particulière n'est pas apte à résister.

Même lorsqu'ils sont transportés sous des zones isothermes, ils peuvent ne pas résister aux extrêmes de température, s'ils ne sont point placés dans des conditions favorables de sol, de culture, de ventilation et d'humidité. C'est à procurer le concours de ces influences propices que s'applique la science de l'acclimatation des végétaux.

Il est vrai que le semis de graines obtenues exceptionnellement de végétaux délicats dans un climat plus rude peut donner, dans une certaine mesure, naissance à des races relativement rustiques. On sait aussi que les procédés de culture réussissent pour les plantes à végétation intermittente et à production souterraine, comme la parmentière, la patate, le taro, originaires des régions tropicales, à leur faire franchir même la limite des zones tempérées. Mais quant à obtenir qu'une plante vivace des pays chauds résiste à des minima que sa constitution ne lui permet pas de supporter, c'est une illusion à laquelle la science et la raison donnent de continuels démentis.

C'est donc, en dernière analyse, en une vérification pratique, en des expériences sagement conduites, que peut se résumer la science de l'acclimatation, d'où il est facile de déduire l'importance et l'utilité des établissements où les expérimentations sont méthodiquement instituées.

Le jardin public de la ville de Toulon, bien que planté uniquement comme lieu de promenade, est cependant devenu, par les soins de son jardinier, M. J. Auzende, un centre de multiplication de végétaux rares et une station d'acclimatation. Il reçoit, des nombreux navigateurs de notre cité maritime, des graines et des plantes, il les reproduit de semis ou de boutures, et, avec le consentement de l'administration municipale, il les répand ensuite non-seulement dans la région, mais encore en Espagne et en Italie. Il a même fait des expéditions d'*Eucalyptus* en Égypte, et contribué honorablement à la création des jardins d'Ismaïlia, sur le canal maritime de Suez.

C'est M. Joseph Auzende qui a propagé dans notre Midi la culture de la patate, en faisant connaître le mode de conservation de ses tubercules pendant l'hiver. Avant lui on ne pouvait les garantir économiquement de la gelée, la grande culture n'ayant pas les moyens de les placer dans les conditions exceptionnelles et onéreuses nécessaires pour les mettre à l'abri de la congélation.

Planté en 1852 par les soins d'une commission municipale composée de MM. Marius Barnéoud, Charles Coulomb et le docteur L. Turrel, ce jardin public a vu la fructification de palmiers dattiers issus de semis, dont les régimes ont presque mûri leurs fruits. Ceux-ci, sans acquérir la saveur sucrée de la datte africaine, peuvent cependant se manger et contiennent des noyaux fertiles. Il ne serait donc pas impossible que les sujets provenant de ces semis fissent race d'une variété plus résistante que celle des oasis sahariennes, et capable de donner des fruits mûrs dans la zone méditerranéenne de notre pays.

C'est aussi dans cette promenade de la ville qu'a été donnée la démonstration pratique de l'utilité des plantations d'*Eucalyptus* en groupes serrés. Les sujets trop espacés de cette myrtacée à croissance si rapide sont infailliblement renversés par les brises violentes. Ils résistent au contraire en se prêtant un mutuel appui, lorsqu'ils ne sont distants que de 1 mètre en tous sens.

Le bien que M. Joseph Auzende a pu faire dans un lieu accessible aux oisifs a été forcément réduit à un minimum par la force des choses. Tout autre est le fonctionnement du jardin de la Société d'horticulture et d'acclimatation du Var.

Établi en 1871 sur un terrain appartenant à la ville de Toulon, ce jardin n'a qu'une superficie d'un demi-hectare, et ne peut servir qu'à des études sur les végétaux. Il manque d'espace et d'installations pour recevoir des animaux, même temporairement. C'est cette lacune qu'est destiné à combler le jardin d'Hyères. Toutefois, il possède un petit bassin, où vivent depuis un an, à côté de cyprins dorés et argentés, deux sujets d'un poisson comestible des eaux douces de Chine, le *gourami*. Nous ne savons pas encore s'ils pourront s'y multiplier.

Ce modeste champ d'essais a déjà cependant servi à étudier un bon nombre de végétaux intéressants. Dans son école de bambous, a été constatée la résistance à des froids de — 8 degrés d'un sujet à racines non traçantes, reçu sous le nom inexact de *B. gracilis*. Cette rusticité si exceptionnelle dans les végétaux de la section sans rhizomes, est précieuse en vue de la substitution du bambou à l'*Arundo donax*, à titre de brise-vent. Les bambous à rhizomes, d'une remarquable vigueur et d'une tolérance singulière au froid, ont en effet le grave inconvénient de tracer au moins autant, si ce n'est plus, que le roseau de Provence. On comprend donc le peu d'empressement des maraîchers à adopter comme abris ces belles graminées à mœurs vagabondes, dont il faut incessamment réprimer les excursions sur les terrains qu'ils doivent protéger.

Notre *B. gracilis* rustique joint au double avantage de ne pas craindre les plus grands froids de notre zone et de ne point tracer, celui d'offrir une masse de tiges compactes et feuillues qui défient les assauts des vents les plus furieux. Nous estimons, en conséquence, qu'il sera recherché pour l'usage auquel nous le croyons si éminemment propre, et nous avons pu le multiplier en vue des besoins à satisfaire.

Notre jardin est aussi, dès à présent, en mesure de transformer une culture séculaire de notre région.

Le câprier épineux, qui occupe de si grandes surfaces sur les territoires de Toulon, de Solliès et de Belgentier, fournit au commerce un condiment fort recherché, connu sous le nom de câpres. C'est le bouton à fleurs de l'arbuste, que l'on cueille pendant toute la belle saison, et que l'on confit dans du vinaigre. Or, cette cueillette est pénible et coûteuse, les stipules épineux qui ornent la base des feuilles du câprier cultivé déchirant les mains des femmes et des enfants qui la pratiquent. Le câprier inerme qui fournit le même produit sur des tiges non armées de ces perfides hameçons, a déjà fait ses preuves, et nous pouvons en distribuer des plants aux cultivateurs qui en verront la supériorité.

Notre jardin a fait de nombreux semis du sparte et du diss, graminées originaires d'Algérie qui peuvent enrichir nos terres les plus arides de leurs produits recherchés par l'industrie des couffes,

des paillassons et de la papeterie. Il a multiplié aussi le pin de Sa-
bine, magnifique conifère à feuillage glauque, qui se recommande
par sa vigueur et par ses amandes comestibles, les plus grosses et
les plus savoureuses du genre.

Les membres de la Société d'horticulture du Var forment la
clientèle active et intelligente de ce jardin. Comme les membres
de la grande Société d'acclimatation le font pour le jardin du bois
de Boulogne, ils sont les moniteurs de l'enseignement qui s'y donne,
et les propagateurs des bonnes espèces dont ils démontrent les
qualités aux cultivateurs, leurs employés ou leurs voisins. Leur
intervention est encore plus utile lorsqu'il s'agit de faire sur leur
propre fonds, qui devient alors une extension du jardin d'essais,
des expérimentations de grande culture, sur la vigne spécialement,
dont l'avenir est si gravement menacé.

Se distribuant les modes de traitement préconisés contre le phylloxera, les uns ont pratiqué la submersion hivernale, qui n'est vraiment efficace que lorsqu'elle est associée à d'énergiques fumures;
les autres ont manié avec une heureuse prudence le sulfure de
carbone et prouvé qu'il n'est mortel pour la vigne elle-même que
lorsqu'il est employé à trop fortes doses; ceux-ci ont appliqué avec
succès la composition Renaux, qui satisfait, par la combinaison d'un
insecticide provenant de la distillation de la houille avec le sulfate
d'ammoniaque, aux conceptions thérapeutiques de l'Académie des
sciences. Quelques-uns enfin, mis sur la voie où la viticulture
trouvera son salut, ont fourni la démonstration la plus probante
contre la théorie des phylloxéristes. L'expérience est assez concluante
pour que nous soyons tenu à ne pas nous borner à l'énoncer.

M. Édouard Lambert possède, sur le versant sud de la presqu'île
de Saint-Mandrier, un vignoble de 3 hectares, qui touche à une
tuilerie exploitée par ses soins : c'est dire que le sol en est argileux.

Loin de laisser perdre ou de vendre les cendres de ses fours,
M. Lambert, éclairé par de sages conseils, les utilise toutes, et les
fait enfouir au pied de ses vignes. Aussi offrent-elles la végétation la
plus luxuriante et la fructification la plus splendide qu'il puisse
souhaiter. Or, il est impossible d'attribuer à l'air salin et aux em-
bruns de la mer du large, apportant un riche contingent de chlorure
de sodium, la vigueur exceptionnelle du vignoble. L'oasis de
M. Lambert est effectivement entourée d'une zone de vignes phyl-

loxérées, qui végètent maigrement et succombent par places. Pourquoi donc le phylloxera n'ose-t-il pas franchir le cercle de Popilius
tracé par la potasse?

Un autre de nos collègues, M. Aubert, fabricant tanneur, alimente une machine à vapeur avec les résidus ligneux des écorces
épuisées de leur tannin. Les cendres provenant de cette combustion sont répandues dans un vignoble qui, par sa fertilité, sa force
de végétation, offre un contraste très-significatif avec les plantations
voisines.

Autour de ces deux propriétés, on commence donc à rechercher
les cendres pures, et on se rabat sur les cendres lessivées qui étaient
autrefois jetées au rebut, partout où il n'y avait pas de prairies. Le
commerce s'ingéniera au besoin à introduire des cendres volcaniques, comme celles qu'emploient avec un succès constant les habiles
vignerons de la riche Champagne. D'autres sources d'engrais seront
de proche en proche recherchées et utilisées, notamment les vi-
danges des villes, et la conservation de la vigne sera de plus en plus
assurée.

Terminons cette notice sur le jardin de Toulon en mentionnant
une nouvelle méthode de culture de la patate, qui vient d'y être
inaugurée. Au moyen du semis annuel de graines récoltées à la
Martinique, on y a obtenu de nouvelles et précoces variétés, dont
les tubercules sont groupés autour de l'axe de végétation, comme
le sont les griffes du dahlia ou de l'asperge. Il est donc permis d'espérer l'extension vers le Nord de la culture de cet excellent légume,
puisqu'on pourra en obtenir une récolte en quatre mois.

Le plus important des établissements pour l'acclimatation dans le
département du Var, c'est le jardin créé à Hyères, par les soins de
M. Albert Geoffroy Saint-Hilaire, sous les auspices du conseil d'administration du jardin du bois de Boulogne, qui a compris tout le
parti qu'il pourrait en tirer comme succursale.

Ce jardin, appartenant à la ville d'Hyères par le legs d'un citoyen
patriote, Hector Riquier, a une superficie de 7 hectares, et a été con-
cédé le 15 février 1873 à la Société du jardin du bois de Boulogne.
Sur cette surface, 1 hectare est employé en allées livrées au public;
le surplus est en pelouses et en cultures qui, sous la direction
M. Davrillon, vont prendre un convenable développement.

Un mur de 3 mètres de hauteur forme clôture au nord sur une
longueur de 350 mètres. Une serre adossée en occupe le centre;

sur les côtés, une belle école d'orangers et d'arbres fruitiers exotiques : goyaviers, litchis, avocatiers, pamplemousses, qui peuvent résister en plein air à la température de la localité.

Des collections de grenadiers, de palmiers, de bambous sont groupées çà et là aux expositions qui leur conviennent. Parmi les plus intéressantes, signalons la plantation de toutes les variétés cultivées de l'olivier, qui n'existe, aussi complète, nulle part dans le Midi. Les nombreuses variétés du genre *Eucalyptus* y figurent méthodiquement classées et déterminées. Il sera donc possible, dans quelques années, de connaître la valeur comparative des représentants de cette section de la famille des myrtacées, dont la croissance est si prodigieuse, mais dont toutes les espèces n'ont ni la même rusticité ni le même développement.

Nous avons tout lieu d'espérer que le jardin sera muni d'un petit observatoire météorologique. Cet organe est indispensable pour mesurer avec précision le degré de sensibilité des végétaux en expérience. Il sera en outre d'une grande utilité en enregistrant les mouvements de l'atmosphère, la direction des vents, les quantités de pluie et leur répartition pendant toute l'année, en un mot tout ce qui a trait à cette science en voie de formation, la météorologie, qui est appelée à rendre à l'agriculture de si éminents services.

En effet, à l'aide du télégraphe électrique, les notations des stations météorologiques sont instantanément transmises à l'observatoire central de Montsouris, et donnent les moyens d'y tracer la courbe des dépressions barométriques. Plus les lieux d'observation seront multipliés, plus les éléments de précision de cette ligne seront exacts. Dans ces conditions, les avis transmis par l'observatoire central sur la probabilité des pluies, des vents et de la marche des tempêtes, pour chaque localité située dans l'axe de la dépression, acquerront un caractère de plus grande certitude, et par conséquent d'utilité.

Un jour viendra, prochain nous l'espérons, où dans chaque commune il y aura un minimum d'instruments de précision dont l'instituteur transmettra les renseignements à l'observatoire central. Mais en attendant, et pour préparer ce désirable progrès, les établissements comme le jardin d'Hyères doivent donner l'exemple et prendre l'initiative. Les notations horaires des instruments permettront de déterminer les écarts extrêmes de température et de sécheresse que les végétaux et les animaux en expérience peuvent supporter. Elles fourniront, en outre, des preuves décisives du mérite du territoire d'Hyères comme résidence hivernale.

Notre jardin de Toulon a été dispensé de l'établissement d'une station météorologique, par son voisinage immédiat de l'observatoire de la marine, où toutes les circonstances météorologiques sont notées avec soin.

Les animaux ont leur part proportionnelle dans le jardin d'Hyères. Un vaste bassin élégamment dessiné en forme de lac, où l'eau se renouvelle incessamment, y fournit aux poissons d'eau douce de favorables conditions pour s'y multiplier. Or, le repeuplement de nos rivières peut être singulièrement accéléré par l'introduction des espèces chinoises comestibles et faciles à élever dans les canaux et les viviers. On comprend donc l'importance d'une station tempérée pour recevoir ces hôtes futurs de nos eaux douces, et leur ménager une transition convenable vers des climats plus rigoureux.

En attendant ces appoints de notre faune fluviatile, le lac est animé par des oiseaux aquatiques. Des cygnes, des oies d'Égypte, des sarcelles de la Caroline, des canards mandarins s'y ébattent et promettent de pullulantes postérités ; des parcs bien aménagés ont reçu des casoars, des autruches, qui probablement pourront s'y multiplier. Enfin sur une pelouse entourée de barrières, paissent en liberté des bœufs de la race sauvage des Maures.

Issue des troupeaux de bœufs africains introduits par les Sarrasins en Provence, cette race possède de grandes qualités pour une région pauvre en pâturages, mais riche en bois, comme l'est le massif granitique des Maures. D'une sobriété rare, puisque pendant l'été elle ne se nourrit que des brindilles des jeunes taillis d'arbousiers et de chênes, elle peut fournir une viande succulente ; de plus, elle donnera le travail pour cultiver nos terrains en pente et labourer les escarpements de notre région si accidentée. Mieux nourrie, avec quelques soins elle acquerra probablement les qualités laitières qui lui manquent à la Chartreuse de Laverne, où elle est abandonnée en liberté.

Au jardin d'Hyères, les bœufs des Maures se montreront avec leurs caractères originaux et mériteront l'attention de nos cultivateurs.

Une autre épave des incursions sarrasines, le cheval de Cogolin devrait trouver sa place dans la succursale du jardin du bois de Boulogne. Une ou deux juments poulinières pures de cette race donneraient avec l'étalon arabe de remarquables chevaux de cavalerie légère, comme notre région peut en produire, pour peu que l'État y encourage l'élève de cet élément indispensable de l'armée.

La basse-cour n'est pas oubliée au jardin Riquier ; elle offre aux ménagères les spécimens des oiseaux domestiques les mieux appropriés aux exigences de nos climats.

Outre ces animaux dont l'énumération n'est pas complète, puisque la période de création et de tâtonnement n'y est pas encore close, le jardin d'Hyères recevra de libres hôtes qui, par l'établissement de nids artificiels et la protection dont ils seront entourés, seront invités à s'y multiplier. Au moment où, de toutes parts, l'on s'émeut enfin de la destruction inconsidérée des oiseaux insectivores, ces trop confiants auxiliaires qui semblent avoir conscience de leur utilité, tant ils cherchent peu à fuir les piéges et les bourreaux, il est du devoir des hommes éclairés de protéger leur existence et de démontrer leurs bienfaits. Les asiles qu'on ménage à leurs couvées dans le jardin d'acclimatation ouvriront probablement les yeux aux ignorants et stupides dénicheurs sur le crime qu'ils commettent, et ils renonceront à détruire nos seuls efficaces auxiliaires contre les ravages de l'infiniment petit, de l'insecte destructeur des cultures et de la forêt.

Ici s'achève notre tâche. Nous nous estimerons heureux, si nous avons démontré ce que peut l'initiative des associations qui s'inspirent d'un but d'utilité publique. Nous n'aurons pas abusé de l'attention d'un auditoire d'élite, si nous sommes parvenu à l'intéresser aux efforts des hommes de science et de progrès, dans leurs recherches pour augmenter le bien-être matériel des classes ignorantes, et les préparer ainsi aux bienfaits plus importants et plus désirables de l'amélioration intellectuelle et morale.

Mélanges de géométrie supérieure, par M. Louis Saltel, membre de la Société mathématique de France, professeur au collége de Fontenay (Vendée).

Ces mélanges de géométrie supérieure comprennent les parties suivantes :

1° *Sur l'extension des trois problèmes fondamentaux de la théorie des séries homographiques.*

2° *Construction des racines des équations algébriques par les courbes.*

3° *Nouvelle construction de la courbe du troisième ordre définie par neuf points.*

4° *Théorèmes sur les surfaces du troisième ordre.*

Toutes ces questions, hâtons-nous de le dire, ont été inspirées par les travaux de M. Chasles. Puissent-elles, sous de tels auspices, être accueillies avec faveur !

PREMIÈRE PARTIE.

SUR L'EXTENSION DES TROIS PROBLÈMES FONDAMENTAUX DE LA THÉORIE
DES SÉRIES HOMOGRAPHIQUES.

I. — Problèmes concernant deux séries de points.

On connaît l'inépuisable fécondité, dans l'étude des sections coniques, de la solution de ces trois problèmes fondamentaux :

1° *Combien faut-il de couples de points homologues pour déterminer deux séries homographiques*[1] *?*

2° *Deux divisions homographiques étant déterminées par un nombre suffisant de couples de points homologues, trouver le point homologue correspondant à un point donné.*

3° *Deux divisions homographiques étant déterminées par un nombre suffisant de couples de points homologues, trouver les points doubles.*

L'objet de cette première partie est de résoudre les trois problèmes plus généraux suivants, qui semblent devoir jouer un rôle correspondant dans la théorie des courbes d'ordre supérieur.

Problème I. — *Une droite Δ contient deux séries de points S_1, S_2 dont la liaison est telle que, prenant arbitrairement un point considéré comme appartenant à l'une des deux séries, il correspond, pour l'autre série, un nombre constant de points homologues (α_2 ou α_1 selon que le point arbitraire appartient à la première ou à la seconde série). On*

---

[1] Si une droite Δ contient deux séries de points S_1, S_2, on dit que ces deux séries de points sont homographiques, lorsque la loi qui les unit est telle que, prenant arbitrairement un point considéré comme appartenant à l'une des deux séries, il correspond un seul point pour l'autre série. En conséquence, si l'on convient de prendre sur la droite Δ un point O pour origine, et si l'on désigne par ρ_1, ρ_2 les distances à cette origine des points des deux séries, on a nécessairement entre ces variables une relation de la forme

$$\rho_1\rho_2 + a_1\rho_1 + a_2\rho_2 + b = 0.$$

demande par combien de couples de points homologues ces deux séries sont déterminées [1] ?

Solution. — Si l'on convient de prendre sur la droite Δ un point O pour origine, et si l'on désigne par ρ_1, ρ_2 les distances à cette origine des points de la première et de la seconde série, on a nécessairement entre ces variables une relation de la forme

$$f\left(\rho_1^{\alpha_1},\ \rho_2^{\alpha_2}\right) = 0,$$

dans laquelle α_1, α_2 désignent les plus hautes puissances des lettres ρ_1, ρ_2. Or, cette équation possède au plus

$$(\alpha_1 + 1)\,(\alpha_2 + 1) = \alpha_1\alpha_2 + \alpha_1 + \alpha_2 + 1 \text{ coefficients};$$

donc, il *suffit* de connaître $\alpha_1\alpha_2 + \alpha_1 + \alpha_2$ couples de points homologues pour la déterminer. Ainsi la réponse est

$$\alpha_1\alpha_2 + \alpha_1 + \alpha_2.$$

Problème II. — *Les deux séries* S_1, S_2 *étant déterminées par*

$$\alpha_1\alpha_2 + \alpha_1 + \alpha_2$$

couples de points homologues, trouver les points homologues qui correspondent à un point arbitraire considéré comme appartenant à l'une des deux séries.

Règle. — *Prenez arbitrairement en dehors de la droite* Δ *deux points* Q_1, Q_2; *menez les rayons issus de ces points et allant respectivement à deux points homologues : soit* A_1 *leur point d'intersection; cherchez de même les autres points* A_2, A_3, ..., $A\,\alpha_1\alpha_2 + \alpha_1 + \alpha_2$ *que donnent les autres couples de points homologues, et considérez la courbe* Σ *d'ordre* $\alpha_1 + \alpha_2$ *ayant les points* Q_1, Q_2 *respectivement multiples d'ordres* α_1, α_2, *et déterminée par ces deux points multiples et par les* $\alpha_1\alpha_2 + \alpha_1 + \alpha_2$ *points simples* A_1, A_2, ..., $A\,\alpha_1\alpha_2 + \alpha_1 + \alpha_2$. *Cette courbe sera telle que, si l'on*

---

[1] Nous dirons que deux points donnés constituent un couple de points homologues, lorsqu'ils sont tels que, considérant l'un d'eux comme appartenant à l'une des deux séries, le second est un des points correspondants de l'autre série. Ainsi, par exemple, si l'on connaît tous les points α_2 qui correspondent à un point donné appartenant à la première série, on a de la sorte α_2 couples de points homologues.

prend sur Δ un point arbitraire P_1, appartenant, par exemple, à la première série, en le joignant par une droite à Q_1, menant les rayons qui vont de Q_2 aux α_2 points d'intersection de cette droite avec Σ, on aura α_2 rayons qui rencontreront la droite Δ aux α_2 points demandés.

Démonstration. — Pour légitimer cette règle, il suffit de montrer :

1° Que le lieu des points communs aux rayons issus de Q_1, Q_2 et allant respectivement à deux points homologues est une courbe Σ d'ordre $\alpha_1 + \alpha_2$, ayant les points Q_1, Q_2 respectivement multiples d'ordre α_1, α_2. (On le voit immédiatement en coupant la courbe par des droites issues des points Q_1, Q_2.)

2° Que cette courbe Σ est déterminée par les points Q_1, Q_2 et par $\alpha_1\alpha_2 + \alpha_1 + \alpha_2$ points simples. (En effet, toute courbe d'ordre $\alpha_1 + \alpha_2$ est déterminée par $\dfrac{(\alpha_1 + \alpha_2)(\alpha_1 + \alpha_2 + 3)}{2}$ points simples, mais les points Q_1, Q_2 équivalant, comme on sait, à $\dfrac{\alpha_1(\alpha_1 + 1)}{2}$, $\dfrac{\alpha_2(\alpha_2 + 1)}{2}$ points simples, il suffit ici de connaître en outre

$$\frac{(\alpha_1 + \alpha_2)(\alpha_1 + \alpha_2 + 3)}{2} \quad \frac{\alpha_1(\alpha_1 + 1)}{2} \quad \frac{\alpha_2(\alpha_2 + 1)}{2} = \alpha_1\alpha_2 + \alpha_1 + \alpha_2$$

points simples. C. Q. F. D.)

Problème III. — *Les deux séries S_1, S_2 étant déterminées par*

$$\alpha_1\alpha_2 + \alpha_1 + \alpha_2$$

couples de points homologues, trouver les points situés à distance finie qui, considérés comme appartenant à l'une des séries, coïncident avec l'un des points correspondants de l'autre série.

Solution. — Ces points sont au plus au nombre de $\alpha_1 + \alpha_2$, et ce sont précisément les points d'intersection de la courbe Σ et de la droite Δ.

Nota. — Si l'on connaît *a priori* l'un de ces points de coïncidence, en prenant les points Q_1, Q_2 en ligne droite avec ce dernier, le degré de la courbe Σ s'abaissera d'une unité.

Application des trois problèmes généraux au cas particulier de $\alpha_1 = \alpha_2 = 2$. — D'après la solution du premier problème, les deux séries de points dans ce cas particulier sont déterminées par huit couples de points homologues.

D'ailleurs, comme on sait construire, par la règle et le compas, une courbe du quatrième ordre déterminée par deux points doubles et huit points simples, on voit qu'il est toujours possible, en faisant uniquement usage de la règle et du compas, de résoudre dans ce cas particulier le second problème. Quant au troisième, comme on sait aussi, en n'employant que la règle et le compas, ramener la recherche des points communs à une droite et à une courbe du quatrième ordre, affectée de deux points doubles, à la recherche des points communs à deux coniques, nous pouvons conclure que l'on peut toujours, dans le cas particulier en question, trouver les points de coïncidence au moyen des points communs à deux coniques. Ajoutons, en outre, que M. Chasles avait déjà donné de ce problème une construction extrêmement élégante, dans le cas particulier où les couples de points correspondants des deux séries sont en involution et se correspondent anharmoniquement. (Voir *Comptes rendus*, t. XLI, p. 677.)

II. — Problèmes concernant trois séries de points.

Il y a évidemment lieu de se proposer, pour k séries de points, des problèmes semblables à ceux dont nous venons de nous occuper pour deux séries. Nous nous bornerons à considérer le cas particulier le plus simple, c'est-à-dire le cas particulier où l'on a trois séries de points dont la liaison est telle que, prenant arbitrairement deux points considérés comme appartenant à deux de ces séries, il correspond un seul point pour la troisième série.

Problème I. — *Une droite Δ contient trois séries de points S_1, S_2, S_3, dont la liaison est telle que, prenant arbitrairement deux points, considérés comme appartenant à deux de ces séries, il correspond un seul point pour la série restante. On demande par combien de groupes de trois points homologues ces trois séries sont déterminées* [1].

Solution. — Si l'on prend sur la droite Δ un point O pour ori-

---

[1] Nous disons qu'un groupe de trois points donnés constitue un groupe de trois points homologues, lorsqu'ils sont tels que, considérant deux d'entre eux comme appartenant à deux des trois séries, le troisième est le point correspondant de la série restante.

gine, et si l'on désigne par ρ_1, ρ_2, ρ_3 les distances à cette origine des trois séries de points, on a nécessairement entre ces variables une relation de la forme (voir notre Mémoire sur la détermination, sans calcul, de l'ordre d'un lieu géométrique) :

$$a\rho_1\rho_2\rho_3 + b\rho_2\rho_3 + c\rho_3\rho_1 + d\rho_1\rho_2 + f\rho_1 + g\rho_2 + h\rho_3 + i = 0.$$

Il résulte évidemment de là *qu'il suffit* de connaître sept groupes de trois points homologues.

Problème II. — *Les trois séries* S_1, S_2, S_3 *étant déterminées par sept groupes de trois points homologues, déterminer le point homologue de l'une de ces trois séries qui correspond à deux autres points arbitraires donnés appartenant aux deux autres séries.*

Règle. —*Soient* Q_1, Q_2, Q_3 *trois droites formant un triangle et prises arbitrairement dans l'espace; menez les plans passant respectivement par ces droites et par un groupe de trois points homologues : soit* A_1 *leur point d'intersection; cherchez de même les autres points* A_1, A_2, A_3, A_4, A_5, A_6, A_7 *que donnent les six autres groupes de trois points homologues, et considérez la surface* Σ *du troisième ordre, ayant pour points doubles les sommets du triangle formé par les trois droites* Q_1, Q_2, Q_3 *et déterminée par ces trois points doubles et par les sept points simples* A_1, A_2, ..., A_7. *Cette surface sera telle que, si l'on prend sur* Δ *deux points arbitraires* P_1, P_2, *appartenant, par exemple, aux deux premières séries, le plan déterminé par la droite* Q_3 *et par le point commun à* Σ *et aux deux plans* $(P_1 Q_1)$, $(P_2 Q_2)$ *rencontrera la droite* Δ *au point demandé.*

Démonstration. — Cette règle résulte de ces deux circonstances :

1° Que le lieu des points communs à trois plans passant par les droites Q_1, Q_2, Q_3 et allant respectivement à trois points homologues est une surface du troisième ordre ayant pour points doubles les sommets du triangle formé par ces trois droites. (On le voit immédiatement en coupant la surface par des droites issues de ces sommets.)

2° Qu'une surface du troisième ordre ayant trois points doubles est déterminée par ces points doubles et sept points simples. (Dans une note spéciale, nous montrerons l'exactitude de ce dernier théorème, et nous enseignerons à trouver par la règle et le compas le point d'intersection commun à une telle surface et à deux plans quelconques passant par deux des côtés du triangle formé par les trois points doubles.)

Problème III. — *Les trois séries* S_1, S_2, S_3 *étant déterminées par sept groupes de trois points homologues, trouver les points, situés à distance finie, qui, considérés comme appartenant à deux de ces séries, coïncident avec le point correspondant de la série restante.*

Ces points sont au plus au nombre de trois, et ce sont précisément les points d'intersection de la surface Σ avec la droite Δ.

Nota. — Si l'on connaît *a priori* l'un de ces points de coïncidence, en prenant les droites Q_1, Q_2, Q_3 dans un plan passant par ce point, le degré de la surface Σ s'abaissera d'une unité.

Application. — *Construire par points, à l'aide de la règle et du compas, la surface du troisième ordre déterminée par les dix-neuf points* (a_1, b_1, c_1, d_1), (a_2, b_2, c_2, d_2), (a_3, b_3, c_3, d_3), 1, 2, 3, 4, 5, 6, 7, *qui sont tels que les trois groupes*

$$a_1, b_1, c_1, d_1,$$
$$a_2, b_2, c_2, d_2,$$
$$a_3, b_3, c_3, d_3,$$

se trouvent respectivement sur trois droites D_1, D_2, D_3; *en d'autres termes, construire par points la surface la plus générale du troisième ordre déterminée par trois droites et sept points.*

Solution. — Considérez une droite arbitraire de l'espace Δ et concevez les sept groupes G_1, G_2, ..., G_7 de trois points d'intersection de cette droite avec les sept groupes de trois plans qui vont des sept points donnés aux trois droites D_1, D_2, D_3. Si l'on imagine le lieu des points communs à trois plans passant respectivement par les droites D_1, D_2, D_3 et par trois points homologues des trois séries de points S_1, S_2, S_3 déterminées par les sept groupes G_1, G_2, ..., G_7, ce lieu sera la surface cherchée.

SECONDE PARTIE.

CONSTRUCTION DES RACINES DES ÉQUATIONS ALGÉBRIQUES PAR LES COURBES.

I. — Énoncé et historique de la question.

Problème. — *Étant donnée l'équation rationnelle*

$$f(x) = 0$$

à une inconnue x et du degré m, trouver, en faisant uniquement usage des valeurs que prend le polynôme premier membre, lorsqu'on attribue à la variable x certaines valeurs particulières, deux courbes, susceptibles d'être construites facilement par la règle et le compas, qui par leurs points de concours déterminent les racines de cette équation.

Ce n'est pas sous cette forme que l'on présente habituellement, dans les cours de géométrie analytique, le problème de la construction des racines des équations par les courbes. C'est en vue de nous conformer, aux idées exprimées, au sujet de cette question, par M. Chasles, que nous nous sommes proposé de résoudre le problème présenté de la sorte. Voici d'ailleurs les réflexions de l'illustre géomètre.

On lit dans les *Comptes rendus de l'Académie*, année 1855, t. XLI, p. 677 : « La construction géométrique des équations du troisième et du quatrième degré, donnée par Descartes dans sa *Géométrie*, forme une des théories les plus importantes, à plusieurs titres, de cet admirable ouvrage; car elle implique la féconde méthode des coefficients indéterminés, et les belles découvertes de l'auteur sur la composition des équations algébriques s'y rattachent aussi. Depuis, beaucoup de géomètres, Sluze, Newton, Halley, le marquis de l'Hôpital, etc., se sont occupés de la question, et ont développé toutes les conséquences qu'embrassait dans sa généralité le procédé de Descartes. Il semblerait donc, aujourd'hui, que tout a été dit sur ce point de théorie mathématique, et qu'il ne laisse plus rien à désirer. Cependant une simple remarque suffit pour montrer que la question se prête à un point de vue sous lequel on ne l'a point encore considérée, car s'il est vrai que l'on effectue la résolution des équations *par une construction géométrique*, néanmoins la voie qui conduit si aisément à cette solution n'appartient pas aux méthodes de la simple et pure géométrie. C'est une application de la *géomé-*

métrie analytique, qui tient plus du calcul encore que de la géométrie, puisqu'on y représente les courbes par des équations que l'on
combine algébriquement. La question se présente donc intacte en
géométrie rationnelle, et constitue un sujet de recherches qui a sa
place naturelle dans le développement et les applications des méthodes propres à cette partie des mathématiques. Car la géométrie
doit s'efforcer de s'affranchir de la nécessité de recourir aux méthodes
de calcul pour résoudre les questions de son domaine, même quand
elles se traduisent par une équation du troisième ou du quatrième
degré. »

On le voit, dans cette communication, M. Chasles s'est borné à
considérer les cas de $m=3$, $m=4$.

II. — Exposition de la méthode.

Prenons deux axes ox, oy, et considérons la courbe Σ d'ordre m
représentée par l'équation

$$y=f(x).$$

Cette courbe, dont les abscisses des points d'intersection avec l'axe
des x sont les racines demandées, a pour point multiple d'ordre
$m-1$ le point P situé à l'infini dans la direction de l'axe des y. Pro-
posons-nous de construire Σ. Pour cela, donnons, $2m$ valeurs arbitraires à la variable x, et construisons les $2m$ points de Σ qui résultent des $2m$ valeurs correspondantes de y. En se reportant à
notre Mémoire *sur le principe arguesien*, on voit que ces $2m$ points
sont suffisants pour la construction de la courbe; d'ailleurs, cette
construction est incontestablement très-simple et n'exige que la
règle et le compas. On a donc ainsi une première solution du
problème. Il est maintenant facile d'en obtenir d'autres. Prenons,
par exemple, les arguesiennes de l'axe ox et de la courbe Σ (courbe
déterminée par les $2m$ points dont nous venons de parler), en prenant pour pôle le point P et pour sommets du quadrilatère de référence trois points de Σ, le quatrième étant ou sur cette même
courbe, ou sur l'axe ox, nous obtiendrons immédiatement: 1° une
courbe Σ' d'ordre $m-1$, ou d'ordre $m-2$, ayant le point P pour
point multiple d'ordre $m-2$ ou d'ordre $m-3$; 2° une *conique* ou
une *cubique* ayant le point P pour point simple ou pour point double. Il est manifeste que les points communs à ces deux nouvelles
courbes, susceptibles d'être encore construites très-simplement par

la règle et le compas (voir encore le Mémoire déjà cité), déterminent aussi par leurs points de concours les racines demandées. On pourrait encore évidemment obtenir de la sorte d'autres courbes.

III. — Applications.

Si l'on applique la méthode que nous venons d'exposer aux équations des six premiers degrés, on conclut que :

1° *Pour $m = 6$, on peut construire les racines par les points d'intersection d'une droite et d'une courbe du sixième degré, ayant un point multiple du cinquième ordre; ou bien par les points d'intersection d'une courbe du cinquième degré ayant un point P multiple du quatrième ordre, et d'une conique passant par P; ou bien par les points d'intersection d'une courbe du quatrième degré ayant un point P pour point multiple du troisième ordre, et d'une cubique ayant le point P pour point double.*

2° *Pour $m = 5$, on peut construire les racines par les points d'intersection d'une droite et d'une courbe du cinquième degré ayant un point multiple du quatrième ordre; ou bien par les points d'intersection d'une courbe du quatrième degré ayant un point P pour point multiple du troisième ordre, et d'une conique passant par P; ou bien par les points d'intersection de deux cubiques qui ont un même point double P. (C'est cette dernière construction qui est la plus simple.)*

3° *Pour $m = 4$, on peut construire les racines par les points communs à deux coniques.*

4° *Pour $m = 3$, on peut construire les racines par les points communs à deux coniques qui passent par un point connu a priori.*

5° *Pour $m = 2$, on peut construire les racines par les points communs à une droite et à un cercle.*

TROISIÈME PARTIE.

NOUVELLE CONSTRUCTION, PAR LA RÈGLE ET LE COMPAS,
DE LA COURBE DU TROISIÈME ORDRE DÉFINIE PAR NEUF POINTS.

I. — Préliminaires.

Indépendamment de l'importance théorique qu'offre la solution du problème de la détermination d'une courbe définie par un nombre suffisant de points (voir notre Mémoire sur l'application de la transformation arguesienne à la génération, etc.), il n'est peut-être pas de solution de problème présentant par elle-même un plus grand intérêt. Il serait difficile, en effet, ce nous semble, de concevoir une propriété faisant goûter une plus grande satisfaction que celle que l'on ressent en voyant réaliser l'*image* de la courbe dont on s'occupe. Tant que ce problème n'est pas résolu, on se trouve, pour ainsi dire, dans les mêmes conditions que les chimistes qui étudieraient les propriétés d'un corps qu'ils ne sauraient isoler, mais dont l'existence leur serait parfaitement démontrée. Ajoutons que, pour la courbe dont il est question dans ce travail, M. Chasles est le premier qui ait résolu le problème ; il en a donné quatre solutions, insérées dans les *Comptes rendus de l'Académie des sciences* de Paris, années 1853 et 1855.

Pour bien préciser la nouvelle méthode que nous proposons, il est besoin que nous entrions d'abord dans quelques détails préliminaires.

Problème I. — *Étant donnés dans un plan :* $1°$ *un point* P *et une droite* $P\lambda$; $2°$ *six points* I, J, A_1, B_1, A_2, B_2, *trouver le couple de points homologues aux deux involutions que la droite* $P\lambda$ *détermine sur les deux quadrilatères*

$$(IJA_1B_1), \quad (IJA_2B_2).$$

Voici la construction connue :

Soient $(\alpha\alpha', \beta\beta')$, $(\alpha_1\alpha_1', \beta_1\beta_1')$ *les deux systèmes de quatre points que détermine la sécante* $P\lambda$ *sur les deux quadrilatères. Par un point arbitraire* λ_1 *et les segments* $\alpha\alpha'$, $\beta\beta'$, *faites passer deux cercles qui se coupent en* λ_2; *considérez de même les deux cercles* $(\lambda_1\alpha_1\alpha_1')$, $(\lambda_1\beta_1\beta_1')$ *qui se coupent en* λ_3; *les points communs à la sécante et au cercle défini par les trois points* λ_1, λ_2, λ_3 *sont les points demandés.*

Théorème I. — *Soient* P, A, B *trois points en ligne droite, pris arbitrairement sur une cubique* Σ. *Si l'on considère les deux groupes de quatre points que l'on détermine sur cette courbe par ses nouveaux points communs avec deux coniques* C_1, C_2, *assujetties à passer seulement par les points* A, B, *on peut dire que ces deux groupes de quatre points sont les sommets de deux quadrilatères tels, que les deux points homologues communs aux deux involutions que toute sécante arbitraire issue de* P *détermine sur eux appartiennent à la courbe* Σ.

Supposons que la droite PAB soit la droite de l'infini, et soit

(1) $$MN + R = 0$$

l'équation de la cubique, dans laquelle M représente une fonction linéaire en x, y, et N, R deux fonctions du second ordre par rapport à ces mêmes variables.

En prenant pour point P le point de la courbe qui est à l'infini sur la direction de la droite représentée par

$$M = o,$$

une conique quelconque C, passant par les points A, B, aura nécessairement une équation de la forme

$$(2) \qquad N = Q,$$

Q étant une fonction linéaire arbitraire. Il résulte des équations (1) et (2) que les quatre points, à distance finie, communs à la conique C et à Σ, sont déterminés par les deux équations

$$MQ + R = o,$$
$$N = Q,$$

et, par suite, l'équation générale des coniques passant par ces points est

$$MQ + R + K (N - Q) = o,$$

ou bien

$$(3) \qquad R + KN + Q (M - K) = o.$$

Cela posé, coupons la courbe Σ par une droite arbitraire, issue de P, représentée par l'équation

$$(4) \qquad M = K';$$

ses deux points d'intersection se trouveront sur la conique représentée par

$$(5) \qquad K'N + R = o.$$

Or, pour démontrer le théorème, il suffit évidemment de faire voir que l'on peut déterminer le paramètre K de façon que les courbes ayant pour équations (3), (4), (5) se coupent aux deux mêmes points. C'est justement ce qui arrive si l'on prend $K = K'$. Donc, etc.

Nota. — La théorie de la transformation homographique montre la généralité de notre démonstration.

Corollaire. — Du théorème que nous venons de démontrer, il en résulte celui-ci bien connu :

Les coniques passant par quatre points d'une cubique déterminent sur cette courbe une corde variable qui passe constamment par un même point appartenant à cette courbe.

En effet, soient E, F, G, H les quatre points en question, et AB une corde déterminée par une des coniques circonscrites à ce quadrilatère. Si l'on désigne par P la troisième intersection de AB avec la cubique, toute droite issue de ce point la coupant, d'après le théorème précédent, en deux nouveaux points situés sur une même conique avec E, F, G, H, il s'ensuit bien que toute sécante issue de P, passant par l'un des deux autres points communs à Σ et à une conique circonscrite au quadrilatère EFGH, passe aussi par l'autre.

Nota. — Réciproquement, en s'appuyant sur ce dernier théorème, on aurait pu démontrer immédiatement le théorème direct.

Théorème II. — *Soient* (IJA_1B_1), (IJA_2B_2) *deux quadrilatères ayant deux sommets communs* I, J ; *si par un point arbitraire* P *on mène une sécante quelconque* Pλ, *et que l'on considère le couple de points* (m_1, m_2), *commun aux deux involutions que cette sécante détermine sur les deux quadrilatères, ces points décrivent, lorsque la sécante tourne autour du point* P, *une courbe* Σ *du troisième ordre, passant par les points* P, I, J, A_1, B_1, A_2, B_2, *par le point* M *commun aux deux droites* A_1B_1, A_2B_2, *et par le point commun aux deux droites* IJ, PM.

Si l'on suppose que les deux points I, J coïncident avec les points circulaires à l'infini, et si l'on prend les droites A_1B_1, A_2B_2 pour axes coordonnés, ce théorème revient au suivant :

On a deux faisceaux de cercles définis par les équations

$$x^2 + y^2 + 2xy \cos\theta + ax + \lambda_1 y + c_1 = 0,$$
$$x^2 + y^2 + 2xy \cos\theta + \lambda_2 x + by + c_2 = 0;$$

le lieu des points communs à ces deux cercles pour lesquels les axes radicaux correspondants passent par un point fixe P, (x_0, y_0), *est une cubique circulaire, passant par les points* A_1, B_1, A_2, B_2, *par le point* P, *par l'origine* O, *et ayant pour troisième direction asymptotique la droite* PO.

En effet, tout axe radical étant représenté par

$$x\,(a-\lambda_2)+y\,(\lambda_1-b)+c_1-c_2=0,$$

la relation qui lie la variation des deux cercles est

$$x_0\,(a-\lambda_2)+y_0\,(\lambda_1-b)+c_1-c_2=0\,;$$

en sorte que la courbe en question a pour équation

$$x_0\left(a\,\frac{x^2+y^2+2\,xy\cos\theta+by+c_2}{x}\right)$$
$$-y_0\left(b+\frac{x^2+y^2+2\,xy\cos\theta+ax+c_1}{y}\right)+c_1-c_2=0,$$

ou bien

$$yx_0\,(x^2+y^2+2\,xy\cos\theta+ax+by+c_2)$$
$$-xy_0\,(x^2+y^2+2\,xy\cos\theta+ax+by+c_1)+xy\,(c_1-c_2)=0,$$

équation qui montre manifestement le théorème énoncé.

Nota. — La théorie de la transformation homographique montre la généralité de cette démonstration.

Problème II. — *Trouver l'intersection complète du lieu précédent avec une conique arbitraire* C *circonscrite au quadrilatère* (IJA_1B_1).

On sait que les coniques circonscrites au quadrilatère (IJA_2B_2) déterminent sur une conique fixe C passant par deux de ces sommets des cordes qui passent par un point fixe P'. La droite PP' rencontre C aux deux autres points communs à cette conique et à Σ.

Définition. — Nous dirons que les deux quadrilatères de référence (IJA_1B_1), (IJA_2B_2) sont *associés* au point P, par rapport à la courbe Σ.

Théorème III. — *Non-seulement la réciproque du théorème II est vraie, mais il existe, pour une courbe arbitraire* Σ *du troisième ordre, une infinité de système de points*

$$P,\ (IJA_1B_1),\ (IJA_2B_2),$$

qui sont associés à cette courbe. Il suffit, pour en obtenir un système, de mener par un point arbitraire P *de* Σ *une droite quelconque* Pλ, *et de con-*

sidérer les deux coniques passant respectivement par les deux groupes de points arbitraires de cette courbe

$$(IJA_1), \ (IJA_2),$$

et par les deux points de rencontre de $P\lambda$ *et de* Σ *; ces deux coniques coupant* Σ *aux sixièmes points* B_1, B_2, *les points*

$$P, \ (IJA_1B_1), \ (IJA_2B_2)$$

répondent à la question.

Ce théorème est évidemment un cas particulier du théorème I.

II. — Exposition de la méthode.

La facilité avec laquelle on résout le premier problème préliminaire montre combien serait simple la construction d'une courbe du troisième ordre, déterminée par neuf points $I, J, A_1, B_1, 1, 2, 3, 4, 5$, s'il était possible d'obtenir, au moyen de ces points, un système de points associés. Ce serait précisément (résultat fort remarquable) la même construction que celle que nous avons proposée pour déterminer l'intersection d'une droite et d'une conique définie par cinq points. (Voir notre Mémoire sur le principe arguesien, chap. I, § 2.)

Nous allons montrer la possibilité de cette importante détermination.

Lemme I. — *Décrire une cubique* Σ *dans le cas particulier où les neuf points* $I, J, A_1, B_1, 1, 2, 3, 4, 5$ *sont tels que les points*

$$(I, J, A_1, B_1, 1, 2), \ (I, J, A_1, B_1, 3, 4)$$

appartiennent respectivement à deux coniques C_1, C_2. Soit P le point de concours des droites $(1, 2)$, $(3, 4)$; considérez les coniques

$$(IJ125), \ (IJ345)$$

qui se coupent en un quatrième point $5'$; le point P a pour quadrilatères associés les deux quadrilatères

$$(IJA_1B_1), \ (IJ55').$$

Lemme II. — *Décrire une cubique passant par les huit points arbitraires* I, J, A_1, B_1, 1, 2, 3, 4.

Menez les droites $(4,1)$, $(4,2)$, et soient $1'$, $2''$ les intersections respectives de ces droites avec les coniques

$$(IJA_1B_1 1), \quad (IJA_1B_1 2);$$

soit encore $3'$ le quatrième point d'intersection des deux coniques

$$(IJ 1 1'3), \quad (IJ 2 2'3);$$

les points

$$4, (IJA_1B_1), (IJ3'3)$$

constituént un système de points associés par rapport à une cubique Σ'_1 passant par les huit points donnés.

Nota. — Désignons par μ_1, ν_1 les deux points (points que l'on a appris à trouver problème II) d'intersection de cette cubique Σ_1' avec une conique arbitraire C_1 passant par les points I, J, A_1, B_1.

Remarque I. — En faisant jouer à un des trois points 1, 2, 3 le même rôle qu'au point 4, on obtiendra[1] une nouvelle courbe Σ'_2, passant par les huit mêmes points donnés, et qui coupera la conique C_1 en deux nouveaux points μ_2, ν_2.

Nota. — Désignons par V le point de rencontre des droites $\mu_1 \nu_1$, $\mu_2 \nu_2$.

Remarque II. — Il est évident que toutes les cubiques passant par les huit points donnés I, J, A_1, B_1, 1, 2, 3, 4 rencontrent la conique C_1, qui passe par quatre d'entre eux, en deux points en ligne droite avec le point V.

Remarque III. — En suivant pour les huit points I, J, A_1, B_1, 1, 2, 3, 5 la même marche que pour les huit points I, J, A_1, B_1, 1, 2, 3, 4, on obtiendra, relativement à la conique C_1, un second point V' en ligne droite avec les couples de points d'intersection de cette conique et de toutes les cubiques passant par ces huit points.

---

[1] On s'assure que cette courbe diffère de Σ'_1 en cherchant le nouveau point commun à cette nouvelle courbe et à la droite qui joint le point 4 au point qui va jouer le même rôle que lui dans la construction de la courbe Σ'_1.

-Corollaire I. — *Il est manifeste que la ligne droite VV' rencontre la conique C_1 aux deux mêmes points que la cubique cherchée, c'est-à-dire la cubique passant par les neuf points* I, J, A_1, B_1, 1, 2, 3, 4, 5.

Corollaire II. — La conique C_1 étant une conique quelconque circonscrite au quadrilatère (IJA_1B_1), on peut dire que nous venons de résoudre ce problème :

Une cubique étant définie par neuf points, trouver les deux nouveaux points d'intersection de cette courbe et d'une conique passant par quatre de ces neuf points.

Corollaire III. — En cherchant par la méthode que nous venons d'indiquer les intersections $(a_1 b_1)$, $(a_2 b_2)$ de deux coniques C_1, C_2 circonscrites au quadrilatère (IJA_1B_1) avec la cubique définie par les neuf points I, J, A_1, B_1, 1, 2, 3, 4, 5, et les associant à l'un des cinq points 1, 2, 3, 4, 5, le point 5 par exemple, on aura neuf nouveaux points

$$ I, J, A_1, B_1, a_1, b_1, a_2, b_2, 5, $$

définissant la courbe, qui seront dans les mêmes conditions que les neuf points du lemme Ier.

En conséquence :

Une cubique étant définie par neuf points, on peut toujours trouver un système de points associés.

C'est là le problème que nous nous étions proposé de résoudre.

Nota. — Il est important de remarquer que, dans la recherche de ces points associés, quatre des neuf points donnés I, J, A_1, B_1 constituent un des deux quadrilatères de référence.

III. — Détermination des coniques osculatrices en un point quelconque de Σ.

Du théorème I et de la possibilité de déterminer l'intersection complète d'une cubique Σ et d'une conique C ayant déjà avec elle quatre points communs donnés distincts ou confondus, il résulte un moyen simple de trouver, en un point quelconque de cette courbe, les coniques osculatrices des divers ordres.

En effet, soient A l'un des quatre sommets d'un quadrilatère Q inscrit aux deux courbes Σ, C_1 et P le point fixe de Σ par lequel passent toutes les cordes que déterminent sur cette courbe les coniques circonscrites à Q. Soient en outre :

1° m_1, m_2 les deux points d'intersection de l'une de ces coniques avec Σ;

2° $(m_1 m_2 E_1 FG)$ une conique passant par m_1, m_2 et par trois autres points arbitraires E, F, G de Σ;

3° H le sixième point d'intersection de cette dernière conique avec Σ.

Il est évident, si l'on a égard áu théorème I, que la conique circonscrite à Q et passant par le second point de rencontre de la droite PA avec la conique (PEFGH) a avec Σ un contact d'ordre $n+1$, si déjà toutes les coniques circonscrites à Q avaient en ce point avec Σ un contact d'ordre n.

Corollaire. — En procédant de proche en proche, on construira de cette manière : 1° *une conique osculatrice du premier ordre;* 2° *une conique osculatrice du deuxième ordre;* 3° *une conique osculatrice du troisième ordre;* 4° *la conique osculatrice du quatrième ordre.*

IV. — Intersection de la courbe avec une droite, et avec une conique passant déjà par deux points connus de cette courbe.

Ces deux déterminations résultent de ce que les deux points m_1, m_2 que donne chaque sécante Pλ, étant sur une même conique avec les quatre points I, J, A_1, B_1, on peut considérer Σ comme engendrée par les points communs à un faisceau de droites et à un faisceau de coniques qui se correspondent une à une. Nous allons considérer séparément le cas de la droite et le cas de la conique.

1° Les courbes génératrices en se mouvant décrivent sur une droite donnée S deux séries de points dont la liaison est telle que, à un point de la première série correspondent deux points pour la seconde, et à un point de la seconde un seul point pour la première : les trois points communs à ces deux séries sont les trois points communs à S et à Σ. Ajoutons que, conformément à ce qui a été dit dans la première partie de ces *Mélanges*, on pourra ramener la recherche de ces derniers points à la recherche des points communs à deux coniques qui passent par un même point déjà connu.

2° Si l'on considère le lieu des points communs aux rayons Pλ et aux cordes qui déterminent les coniques génératrices correspondantes par leurs points d'intersection avec une conique C qui passe par les points I, J, on obtient une conique C′, passant par les quatre autres points d'intersection de C et de Σ.

Observation. — Nous ne saurions terminer ce paragraphe sans rappeler que M. Chasles, en considérant le lieu des points communs aux cordes correspondantes que déterminent sur deux cubiques les coniques passant par quatre des points communs à ces deux courbes, a obtenu facilement, relativement à la détermination des autres points communs à ces deux cubiques, des résultats qui semblaient devoir présenter de très-grandes difficultés. (Voir *Comptes rendus*, année 1855.)

V. — Applications aux cycliques du troisième ordre.

Les constructions et les théorèmes précédents se simplifient considérablement dans le cas où l'on peut supposer que les deux points I, J coïncident avec les points circulaires à l'infini, c'est-à-dire dans le cas où la cubique est circulaire. On va en juger facilement :

$1°$ Construction relative au problème II. *Soit C_1 un cercle quelconque passant par (A_1, B_1); coupez-le par un cercle quelconque passant par (A_2, B_2), et soit P′ le point d'intersection de l'axe radical de ces deux cercles avec la corde $A_2 B_2$; la droite PP′ rencontre le cercle C_1 aux deux points demandés.*

$2°$ Détermination de la tangente au point A_1. *Soit H le second point de rencontre de la droite PA_1 avec le cercle $A_1 A_2 B_2$; la tangente au point A_1 au cercle $A_1 B_1 H$ est la tangente demandée.*

$3°$ Détermination du cercle osculateur au point A_1. *Si l'on suppose, ce qui est admissible d'après la détermination précédente, que les deux points A_1, B_1 soient confondus au point A dans la direction $A_1 T$, le cercle osculateur au point A_1 est le cercle tangent en A_1 à $A_1 T$, et passant par le second point de rencontre de la droite PA_1 avec le cercle $A_1 A_2 B_2$.*

VI. — Détermination du foyer singulier dans les cycliques du troisième ordre.

Nous ne savons pas si l'on a déjà enseigné à déterminer le foyer singulier d'une cyclique du troisième ordre déterminée par neuf points; quoi qu'il en soit, voici un théorème qui résout, ce nous semble, très-élégamment la question.

Théorème. — *Soient Δ une parallèle quelconque à l'asymptote réelle de la cyclique* (direction que l'on obtient en joignant le point P au point de rencontre des deux droites $A_1 B_1$, $A_2 B_2$), *et* C, D *sés deux points de rencontre avec cette courbe. Si par ces deux points on mène autant de cercles que l'on veut, qui coupent* Σ *aux points* (α_1, β_1)*,* (α_2, β_2)*,* (α_3, β_3)*, ..., les perpendiculaires élevées sur les milieux des droites* (α_1, β_1)*,* (α_2, β_2)*,* (α_3, β_3)*, ..., passent toutes par le foyer cherché.*

Problème. — *Reconnaître si un point donné est foyer ordinaire d'une cyclique du troisième ordre.*

La seconde construction du paragraphe 4, appliquée ici à un cercle C quelconque, enseigne à déterminer une conique qui passe par les points communs à ce cercle et à Σ; cette détermination s'effectuant tout aussi bien, que le rayon du cercle soit nul ou non nul, on en réduit la solution suivante du problème en question.

Pour connaître si un point P *est foyer ordinaire d'une cyclique du troisième ordre, on considérera ce point comme un cercle de rayon nul, on déterminera une conique* M *passant par ses quatre points communs avec* Σ*, et l'on vérifiera si* P *est un foyer de* M.

Nous terminerons par l'énoncé d'un théorème dont on trouvera facilement la démonstration.

Si, du foyer singulier d'une cyclique du troisième ordre comme centre, on décrit des cercles de rayons arbitraires, le lieu des pieds des perpendiculaires abaissées du foyer sur les cordes que ces cercles déterminent sur la cyclique est un cercle.

QUATRIÈME PARTIE.

THÉORÈMES SUR LES SURFACES DU TROISIÈME ORDRE.

Théorème I. — *Soit* G *une courbe du quatrième ordre* (intersection de deux surfaces du second ordre) *située sur une surface* Σ *du troisième ordre. Toute surface du second ordre passant par* G *coupe* Σ *suivant une conique dont le plan passe par une droite fixe qui est une droite de la surface.*

Corollaire. — *Soit* C *un cercle situé sur une surface* Σ *du troisième ordre qui contient le cercle de l'infini. Toute sphère passant par* C *coupe* Σ *suivant un cercle dont le plan passe par une droite fixe qui est une droite de la surface.*

Théorème II. — *Soient D une des vingt-sept droites d'une surface du troisième ordre Σ, et C une conique de cette même surface située dans un plan passant par D. Concevons par la conique deux surfaces du second ordre qui vont découper sur Σ deux courbes gauches G_1, G_2 du quatrième ordre. Si par un point P, pris arbitrairement sur D, on mène une sécante quelconque S qui coupe Σ en m_1, m_2, ces deux points peuvent être considérés comme le couple de points homologues commun aux deux involutions déterminées par cette sécante sur deux quadrilatères qui auraient pour sommets les points d'intersection des deux courbes G_1, G_2 par un plan quelconque passant par S.*

Corollaire. — *Soient D une droite d'une surface Σ du troisième ordre, contenant le cercle de l'infini, et C un cercle de cette surface contenu dans un plan passant par D. Concevons par le cercle C deux sphères qui découpent sur la surface deux cercles C_1, C_2. Si par un point P pris sur D on mène une sécante arbitraire qui coupe Σ en m_1, m_2, on peut dire que ces deux points sont les points homologues communs aux deux involutions déterminées sur cette sécante par les deux faisceaux de sphères C_1 et C_2.*

Remarque. — La réciproque de ce dernier théorème est vraie et l'on peut dire que : *Si l'on a dans l'espace un point P et deux cercles C_1, C_2, le lieu des couples de points homologues communs aux deux involutions que déterminent les deux faisceaux de sphères C_1, C_2, sur une sécante quelconque issue de P, est une surface du troisième ordre contenant le cercle de l'infini, les deux cercles C_1, C_2 et le point P.*

Observations critiques sur l'état actuel de la fabrication des engrais industriels, par M. A. Baudrimont, professeur à la Faculté des sciences de Bordeaux.

Au commencement du siècle où nous vivons, l'agriculture n'avait aucun caractère scientifique; elle reposait uniquement sur quelques principes vagues et mal définis dont il était difficile de tirer des conséquences positives et pouvant guider la pratique d'une manière indubitable.

Que l'on joigne à cet état de l'agriculture la difficulté et la lenteur des expériences, on aura une idée des doutes et de l'incertitude qui devaient régner dans toute espèce d'entreprise agricole.

On avait reconnu que le sol s'épuise par la culture, qu'il se répare pendant la jachère.

On avait encore observé qu'une culture unique rend le sol impro-
ductif; de là sont venues les rotations.

Enfin, on connaissait l'écobuage, qui était pratiqué dans les
Gaules avant la conquête de César, les amendements et les engrais;
mais rien de certain, rien de positif ne pouvait guider sur l'emploi
de ces méthodes ou de ces matériaux.

En 1813 parut la première édition de la *Chimie agricole* de
sir Humphry Davy. Ce n'était là que l'origine de l'intervention
de la chimie dans l'agriculture. Les travaux de plusieurs savants,
notamment de M. Boussingault et de Payen en France, ceux de
Liebig en Allemagne; les progrès immenses de l'anatomie et de la
physiologie végétales et animales; le concours des connaissances
acquises, ont fourni des matériaux qui, étant mis en ordre, ont
permis de faire une véritable science de l'agronomie ou de l'agrologie.

M'étant occupé de la partie scientifique de l'agriculture depuis
un temps déjà considérable, enseignant la chimie agricole depuis
vingt-quatre ans [1], j'ai pu faire un grand nombre d'observations.
Celle qui m'a semblé la plus considérable et la plus importante de
toutes est d'avoir reconnu et établi que l'agrologie est une science
précise et parfaitement déterminée, qui repose sur des principes
immuables dont tous les développements et toutes les applications
découlent d'une manière claire et certaine, qui s'est développée
comme la géométrie. Et je puis dire que, depuis son origine, elle
m'a placé dans la voie de la réalité et ne m'a jamais permis de
commettre une erreur.

Ayant cherché à approfondir toutes les connaissances qui se
rattachent à l'agrologie, celles relatives à l'eau, à l'air, au sol, aux
phénomènes qui s'accomplissent dans son sein, à l'évolution végétale et animale, il m'est souvent arrivé de n'être pas d'accord avec
un bon nombre de savants qui ont fait des publications qui, par
cela même, m'ont paru erronées et péchant par la base. Ces erreurs,
je les ai toujours signalées dans mes leçons sans en citer les
auteurs, car je ne cite que ceux que j'ai à féliciter des résultats
positifs et vraiment applicables qu'ils ont obtenus.

Les amendements et les engrais étant à la disposition de

---

[1] J'avais commencé l'enseignement de cette science avant la création de la chaire
de chimie agricole qui m'a été confiée.

l'homme, qui peut en disposer pour améliorer l'agriculture, j'ai dû leur accorder une grande attention et un vif intérêt. C'est donc de ces matériaux que je vais m'occuper.

Après les engrais de ferme, sont venus les engrais qui leur sont étrangers, soit naturels, artificiels ou produits par l'industrie.

Est apparu d'abord le guano, qui contient essentiellement une quantité très-considérable d'azote et de phosphates calcaire, ammonique, sodique, et peut-être en petite quantité potassique[1].

Après le guano nous avons eu le noir animal, finement pulvérisé, qui avait servi pour la purification du sucre.

Depuis longtemps j'avais prévu et enseigné que ces prétendus engrais, étant incomplets, devaient plutôt épuiser les terrains que les enrichir, en donnant, il est vrai, des récoltes assez abondantes pendant un petit nombre d'années.

Cela a été vérifié par tous les observateurs intelligents, pour le guano du Pérou, qui contenait une grande quantité d'azote (jusqu'à 16 pour 100) et des phosphates, mais qui ne renfermait ni une quantité suffisante de potasse ni aucun des autres éléments qui sont réclamés par la végétation.

Le guano est donc un produit très-riche en azote et en phosphate, propre à compléter des engrais, mais n'est pas un engrais par lui-même.

Voilà une vérité irréfragable qui a été démontrée par l'expérience et qu'aucune prétention ne peut invalider.

Le noir animal a principalement été employé dans des landes de Bretagne dont le sol est généralement représenté par les détritus de roches primitives, parmi les débris desquelles on reconnaît du feldspath qui, en se détruisant, a dû donner de la potasse; on y trouve aussi des *traces* presque impondérables de chaux et de magnésie. Rien de plus : la silice et la potasse sont les seuls agents utilisables de ces landes. En leur ajoutant du noir animal contenant un peu de matière organique azotée, du phosphate, du carbonate calcaire et même du fluorure calcique, on les a presque

---

[1] Dans les premières analyses de guano que j'ai faites, j'ai signalé la présence de la potasse, déduisant ce fait de ce que je pensais avoir obtenu du chloroplatinate potassique. Plus tard, je me suis aperçu qu'en calcinant ce produit il ne restait plus de potassium, et j'ai dû le considérer comme du chloroplatinate ammonique et non potassique. Je ne puis prétendre qu'il découle de ce fait que tous les guanos actuels soient privés de potassium.

complétés; mais, sous l'influence de cette addition, le peu de potasse qui se trouvait dans le sol a été bientôt épuisé, et ce sol est devenu stérile, même en présence du noir animal. Ce fait, je l'avais prévu et enseigné bien longtemps avant que cette vérité fût reconnue.

Le noir animal des raffineries n'est donc point un engrais proprement dit, mais un agent utilisable dans les circonstances qui ont été indiquées.

Les poudrettes, employées depuis un temps très-éloigné de nous, sont peu riches et ne peuvent supporter des frais de transport; elles sont d'ailleurs très-incomplètes et ne peuvent donner tous les résultats que l'on attend d'elles. Cependant il serait possible, facile même, d'en obtenir d'excellents résultats; mais il faudrait en modifier complétement la préparation et les compléter au point de vue agricole.

Bien des mélanges, bien des engrais ont été fabriqués et soumis à l'expérience de la culture, et il n'en est pas un seul qui ait réussi d'une manière satisfaisante dans les applications qui en ont été faites.

On a eu l'idée d'associer le sulfate d'ammoniaque, sel éminemment soluble dans l'eau et pouvant être absorbé en quelques jours par les végétaux, avec les coprolithes découvertes par M. de Molon, coprolithes qui, même étant finement pulvérisées, ne sont que fort lentement attaquées dans le sol et peuvent résister pendant plusieurs années à l'action et aux besoins des végétaux.

On a les célèbres engrais chimiques, essentiellement formés de sulfate d'ammoniaque, d'azotate potassique et de phosphate calcaire. Les deux premiers produits sont très-solubles dans l'eau, ainsi que cela vient d'être dit, le troisième y est insoluble et ne peut être utilisé que par une suite de réactions qui se produisent dans des circonstances spéciales qui peuvent ne pas se présenter toujours et qui font que la plante qui réclame ces divers produits ne peut s'en assimiler les éléments utiles dans le même temps.

Mais ce n'est point là le seul reproche que l'on puisse faire à ces engrais : il en est un beaucoup plus grave et qui est spécialement relatif à l'azotate potassique. Au premier aperçu ce sel paraît devoir donner d'excellents résultats, car il est tout à la fois riche en azote et en potasse.

Mais ce sel ne se décompose pas dans le sol arable; il reste ce qu'il est et ne fournit aux végétaux ni azote ni potasse proprement dite.

L'assertion qui vient d'être faite demande d'être appuyée sur des faits, et je vais en signaler de plusieurs ordres.

1° On trouve de l'azotate de potasse tout formé dans un assez grand nombre de végétaux, tels que la bourrache, la pariétaire et le grand soleil des jardins (*Helianthus annuus*, L.). Il suffit de brûler les feuilles de ces plantes, après la dessiccation, pour voir qu'elles fusent, et que ce phénomène est dû à la présence de l'azotate de potasse. Il arrive même que l'on peut y découvrir ce sel à l'état de cristaux, en faisant usage d'une forte loupe.

2° Des eaux en grande partie stagnantes ayant séjourné dans les fossés de la ville de Douai, après les avoir fait écouler, on a eu la pensé d'utiliser le fond de ces fossés et d'y planter des betteraves. Ces plantes sont bien venues. On a cherché à extraire le sucre qu'elles devaient contenir, et l'on en a principalement obtenu de *l'azotate de potasse!*

Il faut conclure de ce fait que l'azotate de potasse, loin de se détruire sous l'influence d'un sol perméable et même très-chargé de matière organique, y a pris naissance et qu'il a été tout simplement absorbé par les betteraves.

J'ai traité moi-même des betteraves des environs de Paris, pour en extraire le sucre, et lorsque l'on arrivait à la cuite, il se dégageait des vapeurs nitreuses qui sans aucun doute étaient dues à la destruction de l'azotate potassique contenu dans ces racines.

3° Le sol est oxydant dans sa partie supérieure, et non réduisant, comme on vient de le voir et comme cela est prouvé par l'extraction du salpêtre des matériaux qui sont en présence des matières animales, dans les écuries et les étables.

4° Enfin la production de l'acide carbonique dans le sol, ainsi que cela a été démontré d'une manière irréfragable par M. Boussingault, vient encore démontrer qu'il s'y accomplit une espèce de combustion, à moins toutefois que l'on ne puisse démontrer que cet acide a été fourni par des carbonates en décomposition, opération qui est inverse de la réduction qui serait indispensable pour détruire l'azotate potassique et utiliser les éléments précieux, et l'on peut dire d'un prix très-élevé, qu'il renferme.

Des expériences de M. Schlœsing ont confirmé celles de M. Boussingault; mais ce savant admet la formation spontanée de l'acide

azotique sous l'influence de l'azote des matières organiques, on peut
se demander si cet acide ne peut mettre de l'acide carbonique en
liberté, en réagissant sur les carbonates. Toutefois il n'y aurait pas
moins oxydation. En outre de ces réactions, l'azotate potassique est
peut-être décomposé et par le sulfate ammonique et par le phosphate acide de chaux; mais, dans ce dernier cas, de l'acide azotique serait mis en liberté et pourrait devenir nuisible à la végétation.

5° On sait enfin que les engrais dits chimiques ont de nouveau
introduit l'azotate potassique dans la betterave.

Dans ces derniers temps on a eu l'idée de rendre les apatites ou
phosphates de chaux tribasiques solubles dans l'eau. Pour cela on
les a traitées par l'acide sulfurique qui, en leur enlevant les deux
tiers de la chaux, en fait du phosphate calcobihydrique qui est
réellement soluble.

Mais ce phosphate est acide et, par cela même, il est éminemment nuisible à la végétation. Il ne peut être employé que dans des
terrains alcalins ou chargés de carbonate calcaire qui le reconstitue
à l'état de phosphate tricalcique.

Que remarque-t-on dans ce qui précède? Quelques progrès dans
les idées; mais des applications mal conçues et devant entraîner des
pertes de produits ou faire naître des actions nuisibles à la végétation plutôt que de lui venir en aide, et déterminant finalement
l'épuisement des terres arables.

On voit par ce bref aperçu que les engrais industriels sont loin
d'être ce que l'on est en droit d'attendre d'eux : produits trop actifs
en présence de produits presque inertes; produits qui, loin de se
détruire, se reconstitueraient si leurs éléments étaient en présence;
enfin produits nuisibles, si des circonstances non prévues ne
venaient en aide à l'agriculteur.

Est-il possible de surmonter ces difficultés? que faut-il faire
pour atteindre le résultat désiré, c'est-à-dire la fertilisation du sol,
sans l'appauvrir et dans des conditions économiques?

Voilà les questions qui se présentent et les problèmes qui sont à
résoudre.

Ces questions méritent un examen spécial; pour cela je me bornerai à exposer ce que j'enseigne depuis un grand nombre d'années,
en l'abrégeant autant qu'il me sera possible de le faire.

Avant d'aborder la nature chimique des engrais, il convient

d'examiner les divers états sous lesquels ils peuvent se présenter, et surtout la plus ou moins grande rapidité avec laquelle ils peuvent exercer une action utile.

A ce point de vue il y a des engrais volatils, des engrais fixes. Il en est qui sont solubles dans l'eau et d'autres qui y sont insolubles et ne peuvent être utilisés que sous l'influence d'agents spéciaux et des phénomènes qui s'accomplissent dans le sol arable.

Engrais volatils et engrais fixes.

Il n'y a point d'engrais entièrement volatils; mais il en est qui le sont en partie : tels sont les fumiers, qui en donnent la preuve par leur odeur; tels étaient les anciens guanos du Pérou, telles sont les poudrettes.

Dans les sols quelque peu argileux et poreux, les matières volatiles peuvent être retenues jusqu'à un certain point par des actions capillaires, ou par une espèce de condensation dans les espaces étroits où ils pénètrent. Ces conditions ne pouvant se rencontrer partout, ces produits éprouvent une perte réelle, et il y a un véritable intérêt à les rendre fixes. C'est probablement cette pensée qui a conduit à sulfatiser les guanos, c'est-à-dire à y ajouter de l'acide sulfurique; mais on y en a mis beaucoup plus qu'il n'en fallait pour obtenir ce résultat, et sans doute on a voulu en outre transformer le phosphate tricalcaire en phosphate soluble.

Il est inutile de revenir sur ce sujet dont j'ai signalé les inconvénients, mais il convient d'ajouter : 1° que les phosphates acides ne pourraient être absorbés directement par les végétaux sans leur être nuisibles; qu'ils doivent d'abord retourner à l'état de phosphate tricalcaire par la chaux qu'ils peuvent rencontrer dans le sol, etc.; 2° qu'il y a un inconvénient à employer un excès d'acide sulfurique, qui donne finalement du sulfate calcaire; car, si ce sel convient jusqu'à un certain point aux légumineuses et aux crucifères, il est nuisible à beaucoup d'autres végétaux par sa trop grande solubilité dans l'eau.

S'il convient de fixer les éléments utilisables des produits volatils, et en réalité il n'y a que l'ammoniaque qui soit dans ce cas, il faut le faire avec mesure et ne point dépasser la dose d'acide qui est nécessaire pour la saturer. Cependant je crois devoir ajouter qu'il est éminemment probable que l'azote qui entre dans la constitution des plantes leur vient en général par les racines; que c'est à l'état de bicarbonate d'ammoniaque qu'il est absorbé, et qu'enfin l'acide carbonique qui existe dans le sol est aussi un agent qui diminue la volatilité de l'ammoniaque. On pourrait donc à la rigueur laisser tels qu'ils sont les produits ammoniacaux volatils des engrais, à moins qu'ils ne s'y trouvent en trop grande quantité.

Pour la saturation de l'ammoniaque, l'acide auquel on devrait accorder la préférence serait l'oxalique, qui la fixerait suffisamment et qui retournerait très-facilement à l'état de bicarbonate, s'il ne pouvait lui-même être absorbé utilement par les végétaux.

Solubilité des engrais ou des produits qui les constituent.

Ces engrais contiennent des produits immédiatement solubles dans l'eau et d'autres produits qui ne peuvent se dissoudre dans ce liquide que sous des influences spéciales qui ne sont point encore parfaitement connues. Il ne sera question que des premiers produits dans ce paragraphe.

Les produits solubles que l'on fait entrer dans la confection des engrais sont généralement des sels à base d'ammoniaque, de potasse et de soude. On peut y ajouter le phosphate acide de chaux, qui est aujourd'hui généralement employé.

Les produits très-solubles dans l'eau présentent plusieurs inconvénients d'une haute gravité.

1° Si le sol est incliné, ils peuvent s'écouler au moins en partie avant d'avoir rendu les services que l'on en attendait.

2° Si le sol est profond et perméable, ils peuvent s'y infiltrer, se perdre en partie ou ne pas se présenter dans le temps où les plantes cultivées les réclament pour leur entretien.

3° Ils peuvent en outre être absorbés en trop grande quantité par les végétaux, et leur être nuisibles plutôt que d'intervenir utilement dans leur développement.

Ces trois sortes d'inconvénients sont assez graves. Il faudrait en réalité que chaque élément utile ne devînt soluble et ne fût dissous que quand les végétaux le réclament.

Si l'on met peu de matière soluble dans un engrais, il arrive qu'elle est épuisée dans un bref délai, et qu'elle fait défaut au végétal qui la réclame encore lorsqu'elle n'y est plus.

Il faudrait donc, pour constituer des engrais, avoir des produits qui ne devinssent solubles qu'à mesure du besoin de la végétation.

On pourrait encore, je l'ai déjà proposé et je reviendrai sur ce sujet, si l'on ne peut se procurer les matières qui viennent d'être indiquées, en avoir plusieurs altérables ou solubles à divers degrés, qui puissent jusqu'au dernier moment fournir à l'être vivant le produit qu'il réclame pour son entretien.

Le sulfate ammonique, le sulfate et l'azotate potassiques, le sulfate et l'azotate sodiques sont tous trop solubles pour qu'ils puissent, sans inconvénient ou sans perte, être utilisés pour la végétation.

Il n'est pas démontré que les chlorures sodique et potassique puissent se décomposer dans le sol ou dans les plantes, et être utilisés par ces dernières. Seulement on sait que le chlorure potassique et l'azotate sodique se transforment facilement en chlorure sodique et en azotate potassique.

Le bref examen qui vient d'être fait des produits trop solubles démontre qu'il y a un intérêt réel à les remplacer par d'autres produits moins solubles, et pouvant fonctionner utilement jusqu'à la maturation des produits agricoles.

Produits ne devenant solubles que par l'intervention du sol et de la végétation.

Les produits de cet ordre se rattachent à deux groupes éminemment distincts : 1° des produits naturels pulvérisés mécaniquement; 2° des produits artificiels obtenus par des réactions chimiques.

Les produits pulvérisés mécaniquement doivent être réduits en poudre aussi fine que possible, car ce n'est que lorsqu'ils sont réduits à un état d'extrême division qu'ils peuvent être utilisés convenablement et économiquement. J'ai depuis longtemps appelé l'attention sur ce fait, je l'ai indiqué de nouveau dans le petit ouvrage que j'ai publié sur la fabrication des fumiers et des engrais de ferme (1866, p. 34 et suiv.).

Bien plus, dès l'année 1868, j'avais indiqué que les apatites, qui présentent une assez grande dureté, pouvaient être facilement broyées après avoir été étonnées ou même simplement calcinées [1]. J'ai depuis longtemps aussi indiqué que la chaux, calcinée, hydratée et reconstituée à l'état de carbonate, était beaucoup plus active que la chaux carbonatée naturelle, fût-elle de la craie, que l'on sait être produite par l'agrégation d'une multitude de petits êtres microscopiques.

[1] L'étonnement des matières minérales consiste à les chauffer fortement et à les plonger dans l'eau froide. Alors elles se rompent et se désagrègent avec facilité.

Depuis peu de temps, M. Menier a appelé l'attention sur la pulvérisation des engrais, et l'on ne peut que lui savoir gré de s'être occupé de ce sujet d'une manière toute spéciale; car on ne comprend pas qu'il y ait des fabricants d'engrais assez peu éclairés pour employer des apatites en poudre grossière, même en morceaux d'au moins un huitième de centimètre cube, ainsi que j'ai eu l'occasion de l'observer.

La pulvérisation mécanique ne peut donc être poussée trop loin; plus les matières sont divisées, plus les actions chimiques sont rapides, et plus elles peuvent être utilisées par les végétaux.

En dehors de la pulvérisation mécanique, il y a la pulvérisation chimique, qui donne des résultats beaucoup plus considérables. Si fine que soit une poudre obtenue mécaniquement, fût-elle même absolument impalpable, on ne peut affirmer qu'elle ait atteint la dernière limite, limite au delà de laquelle les éléments du produit composé se trouveraient séparés. Les poudres obtenues par les réactions chimiques atteignent au contraire ce dernier degré de division. C'est ce qui arrive toutes les fois qu'un solide prend naissance au sein d'un liquide, soit par l'absorption d'un produit ou par une combinaison directe, soit par une double décomposition, soit enfin par une réaction chimique quelconque.

Les produits obtenus ainsi qu'il vient d'être dit sont tout à fait supérieurs à ceux qui sont le résultat d'une simple pulvérisation mécanique, et la préférence doit leur être accordée pour confectionner des engrais. Ils sont dans les meilleures conditions possibles pour donner des résultats en harmonie avec la physiologie végétale et l'agriculture.

CONCLUSIONS.

L'étude qui précède suffit pour démontrer que la composition et la fabrication actuelles des engrais sont loin d'être en harmonie avec les besoins et les connaissances de notre époque. Les uns sont formés de produits très-solubles et de produits insolubles, qui ne peuvent fonctionner simultanément : tels sont les mélanges de sulfate d'ammoniaque, d'azotate potassique et de phosphate calcaire tribasique naturel, ou quel que puisse être son état de division; l'emploi de l'azotate potassique, qui est d'un prix fort élevé et ne procure aux végétaux ni azote ni potasse, dans les circonstances les plus ordinaires; des guanos absolument incomplets, qui ne pourraient être utilisés que pour la production d'engrais remplissant des fonctions plus générales et n'épuisant point le sol ; l'introduction d'acide sulfurique, et par suite de sulfates en quantités relativement trop considérables dans le sol ; des phosphates calcaires rendus solubles, mais nuisibles à la végétation et épuisant le sol s'il n'est riche en calcaire ; enfin des engrais qui sont tous incomplets, et qui ne peuvent donner au sol qu'une fertilité momentanée.

Dans un prochain mémoire, je ferai connaître les efforts que j'ai faits pour régulariser la fabrication des engrais, et faire que ces agents soient toujours utiles et jamais nuisibles.

Il faut le reconnaître, ce sont là de grandes difficultés à surmonter ; car, indépendamment des conditions générales de la végétation auxquelles il faut satisfaire, il y a la condition économique qui domine toutes les autres : il faut que les engrais artificiels donnent des bénéfices réels aux agriculteurs, ou il faut renoncer à leur emploi.

———

Expériences et observations relatives à la fermentation visqueuse, par M. A. Baudrimont, professeur à la Faculté des sciences de Bordeaux.

Plusieurs savants ont eu l'occasion d'observer la fermentation visqueuse et tous l'ont considérée comme une altération du sucre, effectuée sous l'influence d'un ferment spécial.

Des expériences que j'ai faites il y a quelques années m'ont démontré, ainsi qu'on va le voir, que cette opinion doit être modifiée.

Ayant été chargé par l'administration de la douane de Bordeaux d'examiner un sucre en grains cristallisés, venant de la Réunion, j'ai observé les faits qui vont être exposés.

100 grammes de ce sucre ayant été dissous dans de l'eau distillée, je m'aperçus, vingt-quatre heures après, que la dissolution était devenue très-visqueuse. J'attendis encore vingt-quatre heures, et la viscosité ne fit qu'augmenter. De l'alcool fut alors ajouté à la liqueur : elle se troubla et, peu à peu, il se fit un dépôt. La liqueur alcoolique tenait tout le sucre en dissolution, c'est-à-dire qu'il n'y avait point assez d'alcool pour le précipiter.

Elle fut décantée et soumise à la filtration, qui s'exerça avec une grande facilité.

Le précipité fut lavé avec de l'alcool, recueilli et desséché dans une étuve dont la température n'atteignait pas 100 degrés.

La liqueur alcoolique fut soumise à l'évaporation dans la même étuve et elle laissa pour résidu de forts cristaux de sucre, transparents et d'une couleur légèrement brunâtre, sans qu'il fût possible d'observer aucune autre chose.

Le liquide dans lequel le sucre avait cristallisé s'était complétement évaporé sans laisser le moindre résidu de matière étrangère.

Ce fait m'ayant paru très-intéressant puisqu'il avait pour conséquence que le sucre n'avait été nullement altéré par la prétendue fermentation visqueuse, j'ai répété la même expérience avec cette différence que l'alcool chargé de sucre fut mis en présence d'une petite quantité de charbon animal très-pur et soumis à la filtration. La liqueur fut ensuite évaporée dans une étuve : elle donna de magnifiques cristaux de sucre, absolument incolores et dans lesquels il était impossible de distinguer un corps étranger quelconque. Il convient d'ajouter que, comme précédemment, la dessiccation avait été complète.

On peut conclure de ces expériences que la fermentation visqueuse, au moins lorqu'elle commence à se manifester, n'est nullement due à une altération du sucre, mais simplement à un développement tout spécial du ferment qu'il renferme.

Ayant une trop petite quantité de ce ferment pour en faire une analyse complète, je me suis borné à la détermination de la quantité de matière minérale et de celle de l'azote qu'il contenait.

La cendre ou la matière minérale contenue dans le ferment n'atteignait que 0,005, soit un demi-centième. Cette cendre, traitée par l'acide azotique, n'a laissé qu'un léger résidu insoluble qui était probablement siliceux.

La quantité de l'azote a été de 0,055.

Le ferment qui détermine la prétendue fermentation visqueuse est donc un produit azoté ; mais il est bien moins riche en azote que les matières albuminoïdes qui sont l'origine de la plupart des fermentations connues.

J'ai eu plusieurs fois l'occasion d'observer la fermentation visqueuse. Dans cette fermentation je n'ai jamais vu un gaz se dégager. S'il en eût été autrement, la matière visqueuse aurait pris un développement considérable, et ce fait n'aurait pu échapper à aucun observateur.

La viscosité du produit fermenté est si considérable qu'ayant appliqué l'extrémité d'un doigt à sa surface pour étirer un filament et ayant ensuite essuyé ce doigt sur le support où se trouvait le vase contenant le produit visqueux, j'ai vu peu de temps après que le vase s'était presque entièrement vidé : le filet sirupeux, collé sur le support, avait attiré d'autres substances et avait ainsi à peu près fonctionné comme un siphon. La viscosité et la pesanteur ont pu donner ce résultat.

Si dans la fermentation visqueuse on a trouvé le sucre transformé en mannite ou en d'autres produits, cela a dû être le résultat de réactions ultérieures.

En résumé, il résulterait des faits qui viennent d'être exposés, et de ceux qui ont été observés par d'autres expérimentateurs, que la fermentation visqueuse présente plusieurs phases : dans la première, le sucre n'est nullement altéré; dans les phases subséquentes, il peut l'être plus ou moins, et ce dernier résultat est probablement dû à une altération du ferment, qui exerce alors une action d'un autre ordre sur le sucre.

Ayant voulu comparer des sucres de diverses origines au point de de vue du ferment qu'ils peuvent contenir, pensant d'ailleurs que la présence de l'azote suffirait pour signaler l'existence de ce dernier, j'en ai analysé plusieurs d'origines différentes : les sucres de betterave raffinés, du nord de la France, ne m'ont point donné l'indice de la présence de l'azote; des sucres de canne, et notamment ceux de la Réunion, m'en ont donné jusqu'à 0,0025. Cette quantité d'azote représenterait 0,045 de ferment, si le sucre ne contenait aucun autre produit azoté.

De la lithine dans les eaux minérales d'Auvergne, considérée au point de vue thérapeutique, par M. le docteur Fredet, de Clermont-Ferrand.

L'an dernier, à pareille époque, M. Truchot, professeur à la Faculté des sciences de Clermont-Ferrand, faisait une communication des plus intéressantes au sujet de la lithine qu'il venait de découvrir par l'analyse spectrale dans la terre de la Limagne d'Auvergne et dans les principales sources minérales de cette ancienne province.

Voici un tableau succinct des principales eaux thermales, avec les doses de lithine correspondantes : · ·

	milligr. par litre.
Mont-Dore	8
Vic-sur-Cère	8
Royat-César	6
La Bourboule	18
Saint-Nectaire	22
Châteauneuf	35
Royat (grande source)	35

En comparant les deux dernières sources minérales qui renferment le plus de lithine avec celles d'Allemagne et les principales eaux alcalines connues : Ems, Vals, Vichy, qui n'en contiennent que de 1 milligramme et demi à 22 milligrammes par litre, il est permis d'affirmer que jusqu'à ce jour elles peuvent passer pour les eaux les plus fortement *lithinées* connues. Il faut en excepter, bien entendu, certaines eaux mères telles que la *Mur-Quelle* à Bade, du *Weal-Clifford* en Angleterre et, près de Clermont-Ferrand, l'eau du *Puy de la Poix* qui en contiennent de 29 à 35 centigrammes par litre.

On me permettra, avant de présenter les conclusions d'un travail que M. Truchot et moi venons de terminer en collaboration, d'indiquer sommairement quelle est l'action chimique de la lithine et de ses sels sur l'acide urique qui se trouve dans le sang des goutteux et sur l'urate de soude qui est la partie constituante des dépôts goutteux des articulations. Cet acide et ce sel ont une très-grande affinité pour la lithine et ils tendent constamment, quand ils sont en sa présence, à former de l'urate de lithine qui est le plus soluble des urates connus.

Quand on place un métacarpien incrusté de produits tophacés, dit Granod, dans des éprouvettes renfermant, dissous dans de l'eau et séparément, du carbonate de lithine, de potasse et de soude, on trouve, après quarante-huit heures, dans la solution de lithine, la tête de l'os nette et débarrassée de son dépôt crétacé. L'os immergé dans les deux autres solutions n'éprouve que peu de changement. M. Charcot, qui a introduit la lithine dans la pratique médicale française, l'emploie journellement avec succès contre la goutte et principalement la *gravelle urique*.

En face de cette découverte de la lithine, il était intéressant de

rechercher, dans les faits pratiques, quelle était réellement son action.
thérapeutique. Or, l'analyse chimique est venue confirmer ce que
l'expérience avait appris depuis longtemps, c'est-à-dire la valeur
indiscutable de ces dernières sources minérales dans toutes les affections arthritiques chroniques, qu'elles soient rhumatismales ou
goutteuses. Mais c'est principalement dans certaines affections cutanées, qui font souvent le désespoir des malades, qu'elles se sont
montrées d'une incontestable utilité. Je citerai parmi ces dernières
l'eczéma, qui est si fréquent chez les personnes d'âge moyen et
dont la guérison est la règle, pourvu qu'il soit le produit de la diathèse arthritique.

Les médecins qui exercent ou ont exercé dans la station de Royat,
avaient remarqué que les diverses maladies chroniques, dépen-
dantes du vice rhumatismal ou goutteux, y trouvaient une amélioration considérable et souvent une guérison inespérée ; mais ils
ne se rendaient pas compte de la cause réelle et déterminante des
effets curatifs, l'analyse n'y faisant découvrir que les sels ordinaires
de la potasse et de la soude que l'on rencontrait d'ailleurs à dose
plus élevée dans les eaux franchement alcalines. Il restait donc une
inconnue, et cette inconnue était la lithine, qui imprimait une
action *spécifique* aux autres alcalins et qui résolvait, sans qu'on s'en
doutât, les diverses manifestations de la diathèse arthritique. C'est
donc sur ce point, des plus importants pour les médecins qui ont
quelque souci d'expliquer l'action des médicaments qu'ils emploient
journellement et qui tiennent à honneur de maintenir leur art à la
hauteur où il doit être placé, que j'appelle l'attention, et je termine
par les conclusions suivantes :

1° Les eaux minérales d'Auvergne, rentrant dans la classe des
eaux bicarbonatées sodiques franches, des eaux alcalines mixtes,
chlorurées, sodiques, ferrugineuses ou arsenicales, contiennent
toutes de la lithine à l'état de chlorure de lithium.

1° L'eau minérale de la grande source de Royat, appartenant
à la classe des eaux alcalines mixtes, chlorurées, sodiques, ferrugineuses, est une de celles qui en contiennent le plus (35 milligrammes par litre).

3° La présence de la lithine, en forte proportion dans cette
source, vient confirmer l'opinion des divers auteurs sur son efficacité dans le traitement de l'arthritis ; elle la constitue en un mé-
dicament spécifique de cette diathèse et de ses diverses manifesta-

tions articulaires, viscérales ou cutanées, compliquées ou non de gravelle urique.

————

De la nitrobenzine au point de vue analytique et toxicologique, par M. E. Jacquemin, professeur de chimie à l'École supérieure de pharmacie de Nancy.

La nitrobenzine, découverte par Mitscherlich, s'est introduite dans le monde commercial sous un nom d'emprunt qui en déguisait la nature et en dissimulait l'origine : on l'appelait *essence de mirbane,* et on la substituait à l'essence d'amandes amères pour les usages de la parfumerie, bien avant que l'industrie des produits chimiques n'en consommât des quantités considérables pour la fabrication de l'aniline et de ses brillantes couleurs.

On n'est pas surpris que la fraude ait utilisé les propriétés de ce corps, et continue de le mélanger en forte proportion à l'essence d'amandes amères; mais elle ne se borne pas à cette tromperie, elle n'hésite pas en Allemagne, dit-on, en Russie, le fait est certain, à faire entrer la nitrobenzine au lieu et place de l'hydrure de benzoïle dans la confection de certaines liqueurs, kirschs artificiels, etc., ou à s'en servir pour masquer l'odeur désagréable des alcools de grain qui font l'unique base des eaux-de-vie communes.

Or, cette substitution dans la tromperie n'est pas indifférente au point de vue de l'hygiène publique. En effet, si l'hydrure de benzoïle, débarrassé de toute trace d'acide cyanhydrique, chimiquement pur en d'autres termes, ne paraît pas jouir de beaucoup plus d'activité que l'acide benzoïque, il n'en est pas ainsi de la nitrobenzine qui, introduite dans l'économie soit par les voies respiratoires, soit par le tube digestif, détermine des accidents graves et quelquefois la mort.

De ces deux corps, cependant, l'un peut être considéré comme un dérivé possible de l'autre, puisque l'hydrure de benzoïle passant en vapeurs sur de la ponce au rouge se dédouble en oxyde de carbone et benzine, et que cette dernière, par l'acide nitrique fumant, fournit l'essence de mirbane. Cette dissemblance d'action s'expliquerait par la nature différente des produits de leur transformation dans l'organisme, s'il ne régnait quelque incertitude au sujet de la nitrobenzine.

On comprend que l'hydrure de benzoïle, traversant un appareil

d'oxydation, passe à l'état d'acide benzoïque, et trouve les matériaux
nécessaires à sa sortie sous forme d'acide hippurique; on conçoit
enfin que s'il pénétrait dans la grande circulation, en quantité un
peu notable, il nuirait singulièrement à l'hématose; se comportant
en cela comme tout autre aldéhyde. Mais on a peine à admettre
que la nitrobenzine tue, comme le veulent certains toxicologistes,
uniquement parce qu'elle se transformerait en aniline sous l'influence d'agents réducteurs : l'animal n'est pas précisément un appareil à réduction.

Qu'une réduction partielle puisse s'opérer dans les intestins,
cela paraît probable, bien que Guttmann et Bergmann n'aient
jamais réussi, dans leurs expériences sur des animaux, à déceler
de traces d'aniline dans le foie ou même dans l'urine. Toutefois,
Letheby a été plus heureux, puisqu'il en a rencontré quelque peu
dans l'urine, dans le foie et jusque dans le cerveau.

De ces résultats analytiques contradictoires, il semble au moins
légitime de conclure que la faible proportion d'aniline engendrée
dans le tube intestinal et absorbée par le sang ne saurait produire
une intoxication mortelle. D'ailleurs, bien que les symptômes de
l'empoisonnement soient lents à se manifester, par suite du peu de
solubilité de la nitrobenzine, tous les expérimentateurs témoignent
qu'à partir de l'instant où l'animal est pris de vertiges, ses poumons
exhalent l'odeur caractéristique de ce corps, ses urines répandent
une senteur d'amandes amères, et qu'après la mort on constate le
même phénomène dans le sang. La nitrobenzine a donc circulé et
par ce fait a pu provoquer des accidents et même tuer.

On pourrait certainement admettre, comme explication suffisante, que la nitrobenzine possède à un certain degré la propriété
de contact de l'acide cyanhydrique, qui lui permet de faire obstacle
à l'accomplissement de l'hématose, et par suite de gêner et même
d'anéantir les grandes fonctions. Les troubles nerveux qui justifie-
raient cette manière d'exprimer un fait ne manquent pas, puisque
l'animal est pris de vertiges, qu'il tombe dans le coma et meurt
dans le sopor. Cependant, j'espère rendre l'explication plus précise
en démontrant dans un prochain mémoire que la nitrobenzine constitue un milieu défavorable à l'existence des organismes inférieurs
animaux, qu'elle exerce sur eux une influence délétère, et qu'enfin
elle empoisonne ou fait périr l'animal parce qu'elle nuit aux actions
des ferments et qu'elle tue le globule.

Quant à ce qui concerne la participation du chimiste aux analyses que nécessitent soit les accidents causés par ce toxique, soit les fraudes ou'abus qui résultent de son emploi, elle s'applique à trois cas : recherche toxicologique de la nitrobenzine; falsification de l'essence d'amandes amères par l'essence de mirbane; enfin constatation de cette substance dans une eau-de-vie ou une liqueur.

Recherche toxicologique de la nitrobenzine. — Dans un cas du ressort de la médecine légale, l'odeur caractéristique met sur la voie, et cette recherche ne présente par cela même aucune difficulté. Toutefois, l'acide cyanhydrique et l'essence d'amandes amères possédant la même odeur, il faut isoler forcément le corps, afin d'acquérir la possibilité de le transformer et de le caractériser par des réactions spéciales. Un traitement des matières avec de l'acide sulfurique étendu conduit au résultat : l'acide fixe l'aniline engendrée, que l'on recherchera dans le résidu de la cornue, en suivant les indications données dans mon précédent mémoire [1], après avoir terminé la distillation, qui livre dans le récipient un liquide dans lequel nagent des gouttelettes huileuses de nitrobenzine, faciles à séparer par agitation avec de l'éther et évaporation spontanée du dissolvant.

Il importe de prévoir l'empoisonnement par de l'essence d'amandes amères commerciale fraudée à la nitróbenzine, et de s'assurer dans ce but de la présence de l'acide cyanhydrique, dès la fin de la distillation. La réaction Schœnbein suffit comme essai préliminaire. Si elle ne donne aucun indice, les gouttelettes huileuses du récipient seront probablement de la nitrobenzine. Si au contraire la coloration bleue se manifeste, les gouttelettes devront être de l'essence d'amandes amères ordinaire ou falsifiée. Dans ce cas, après avoir isolé le produit par l'éther, on le traite par une solution de bisulfite de sodium, qui dissout l'hydrure de benzoïle à l'état de sulfite de benzoïle sodium, et laisse sans la dissoudre la nitrobenzine.

La transformation de ce corps en aniline, qui fournit ses réactions de couleurs si nettes et si caractéristiques, termine la recherche toxicologique, et donne toute rigueur aux conclusions. J'apporte

[1] *Quelques considérations au sujet de la recherche analytique et toxicologique de l'aniline* (Journal de pharmacie et de chimie).

sur ce point quelques modifications pratiques qui trouveront, je l'espère, bon accueil auprès des chimistes et des experts.

Réduction de la nitrobenzine par le zinc et les acides. — Le procédé habituel consiste à dissoudre la nitrobenzine dans de l'alcool et à l'attaquer par du zinc en poudre et de l'acide chlorhydrique dilué. Après un quart d'heure de dégagement d'hydrogène on isole l'aniline par la potasse et l'éther.

· Je substitue à la poudre ou à la grenaille de zinc les copeaux de ce métal, produit commercial des plus avantageux, car, par sa légèreté, il occupe tout le volume du liquide à réduire, et facilite la réduction par la multiplicité des contacts. Au lieu d'acide chlorhydrique, j'emploie l'acide sulfurique, qui me permet, après quinze minutes d'action, d'obtenir directement au moins une si ce n'est deux réactions, car, n'ayant pas besoin d'aniline comme pièce *de conviction*, puisque j'ai scellé pour cet objet une goutte de nitrobenzine dans un tube, je puis éviter de la séparer par de la potasse et de l'éther.

Une goutte de nitrobenzine dans 20 centimètres cubes d'alcool à 45 ou 50 degrés fournit assez d'aniline pour que les réactions suivantes puissent être nettement obtenues.

Je précipite un tiers du liquide par une solution de carbonate de soude jusqu'à réaction alcaline; j'ajoute après filtration une goutte de phénol, puis de l'hypochlorite de soude qui produit une coloration brune virant assez rapidement au bleu stable d'érythrophénate de soude[1], réaction dont j'ai déjà fait connaître l'extrême sensibilité.

Un autre tiers, placé dans un tube, est traité par quelque peu d'oxyde puce de plomb (au plus gros comme un grain de millet par centimètre cube de liquide), qui, à la faveur de l'excès d'acide sulfurique, agit comme oxydant et développe, après quelques secondes d'agitation, tantôt une couleur rosée dont la nuance se dégrade assez vite et passe au brun, tantôt au contraire du bleu verdâtre ou du bleu violeté, dont on apprécie mieux la beauté après la filtration. En réalité, le premier effet se produit quand l'oxyde puce est en excès, et dans le cas différent on remarque d'abord une teinte rosée qui vire au brun faible pour passer à la teinte violet indisine et de là au bleu. C'est en définitive une réaction fort bonne et sensible. ·

[1] *Comptes rendus de l'Académie des sciences*, 30 juin 1873, etc. etc.

Enfin, on projette un cristal de chlorate de potasse dans le dernier tiers du liquide de réduction (2 centimètres cubes suffisent au besoin), et on laisse couler le long de la paroi de l'acide sulfurique concentré qui détermine un crépitement d'oxyde de chlore, bientôt suivi d'une belle coloration violette. Cette réaction demande plus d'habitude que la précédente. Lorsqu'au chlorate on substitue un cristal d'azotate de potasse, on n'obtient rien par l'acide sulfurique dans ces mêmes conditions : la présence de l'alcool fait évidemment obstacle.

Réduction de la nitrobenzine par le fer et l'acide acétique. — Le procédé ordinaire consiste à réduire, suivant les indications de M. Béchamp, par la limaille de fer et l'acide acétique, puis à distiller à sec : il se volatilise de l'acétate d'aniline.

J'évite la distillation en traitant une goutte de nitrobenzine, dissoute dans 20 centimètres cubes d'alcool à 45 ou 50 degrés, par l'acide acétique et de la tournure de fer, ou simplement des pointes de Paris. Le feu semble quelquefois passif; il ne paraît pas se dégager d'hydrogène ou il s'en dégage peu, et pourtant il y a action chimique et réduction, car la dissolution de carbonate de soude précipite du carbonate de fer, et la liqueur filtrée additionnée d'abord d'une goutte de phénol, puis d'hypochlorite de soude, fournit du bleu très-manifestement. La réaction à l'oxyde puce marche également bien.

Nouveaux modes de réduction de la nitrobenzine. — En poursuivant l'étude de la nitrobenzine, j'ai eu l'occasion de trouver de nouveaux modes de réduction de cette substance, qui m'ont paru avantageux à divers égards. L'un est basé sur la facilité avec laquelle le stannite de potasse se convertit en stannate, sur une tendance de ce composé à l'oxydation telle qu'il suffit de faire bouillir sa dissolution aqueuse pour produire ce résultat. En effet,

$$2\left(\left.{Sn \atop K^2}\right\}O^2\right) + \left.{H \atop H}\right\}O = Sn\ \left.{O \atop K^2}\right\}O^2 + 2\left(\left.{H \atop H}\right\}O\right) + Sn.$$

Chauffant donc, dans une cornue munie de son récipient, de la nitrobenzine avec une dissolution concentrée de stannite de soude, j'ai pu recueillir de l'aniline, la transformer en sulfate, en oxalate, et démontrer la nature du corps obtenu par toutes les réactions qui le caractérisent. Cette réduction s'accomplit en vertu de l'équation suivante :

$$C^6H^5AzO^2 + 3\left(\begin{matrix}Sn\\Na^2\end{matrix}\right\}O^2\right) + \left(\begin{matrix}H\\H\end{matrix}\right\}O\right) = C^6H^3Az + 3\left(\begin{matrix}Sn\\Na^2\end{matrix}\ O\ \right\}O^2\right).$$

Il faut se garder de pousser trop brusquement la température, pour éviter de condenser la nitrobenzine, qui dans ce cas peut en partie se soustraire à la réduction. Je ne suis pas encore en mesure d'affirmer que ce procédé pourra concourir dans la pratique industrielle avec celui de M. Béchamp, mais la pensée que le produit secondaire, stannate de soude, est depuis longtemps employé en teinture et en impression des tissus, m'engage à continuer mes expériences.

Toujours est-il que cette réaction peut être utilisée par l'analyse chimique. En effet, si l'on verse une goutte de nitrobenzine dans du protochlorure d'étain traité par une quantité d'hydrate de soude suffisante pour redissoudre le précipité de protoxyde, et si l'on chauffe le tube de verre pendant deux minutes, on forme assez d'aniline pour qu'en ajoutant ensuite dans le liquide refroidi une goutte de phénol, puis de l'hypochlorite de soude, on puisse développer la couleur bleue caractéristique de l'érythrophénate de soude. Il faut dépenser un peu plus d'hypochlorite que dans les cas ordinaires, parce que les premières portions sont employées à transformer ce qui reste de stannite en stannate.

J'ai pu reconnaître également que l'étain et l'hydrate de soude constituent à la température de l'ébullition un milieu réducteur des plus favorables à la conversion de la nitrobenzine en aniline, surtout au point de vue économique et par suite industriel. On savait d'ailleurs que ces substances dégagent de l'hydrogène dans ces conditions et forment du métastannate de soude. En opérant avec de la fine grenaille, ou ce qui vaudrait mieux avec des copeaux d'étain ou de l'étain rubané, et 5 à 8 centimètres cubes d'hydrate de soude à 12 p. o/o, une goutte de nitrobenzine se réduit, malgré son peu de solubilité, en quelques minutes d'une ébullition très-ménagée, fréquemment interrompue pour éviter la volatilisation des produits. Les gouttelettes de l'essence de mirbane disparaissent successivement, le liquide se trouble, et l'odeur se rapproche de plus en plus de celle de l'aniline. On déverse alors dans un verre à expérience, et après refroidissement on ajoute une goutte de phénol et de l'hypochlorite de soude, qui plus léger surnage en partie, jusqu'à ce que la coloration bleue paraisse. On laisse la nuance s'accentuer, et l'on agite seulement quand elle tend à gagner le fond du vase.

Recherche de la nitrobenzine dans de l'essence d'amandes amères. — Dragendorff indique pour ce cas un procédé fort élégant, qui consiste à mélanger 5 à 8 gouttes d'essence avec autant d'alcool et à projeter dans cette solution un morceau de sodium gros comme une lentille. Le métal se recouvre d'un enduit blanc floconneux, et le liquide ne change pas de teinte si l'essence d'amandes amères est pure, tandis qu'il se colore en brun foncé si elle renferme de la nitrobenzine. L'inconvénient de ce procédé, d'après l'auteur, c'est d'exiger 5 à 8 gouttes d'essence, et l'on peut y joindre celui de nécessiter l'emploi d'un métal que le pharmacien n'a qu'exceptionnellement dans son laboratoire.

En répétant l'expérience de Dragendorff il ne m'a pas été possible, comme je l'espérais, de reconnaître les effets habituels de l'hydrogène naissant, la production de l'aniline. J'ai encore remarqué une coloration légèrement brune avec une seule goutte de nitrobenzine dans 10 centimètres cubes d'alcool à 50 degrés, et certainement l'effet n'était pas complet, car le sodium ne réagit qu'à la surface ; en sorte que la réaction ne semblerait nullement pécher par défaut de sensibilité, et me paraîtrait irréprochable à cet égard, si le sodium ne colorait pas en brun un certain nombre d'autres matières organiques.

L'ancien mode d'opérer serait donc préférable même avec l'obligation qu'il comporte d'isoler l'aniline par la potasse et l'éther. Mais les modifications pratiques que je viens de décrire au sujet de la réduction par le zinc ou par le fer, ou les nouveaux procédés au stannite de soude ou à l'étain et l'hydrate de soude que je propose, ne laisseront pas d'hésitation. Une goutte suffit largement pour ces essais, car j'ai pu reconnaître 0,0025 de nitrobenzine d'une manière fort nette par l'oxyde puce, et mieux encore par ma réaction bleue au phénol et à l'hypochlorite de soude ; or, la fraude s'exerce dans une proportion plus grande, et ne se contente pas de l'introduction de 2 ou 3 p. o/o de nitrobenzine. Cette goutte est dissoute dans 20 centimètres cubes d'alcool à 50 degrés, et réduite par le fer ou le zinc et les acides ; ou bien encore on la verse dans quelques centimètres cubes d'une dissolution concentrée de stannite de soude, ou d'hydrate de soude et d'étain, et l'on continue l'opération comme il a été dit plus haut.

Recherche de la nitrobenzine dans un kirsch, etc. — On conseille d'évaporer l'alcool à une basse température, de distiller le tiers du liquide suspect, et d'extraire la nitrobenzine du résidu à l'aide de l'éther ou du pétrole. Cette manière d'opérer, indispensable quand il s'agit d'une eau-de-vie de grains ne renfermant qu'une très-minime quantité de cette substance délétère, devient inutile pour un faux kirsch à 5o centigrammes et même moins de nitrobenzine par litre. Dans ce cas, la réduction opérée directement sur 1o ou 2o centimètres cubes du liquide fournit des réactions très-nettes, soit à l'oxyde puce, soit au phénol et à l'hypochlorite de soude.

Note sur l'origine des chotts du sud de la Tunisie, par M. Doûmet-Adanson.

Les nombreuses communications faites à l'Académie des sciences dans ces derniers temps sur la possibilité de submerger une partie du désert saharien ayant mis à l'ordre du jour l'origine marine des chotts ou lacs salés, il ne sera peut-être pas sans intérêt de faire connaître quelques observations faites sur le même sujet au cours de mon récent voyage dans le sud de la Tunisie. Je dois dire tout d'abord que n'ayant pu, faute de temps, pousser mon exploration jusqu'au chott El-Faraoun (lac Triton des anciens), et que, d'autre part, ne connaissant pas les bords du grand chott Melghig ou Mel'Rhir dont il a été surtout question dans les notes et mémoires de MM. Roudaire, Fuchs, Cosson et autres, je laisserai prudemment de côté l'hypothèse d'une mer saharienne existant à des époques soit historiques, soit préhistoriques, mais en tous cas postérieures à l'époque tertiaire et tout au moins contemporaines de la formation quaternaire. Encore moins aurai-je la prétention de discuter la possibilité ou même l'opportunité de refaire du Sahara une mer intérieure, bien que le peu de connaissances que j'ai pu, dans mes quelques explorations, acquérir sur les contrées du Sud algérien et du Sud tunisien, me portent à partager les craintes exprimées avec une grande autorité par M. Cosson.

Mes observations et les conjectures qui en découlent ne porte-
ront que sur la formation des chotts de moindre importance que
l'on rencontre dans le sud de la Tunisie, tel que le chott ou lac
salé de Kérouan (sebk'ha El-Hani), et plus particulièrement la
sebk'ha Naïl située au sud et au sud-est des montagnes de Bou-
Hedma dont elle reçoit les eaux.

Avant de risquer une hypothèse sur la formation probable de ces
chotts, il est nécessaire; pour éviter toute confusion, d'établir que
les nombreuses nappes d'eau que l'on rencontre en Tunisie doivent
être réparties dans deux catégories : les unes, peu éloignées de
la mer, tantôt douces, tantôt salées, résultent uniquement de la formation relativement récente d'un bourrelet ou cordon littoral de
sable qui retenant les eaux d'écoulement de l'intérieur grossies du
contingent fourni directement par les pluies d'hiver, donne naissance à de vrais marais ou étangs, tels que ceux que l'on voit sur
les côtes de bien d'autres pays; les autres, situées à une distance
souvent considérable de la mer, sont séparées de la bande de terres
basses du littoral par de véritables chaînes de collines assez élevées,
parfois d'une grande largeur, le plus souvent de nature argileuse, et
ne permettant aucune communication de la mer vers l'intérieur. A
cette catégorie appartiennent les chotts cités plus haut. Ce sont de
véritables lacs ou bassins intérieurs dont le fond peut être indifféremment au-dessus ou au-dessous du niveau de la mer, la puissance
d'évaporation d'une part, d'autre part la diminution sinon le desséchement complet pendant l'été des petits cours d'eau qu'ils reçoivent, ne permettant pas que leur niveau s'élève jamais au point
d'amener un déversement vers la mer.

Les lacs de cette catégorie que l'on rencontre en Tunisie et qui
se rattachent au système des chotts intérieurs de la région montagneuse de l'Algérie sont plus ou moins salés; ce qui a fait supposer
que ces nappes d'eau pourraient bien n'être que des dépressions dans
lesquelles les eaux de la mer seraient restées, faute d'écoulement,
lors de l'émersion de cette portion du continent africain par suite
d'un cataclysme africain auquel seraient dus à la fois et contradic-
toirement la formation de la Méditerranée occidentale et l'exhausse-
ment du fond de la mer saharienne.

Bien que cette supposition soit contestable à plusieurs titres et
que notamment elle ne me paraisse pas suffisamment étayée sur
des faits géologiques probants tels que la présence de terrains fossi-

lifères marins de récente formation, l'hypothèse est trop ingénieuse pour que je me permette de la discuter à fond et sans avoir à ma disposition un contingent de documents et de preuves contraires.

Mon but aujourd'hui est seulement d'établir par des observations faites sur place qu'il n'est pas besoin de recourir à une cause aussi violente et aussi étendue pour expliquer la formation contemporaine de certains de ces lacs salés.

Le chott ou sebk'ha Naïl, qui me servira plus particulièrement d'exemple, s'étend sur un espace de plusieurs kilomètres en longueur et en largeur, presque au pied de la chaîne des montagnes de Bou-Hedma. C'est une dépression relativement peu profonde remplie durant l'hiver par des eaux salées qui laissent à leur place, pendant la saison chaude, une couche de sel cristallisé, laquelle pourrait bien, comme on le verra tout à l'heure, augmenter d'épaisseur chaque année. Sur les bords du lac on ne trouve aucun débris d'animaux marins, aucune coquille marine, vivante ou subfossile, ni même aucune trace de couches calcaires de formation marine quaternaire; seules, les plantes de la flore des terrains maritimes révèlent par leur présence et leur vigoureuse végétation la nature saline du terrain. Ces mêmes espèces, parmi lesquelles on peut citer plusieurs salicornes et des staticées de la région maritime, suivent même les bords de l'oued jusque dans le marais de la gorge de Bou-Hedma où il prend naissance; cela n'a rien de surprenant, car les eaux de cet oued sont elles-mêmes saumâtres. Du reste, ces eaux, loin d'être stagnantes, sont au contraire douées d'une certaine rapidité d'écoulement; ce sont donc de vraies sources salées qui donnent naissance à l'oued, lequel reçoit en outre les eaux de plusieurs autres sources dont l'une ferrugineuse, l'autre fortement sulfureuse, sourdent dans le ravin à quelques mètres de distance près d'un escarpement de rochers.

Or, l'origine probable de la salure de ces eaux trouve son explication dans la nature des couches qui constituent les montagnes de Bou-Hedma, couches dont la stratification et la superposition ont été mises à nu par le chaos qui a produit le principal ravin de cette petite chaîne.

Qu'y voit-on, en effet? A la partie inférieure, des couches horizontales puissantes de sulfate de chaux et de magnésie, alternativement compactes et de nature sableuse, se distinguant les unes des autres par des teintes différentes, tantôt jaunâtres, tantôt gris clair, tantôt gris foncé, ce qui a fait donner par les indigènes à cet endroit le nom de gorge du Boa; ces couches paraissent relevées du nord-nord-ouest vers le sud-sud-est, c'est-à-dire que leur rupture fait face à la sebk'ha. Au-dessus des gypses, se trouvent des bancs de calcaire compacte, grisâtre, renfermant quelques coquilles et quelques oursins fossiles, d'époque géologique ancienne. Les unes et les autres, horizontalement superposées dans l'ensemble de la chaîne, sont brusquement interrompues par la gorge du Bou-Hedma, et tandis que les deux escarpements opposés de la montagne font voir des couches analogues et correspondantes qui ne laissent aucun doute sur leur continuité primitive, l'intervalle est rempli en partie par les mêmes couches à peu près verticalement placées. Il est donc bien évident que l'on a sous les yeux une rupture des couches horizontales et que c'est la portion écroulée qui forme aujourd'hui le dos d'âne qui sépare en deux la vallée du Boa.

Un esprit tant soit peu investigateur, en présence d'une perturbation aussi remarquable, cherche à se rendre compte de la cause qui a pu amener ce cataclysme. Or, j'ai dit plus haut que les couches inférieures mises à nu se composent de sulfate de chaux et de magnésie de contexture diverse mais souvent sableuse, et que l'eau qui s'écoule par le ruisseau est sensiblement saumâtre, d'où cette supposition qui vient naturellement à l'idée que sous les strates de gypse se trouvaient et existent encore des couches puissantes de sel gemme qui, mis en dissolution par les eaux, a été entraîné par elles et a laissé peu à peu un vide considérable dans lequel se sont effondrées les couches de gypse et de calcaire restées suspendues au-dessus, tout comme le ferait une arche de pont qui viendrait à se rompre par le milieu. En ce qui concerne le cas particulier des montagnes et de la gorge de Bou-Hedma, l'explication ne paraît pas douteuse.

Si l'on veut admettre maintenant que ces amas de sel gemme s'étendaient en avant des montagnes précitées et que leur dissolution s'opère depuis de nombreux siècles, on arrivera à expliquer par l'affaissement des couches qui les recouvraient la formation de ces bassins aujourd'hui sans issue pour les eaux qui les remplissent en hiver et s'évaporent en été, et l'on pourra facilement admettre que la présence du sel dans ces eaux stagnantes n'a pas pour origine un séjour de la mer à des époques peu reculées; c'est tout simplement le produit de la dissolution insensible mais constante

. des amas de sel gemme recélés par les flancs des montagnes d'où descendent les cours d'eau qui déversent dans les chotts ou sebk'has de cette nature.

En admettant cette hypothèse on s'explique en outre que le degré de salure des chotts aille toujours en augmentant par l'apport constant de nouvelles quantités de sel enlevées aux terrains voisins ; ces contingents s'accumulant toujours tandis que la quantité des eaux reste la même en raison de l'évaporation, et tendrait même plutôt à diminuer par suite du desséchement général et insensible de la contrée, desséchement dont on trouve la preuve dans les nombreux débris d'anciennes oasis que l'on rencontre sur divers points, dans le tarissement d'un grand nombre de puits et dans l'étendue surprenante du lit de certains oueds (cours d'eau) eu égard au débit minime de leurs eaux, même en hiver.

L'absence complète de coquilles ou de débris de coquilles marines, telles que les Nasses, les Cérites, les Tellines, et surtout les *Cardium edule*, soit dans le lit et les bords du chott, soit dans les terrains environnants, même à l'état subfossile, vient encore combattre l'origine marine récente de ces nappes d'eau salée intérieures et faire admettre que leur salure provient d'une tout autre cause que du séjour de la mer à une époque reculée. Quant aux espèces végétales appartenant à la flore maritime, leur présence s'explique sans effort par la nature salée du terrain, la saturation de l'atmosphère autour des eaux salées et le transport de graines qui, trouvant un milieu à leur gré, se sont développées comme si elles étaient au bord de la mer. Telle est à mon sens l'explication claire et simple de la formation des chotts de la nature de ceux qui existent dans le sud de la Tunisie. J'ai pris celui des montagnes de Bou-Hedma pour exemple, parce que je le connais mieux d'abord, et ensuite parce que le cataclysme de la gorge du Boa est comme la figure démonstrative du théorème.

Le chott El-Hani ou lac de Kérouan, vaste bassin sans issue dans lequel le sel est si abondant que les indigènes l'exploitent lorsqu'il est cristallisé, est dans les mêmes conditions. Plusieurs cours d'eau salée qui s'y déversent et dont le courant est d'une certaine rapidité remplissent le rôle du ruisseau de Bou-Hedma et viennent encore à l'appui de mon hypothèse, bien que dans le cas présent les montagnes en soient assez éloignées. L'existence d'un petit lac d'eau douce situé à peu de distance des bords de la sebk'ha, mais sur un point assez élevé pour que les eaux qui s'y rendent ne traversent pas de couches salines, est encore une preuve de la non-intervention des mers actuelles dans la formation des chotts.

Recherches, à l'aide du thermomètre, des températures motivées chez l'homme par les diverses périodes de l'éthérisme produit par le chloroforme, par M. le professeur E. Simonin, secrétaire perpétuel de l'Académie de Stanislas.

Dans mes études sur l'action des agents anesthésiques, mon attention s'est arrêtée longuement sur les modifications présentées par les fonctions de la respiration et de la circulation, sur les états de la peau envisagée sous le rapport de sa coloration, de sa chaleur et de ses fonctions, et sur la chaleur générale elle-même. Mais, lors des notations relatives à ces derniers états de l'économie, l'apparence seule a été indiquée et, bien que les résultats observés aient paru évidents, dans leurs manifestations extrêmes, il a manqué à mes assertions la certitude que seuls les instruments de précision peuvent fournir. L'absence de cette certitude m'a paru fâcheuse, surtout au point de vue de la discussion possible de certaines théories relatives à l'action des agents anesthésiques, éther et chloroforme. Je me suis demandé, par exemple, si les phénomènes de la calorification, accrue pendant la période dite d'excitation, au lieu d'être produits par une véritable excitation organique, primitive et spéciale, n'étaient point le résultat d'une paralysie partielle du système des nerfs vaso-moteurs. Il résultait de ce doute la nécessité de constater exactement l'état de la température pendant les diverses périodes de l'éthérisme, en établissant les synchronismes les plus importants ; j'ai été ainsi amené à de nouvelles recherches, commencées à ma clinique le 20 décembre 1873, ayant porté sur vingt-cinq sujets, presque tous subissant de graves opérations, et qui ont été terminées le 13 mars 1875, seulement, lorsque l'inconnue a été complétement dégagée de ces recherches qui, à ma connaissance du moins, n'ont pas de précédents encore indiqués.

Voici les conditions multiples qui ont paru devoir être remplies pour atteindre le but de ces études. L'aisselle a été choisie pour la recherche de la température. La bouche a été évitée, à raison même de l'anesthésiation. Le rectum a été également évité, non-seulement à

cause de l'extrême difficulté de constater les degrés de la température
par suite de la position la plus ordinaire des opérés, par suite de la
situation d'aidés nombreux lors des amputations, mais aussi à raison
du lieu des opérations qui pouvaient intervenir durant ces recherches,
la taille, par exemple, et à raison, aussi, de la rupture possible du
thermomètre, soit lors des réactions violentes qui naissent parfois
de l'éthérisme même, soit lors des mouvements communiqués volontairement aux blessés lors de la réduction des luxations, etc. On
sait que, pour bien apprécier les modifications de la température
avec les thermomètres le plus habituellement en usage, il faut
qu'on puisse lire les degrés du thermomètre sans changer l'instrument de place. Nous ne nous servions pas encore, lors de ces recherches, du thermomètre à maxima, dont nous apprécions, aujour-
d'hui, certains avantages.

Il s'agissait, ensuite, d'établir les synchronismes qui existent
dans la circulation et dans l'état de la température. Je n'ai pas cru
devoir compliquer les notations en recherchant les états de la
respiration, à raison de la difficulté de porter à la fois, fructueu-
sement, l'attention sur un grand nombre de points, car une modification de la respiration n'est point, ainsi que je l'ai démontré,
nécessairement associée à une modification déterminée de la circulation. Il fallait enfin, et surtout, associer aux synchronismes
présentés par la température et par la circulation, les notations
des périodes de l'éthérisme, bases principales des études entreprises.

Il importe, ici, de bien préciser quelles sont les périodes de
l'éthérisme qu'il a semblé indispensable de rechercher. Dans le
tome II (page 496) de mon ouvrage[1], après avoir exposé tous les
synchronismes et indiqué les exceptions aux apparences les plus ordinaires, j'ai traité des formes multiples de l'éthérisme et fixé ses
périodes principales.

J'ai indiqué : 1° une période d'essai, pendant laquelle le malade
se soumet et s'accoutume au mécanisme de l'inhalation et en éprouve
les premiers résultats sur les muqueuses buccale et trachéale, sur
les sens et sur l'équilibration musculaire; 2° une période d'excitation; 3° une période chirurgicale; 4° une période de collapsus; 5° un
retour progressif à l'état normal, dans l'ordre inverse des manifesta-

---

[1] *De l'emploi de l'éther et du chloroforme à la clinique chirurgicale de Nancy.*

tions primitivement observées; 6° une suite plus ou moins prolongée de l'éthérisme pendant un temps qui peut dépasser plusieurs jours, et ses conséquences sur quelques fonctions.

Pour les recherches dont il est question dans le présent travail, il suffisait d'établir les synchronismes relatifs à la deuxième, à la troisième et à la quatrième des périodes qui viennent d'être énumérées.

Pour établir les manifestations les plus importantes de ces périodes, je me suis appuyé, avant tout, sur les lois que j'ai formulées en 1848, et qui sont relatives à la manifestation de l'insensibilité périphérique, et aux manifestations de l'éthérisme des muscles des mâchoires, et ensuite sur l'état de contraction ou de dilatation de l'iris, état qui traduit si parfaitement l'action de l'agent anesthésique, tantôt seulement sur la vie de relation, tantôt sur cette vie et, à la fois, sur le grand sympathique.

J'ai à peine besoin d'ajouter qu'en suivant ces trois guides principaux dans mes anesthésiations les fonctions de la circulation et de la respiration sont sans cesse surveillées.

Voici la définition que j'ai formulée de la *période d'excitation*, de la *période chirurgicale* et de la *période de collapsus*, et dont j'ai déjà donné une explication théorique qui sera reproduite dans ce travail.

Période d'excitation. — Perversion intellectuelle, excitation des systèmes artériel, respiratoire, musculaire; période dans laquelle on observe l'anesthésie périphérique aux membres et au tronc, et la conservation plus ou moins complète de la sensibilité au front et aux tempes.

Période chirurgicale. — Période de suspension de l'intelligence, d'anesthésie générale périphérique et profonde, de relâchement musculaire général, sauf celui des muscles des mâchoires restées serrées, et dans laquelle la respiration et la circulation paraissent se rapprocher du type normal. Dans cette période, les pupilles restent contractées. En donnant plus d'intensité à cette forme de l'éthérisme, elle devient une transition très-facile à la période du collapsus. En laissant habilement, au contraire, cette période se rapprocher un peu de la période précédente (excitation), il est possible de la maintenir sans danger pour le sujet anesthésié, pendant tout le temps des opérations les plus longues à pratiquer.

Période de collapsus observé dans tous les appareils, sauf l'appareil utérin; collapsus observé même dans les muscles des mâchoires qui se séparent l'une de l'autre facilement; dilatation des pupilles; période offrant un ralentissement plus ou moins marqué dans la respiration et dans la circulation; pâleur de la face; froid des extrémités ; sueur froide et visqueuse; production d'écume bronchique; période dont le degré le plus élevé rappelle l'apparence de l'agonie.

Par ce qui précède, on voit que pour noter les périodes de l'éthérisme il faut bien posséder la science de l'anesthésiation, car les périodes de l'éthérisme sont dans certains cas mal définies et elles ne se succèdent pas toujours classiquement, si l'on peut s'exprimer ainsi. Tantôt elles reculent pour prendre ensuite une forme nouvelle; ici le savoir du praticien a une importance extrême pour la direction de l'anesthésiation. L'éthérisme ne s'accroît pas chez tous les opérés de telle sorte que l'on puisse constater successivement la période d'excitation, la période chirurgicale et la période de collapsus. La science du chirurgien tend d'ailleurs à éviter cette dernière période, autant qu'il est possible.

Il faut, après s'être assuré de la valeur du thermomètre employé, prendre, avant l'anesthésiation, un point de départ, à la fois, pour la température et pour le pouls. En choisissant la même heure pour les opérations, ce qui a pu avoir lieu à ma clinique, on observe moins d'écarts dans les notations thermométriques et l'on se familiarise plus facilement avec les modifications que l'éthérisme fait éprouver à la température. On comprend l'avantage d'une heure fixe, si l'on se souvient que Billroth a indiqué que l'état normal de la température varie dans la journée de $1°,6$; que la température offrant $36°,3$ le matin offre $37°,9$ le soir spécialement après le repas.

J'ai eu la chance heureuse de pouvoir, 24 fois sur 25 cas, rechercher les modifications de température sur des sujets sans fièvre. L'exception a porté sur un malade offrant, avant l'anesthésiation, $39°,8$.

Il faut tenir compte des difficultés nées de l'éthérisme même, des mouvements des opérés, des dangers qu'ils courent et qui, à un moment indéterminé, soit pendant une hémorragie, soit pendant le collapsus, font abandonner par l'opérateur toute notation des observations thermométriques pour ne songer qu'au salut de l'opéré; on comprend dans ces circonstances les erreurs et les lacunes si bien motivées dans les notes prises par les aides préposés aux observations et parfois si impressionnés et effrayés par les scènes graves dont ils sont les témoins. Me sera-t-il permis d'ajouter à ces remarques, en vue des observateurs qui voudront répéter mes recherches, que, pour faire fructifier les expériences, il faut, immédiatement après les notations, se rendre un compte bien exact des périodes de l'éthérisme qui ont été traversées, car il est impossible d'arriver au vrai s'il se passe quelque temps entre les faits et l'étude qu'on veut en faire.

Les vingt-cinq anesthésiations qui ont été les motifs des recherches sur la température ont été faites avant et pendant les opérations suivantes : quatre amputations de cuisse motivées par des traumatismes graves et par des affections chroniques; quatre amputations de jambe, mêmes motifs; une amputation du bras et deux amputations de l'avant-bras motivées par des maladies osseuses; dix ablations de tumeurs cancéreuses à la face, au cou et au sein; une réduction de luxation du bras; une réduction de luxation de l'avantbras; une recherche de calcul vésical; une recherche en vue d'une fracture du radius.

J'ai exposé mes observations dans leur ordre chronologique; cet ordre montre mieux que tout autre les intentions qui ont présidé à ces recherches et les modifications qui ont été apportées successivement dans ces études. Je dirai tout de suite les regrets que j'ai ressentis en trouvant des lacunes inattendues dans la rédaction de certains faits pour lesquels la succession de la période d'excitation et de la période chirurgicale, et surtout la manifestation de la période de collapsus, devaient donner un très-grand intérêt aux notations thermométriques. Il en a été ainsi lors de l'ablation d'un vaste carcinome épithélial de la nuque, faite le 20 décembre 1873, et pendant laquelle un collapsus profond, en faisant redouter, pendant quelques instants, la mort de l'opérée, détourna les observateurs des notations dont ils étaient chargés. Il en a été de même lors d'une amputation de cuisse, pratiquée le 21 avril 1874, et pendant laquelle non-seulement le point de départ thermoscopique n'a point été noté, mais durant laquelle les notations thermoscopiques n'ont point été faites au moment d'un collapsus qui avait motivé l'abaissement du pouls de 120 à 44 pulsations par minute. C'est parce que ces lacunes ont eu lieu, c'est parce que, parfois, le commencement des opérations, leur interruption, leur reprise, leur durée, leur terminaison n'ont point été notées exactement, que j'ai cru indispensable de renouveler mes recherches et de les continuer tant qu'elles n'ont pas abouti à la certitude complète, obtenue, enfin, tout récemment. Je crois devoir donner toutes mes observations avec les imperfections qu'elles ont présentées à leur début.

ÉNONCÉ DES RECHERCHES [1].

20 DÉCEMBRE 1873.

Ablation d'un vaste carcinome épithélial à la nuque, datant de 27 ans. Femme, 37 ans.

J'ai dit déjà combien cette observation avait laissé de lacunes regrettables.

Période d'excitation.
4′ Anesthésie des pieds et des mains. Sensibilité persistante à la tempe droite.
Période chirurgicale.
6′ Anesthésie périphérique complète.................. T. 36,8   P. 84
Commencement de l'opération.
9′...   39   72
Période de collapsus.
10′ Hémorragie très-grave, menace de syncope; pouls presque inappréciable; mâchoires encore contractées; pupilles non dilatées; pâleur de la face; sueur froide. Crainte pour l'opérée. Opération suspendue; compression des carotides; élévation des membres inférieurs.
20′ Pupilles un peu dilatées; relâchement musculaire des mâchoires.
24′ Réaction, réveil de la malade qui ressent des bourdonnements dans les oreilles. Opération reprise et terminée avec peu d'écoulement nouveau de sang.
31′...   112
39′...   104
Dans la journée, nul frisson; urine rare.
Le lendemain.................................... 38,5   120

3 JANVIER 1874.

Anesthésiation en vue du diagnostic d'un traumatisme du coude (fracture du radius).
Homme adulte.

Point de départ avant l'anesthésiation.................. T. 36,6   P. 64
Période d'excitation.
1′...   36,8

---

[1] Le nombre des minutes écoulées depuis le commencement de l'anesthésiation est suivi du signe qui signifie minute. La température est indiquée par la lettre T. La circulation est indiquée par la lettre P, pouls.

2′ Excitation musculaire............................ T. 37   P. 72
Période chirurgicale avec alternance vers l'état normal.
6′ Recherche des lésions osseuses.....................   84
8′ Alternance, retour de la sensibilité à la tempe gauche...   36,8   72
9′ Reproduction de la période chirurgicale..............   36,8   60
10′ *Retour à l'état normal.*........................   37,1

Dans cette anesthésiation, pendant laquelle nulle hémorragie n'a existé, la température s'est accrue de $\frac{4}{10}$ de degré pendant la période d'excitation ; elle a baissé de $\frac{2}{10}$ pendant la période chirurgicale et s'est trouvée après le retour à l'état normal, sous le rapport de l'éthérisme, à $\frac{5}{10}$ au-dessus du point de départ.

6 JANVIER 1874.

Amputation de la cuisse gauche motivée par une carie du genou. Homme jeune.

Avant l'anesthésiation......................... T. 37,2   P. 76
Période d'excitation 30″. Excitation intellectuelle..........   37,4   88
2′ 15″ Perversion intellectuelle......................   37,5
3′ *Période chirurgicale*........................   37,4 ½   88
Amputation pratiquée...........................   37,4   88
9′...   37,2   88
14′..   37   88
16′ *Réveil complet*............................   37   88
Perte de sang assez considérable.

Température accrue de $\frac{2}{10}$ de degré pendant la période d'excitation ; recul progressif de la température de $\frac{3}{10}$ et de $\frac{5}{10}$ de degré pendant la période chirurgicale.

Au réveil, $\frac{2}{10}$ de degré en moins sur le début.

Le soir, l'haleine exhale l'odeur du chloroforme.

7 JANVIER 1874.

Réduction d'une luxation de l'avant-bras, en arrière, datant de 70 jours.
Enfant, 11 ans.

Avant l'anesthésiation......................... T. 37   P. 108
6′ *Période chirurgicale.*........................   36,6   108
Tentative de réduction   36,4
7′ Réveil du malade, nouvelle anesthésiation...........   37   108
7′ 30″ *Période d'excitation.* Excitation musculaire.........   37,4   108
10′ *Période chirurgicale*........................   36   92
10′ 30″ *Période de collapsus*   35,8   92
11′..   35,8   92
15′..   35,7   92
20′..   35,6   88

13.

Nulle hémorragie. Pendant la période d'excitation, élévation de $\frac{1}{10}$ de degré. Pendant la période chirurgicale, abaissement de $\frac{1}{10}$, et pendant la période de collapsus abaissement total de 1°,4. Mais, je l'avoue, cette observation m'a laissé des doutes relatifs aux périodes marquées par les minutes 10′, 11′, 15′ et 20′. Au premier réveil, retour au point de départ.

JANVIER 1874.

Amputation de l'avant-bras par suite de difformité de la main
(clinique de M. le professeur Rigaud). Homme adulte.

Avant l'anesthésiation......................	T. 36,5	P. 84
Période d'excitation. 3′ Excitation musculaire.....	37,2	88
3′ 30″................................	37,3	88
Période chirurgicale incomplète. Amputation......	37,2	80, 76 et 72

Pendant la période d'excitation, élévation de $\frac{1}{10}$ et recul de $\frac{1}{10}$ pendant la période chirurgicale.

24 JANVIER 1874.

Amputation de l'avant-bras, motivée par une carie du carpe. Homme adulte.

Avant l'anesthésiation	T. 37	P. 96
1′ 30″ à 2′ 30″ *Période d'excitation.*		
Perte de conscience, excitation musculaire..........	37,2	88
3′ *Période chirurgicale.* Anesthésie	37,5	80
4′....................................	36,4	80
5′....................................	37,3	72
6′....................................	37	68
Réveil.		
9′ à 15′..............................	37	60 et 72

Pendant la période d'excitation, élévation de $\frac{2}{10}$.

Pendant la période chirurgicale, encore une augmentation de $\frac{3}{10}$ de degré, puis abaissement de $\frac{5}{10}$.

26 JANVIER 1874.

Amputation des deux jambes, broyées par une locomotive. Deux anesthésiations.
Homme adulte.

Première anesthésiation suivie d'une amputation de la jambe droite.

Avant l'anesthésiation........................	T. 37,2	P. 72
2′ 50″ *Période d'excitation*..................	37,4	72

3′..	T. 37,5	P. 72
4′ *Période chirurgicale*........................	37,6	72
5′ Amputation, perte de sang assez abondante.........	37,5	72
6′..	37,4	68
16′...	37,2	68
21′ Réveil.....................................	36,9	68

Deuxième anesthésiation suivie de l'amputation de la jambe gauche.

Avant l'anesthésiation.........................	T. 37	P. 60
Période d'excitation.		
2′..	37,1	68
2′ 30″ *Période chirurgicale.*...................	37,2	68
Amputation.		
3′ 15″..	37,1	68
5′..	37	72
Au réveil....................................	37	92

Hémorragie assez abondante comme lors de la première amputation ; pendant les périodes d'excitation, élévation de la température de $\frac{1}{10}$ et de $\frac{1}{10}$ de degré, accrue encore de $\frac{1}{10}$ de degré au commencement de la période chirurgicale; puis, pendant cette période, recul de $\frac{1}{10}$ et de $\frac{2}{10}$ de degré. Au premier réveil, abaissement de $\frac{3}{10}$; au deuxième réveil, température égale à la température du début.

24 FÉVRIER 1874.

Extirpation d'un épithéliome de la lèvre et du menton. Homme, 48 ans.

Avant l'anesthésiation.........................	T. 37,8	P. 76
Période d'excitation.		
5′ Perversion intellectuelle.....................	37,8	108
12′ Roideur musculaire	37,8	
Période chirurgicale.		
14′ Anesthésie................................	37,6	72
Opération pratiquée, durée 7′.		
17′...	37,4	62
21′ Fin de l'opération, les artères étant liées.........	37,4	88
Réveil. Perversion intellectuelle de retour.		
Application de cinq sutures entortillées.............	37,4	84 et 80
Perte de sang peu importante.		

La période d'excitation n'a pas augmenté la température; celle-ci a baissé de $\frac{1}{10}$ de degré pendant la période chirurgicale.

3 mars 1874.

Ablation d'un carcinome épithélial au menton.

Avant l'anesthésiation........................	T. 36,8	P. 72
Période d'excitation. Agitation musculaire :.............	37,1	76
15′ Période chirurgicale. Anesthésie à la tempe.		
On commence l'opération...................	37,1	72
17″ Le malade réagit. On revient à l'anesthésiation.......	76	78
L'opération est pratiquée ; l'anesthésie n'est pas complète ; l'excitation musculaire reparaît et motive l'interruption des notations thermométriques.		
Après l'opération.........................	37	88

Frisson consécutif, immédiat, prévu et annoncé.

Grande lacune dans les notations thermométriques. En somme, accroissement de la température de $\frac{2}{10}$ de degré pendant la période d'excitation.

21 avril 1874.

Amputation de la cuisse droite, à la suite d'un broiement du membre par une locomotive. Homme, 37 ans. Pendant cinq heures, avant l'amputation, crainte de mort prochaine.

Avant l'anesthésiation.......................		P. 120
Période d'excitation. Perversion intellectuelle marquée.		
Période chirurgicale......................	T. 36,8	120
Ligature de l'artère crurale avant l'amputation. Respiration anxieuse ; 44 mouvements inspiratoires.		
6′ *Période de collapsus*. Pouls très-affaibli..........		44
Suspension de l'anesthésiation ; réapparition de la sensibilité.		
L'amputation est pratiquée sans profiter de l'anesthésie obtenue d'abord. 2 ligatures d'artères ; agitation du blessé. Réunion des plaies par des sutures.		
30′.........................		60

Les pupilles sont contractées, mais il existe une tendance à la syncope ; la respiration est ralentie ; la température est visiblement diminuée. Rapide élévation des membres, abaissement de la tête ; retour complet de l'intelligence. Peu de sang perdu, par suite de la ligature de l'artère crurale préalable à l'amputation.

45′ Nouvelle syncope, mâchoires non serrées. Mort.

Cette opération, qui en réalité, fut très-importante à raison des dangers évités pendant l'éthérisme et pendant l'amputation, avant l'épuisement du malade, est bien incomplète sous le rapport de la recherche des températures. J'ai cru devoir consigner certains détails qui concernent la période chirurgicale et le collapsus de la circulation.

— 199 —

22 AVRIL 1874.

Amputation de la cuisse gauche, motivée par une gangrène, par suite de l'obturation traumatique de l'artère poplitée. Homme jeune.

Cette observation, pendant laquelle le trouble de l'observateur l'a empêché de noter les températures, n'a qu'un intérêt relatif à la circulation.

25 AVRIL 1874.

Amputation de la cuisse gauche, motivée par des accidents de fracture déterminée par la chute d'une poutre.

Observation n'offrant qu'un seul point intéressant : similitude de la température avant l'anesthésiation et au réveil.

2 MAI 1874.

Ablation de tissus cancéreux à la face. Homme adulte.

En somme, température accrue de $\frac{3}{10}$ de degré, soit pendant la période d'excitation, soit au début de la période chirurgicale, et notée, au réveil, de $\frac{2}{10}$ de degré encore au-dessus du point de départ.

30 mai 1874.

Extirpation de deux tumeurs cancéreuses. Femme âgée.

Avant l'anesthésiation	T. 37,4	P. 96
3′ *Période d'excitation.* Anesthésie aux pieds	37,7	96
5′ Diminution de l'intelligence et perte de la conscience . . .	37,7	96
8′ *Période chirurgicale.* Anesthésie aux tempes, iris contractés, mâchoires serrées ; l'opération est commencée	37,6	88
10′ Réaction, reprise du chloroforme.		
11′ Excitation musculaire. *Retour de la période d'excitation*.	37,7	100
12′ Figure congestionnée, vomissements ; l'opération est terminée	37,8	
15′ Retour de l'intelligence	37,8	108
Recherche de quelques points malades.		
16′ Constatations de la sensibilité à la tempe	37,9	96
25′ Plaintes à l'occasion du passage des épingles pour les sutures ; l'opérée répond aux questions.		
29′ Céphalalgie. Contractions des muscles abdominaux	37,8	92

Observation remarquable à raison du retour de la période d'excitation, après la période chirurgicale, reproduisant l'élévation de la température accrue de $\frac{3}{10}$ de degré pendant la première période d'excitation, s'abaissant de $\frac{1}{10}$ pendant la période chirurgicale, se relevant de $\frac{1}{10}$ pendant la deuxième période d'excitation, et accrue en définitive de $\frac{4}{10}$ en comparant avec le point de départ.

2 juin 1874.

Ablation du sein. Femme adulte.

Avant l'anesthésiation	T. 37,4	P. 100
2′ *Période d'excitation.* Perversion intellectuelle	37,5	64
4′ Anesthésie aux mains, réaction aux tempes	37,6	64
6′ *Période chirurgicale*	37,7	64
15′ Légères réactions pendant l'opération	37,7	60
20′ *Opération terminée.*	37,6	64

Température accrue de $\frac{2}{10}$ de degré pendant la période d'excitation, de $\frac{1}{10}$ encore pendant la période chirurgicale, durant laquelle ont lieu de légères réactions ; température commençant à baisser après la fin de l'opération.

17 juin 1874.

Amputation de la cuisse gauche, atteinte de gangrène. Homme adulte.

Avant l'anesthésiation	T. 39,8	
2′ *Période d'excitation*	39,7	P. 96
3′ *Période chirurgicale*	39,7	

Amputation pratiquée : hémorragie assez considérable.

5′.. T. 39,4

Réveil.. 39,3

Augmentation de la température de $\frac{1}{10}$ de degré pendant la période d'excitation; abaissement de la température de $\frac{6}{10}$ durant la période chirurgicale. Au réveil, température moindre de $\frac{5}{10}$ sur la température du début : fièvre antérieure à l'amputation. Hémorragie pendant l'amputation.

23 JUILLET 1874.

Amputation de la cuisse gauche, atteinte de carie. Homme âgé.

Avant l'anesthésiation.. T. 37,8

3′ *Période d'excitation.*..................................... 37,6   P. 104

8′ *Période chirurgicale.* L'amputation est pratiquée........ 37,4   84

11′ Réapparition de la période d'excitation; mouvements

     musculaires.. 37,5

16′... 37,5

21′... 37,4

27′ *Réveil; retour de la conscience.*....................... 37,6   72

39′ Pansement au coton terminé................................ 37,6   76

Crainte d'erreur pour les notations lors de la 3e et de la 21e minute. En tout cas, abaissement de $\frac{4}{10}$ de degré pendant la période chirurgicale, accroissement de $\frac{1}{10}$ pendant la deuxième période d'excitation, abaissement de la température de $\frac{2}{10}$ de degré au réveil et longtemps encore après.

27 NOVEMBRE 1874:

Amputation de l'avant-bras, motivée par la carie du carpe droit. Homme, 63 ans.

Avant l'anesthésiation...................................... T. 37,4   P. 96
Application de la compression circulaire d'Esmarch.

5′ *Période d'excitation*..................................... 37,6   92

6′ Persistance de la sensibilité.............................. 37,7   108

8′ Anesthésie périphérique; ronchus; application du garot

     d'Esmarch. Enlèvement de la bande en caoutchouc; membre

     pâli... 37,7   100

10′ *Période chirurgicale.* Résolution musculaire, pupilles con-

     tractées, mâchoires serrées, respiration régulière, anes-

     thésie aux tempes; cessation de l'anesthésiation. L'ampu-

     tation est pratiquée... 37,5

13′ La section des os de l'avant-bras a lieu................... 37,4   68

14′ L'amputation est complète; la plaie est exsangue.

15′ Retour de la contractilité musculaire..................... 37,3   72

16′ Les ligatures artérielles sont terminées.................. 37,2   76

19′ Toux ; sensibilité aux tempes...................... T. 37,4 P. 88
20′ *Réveil.* L'opéré ouvre les yeux ; pupilles contractées.
22′ Réapparition de l'intelligence..................... 37,2 68
25′ L'opéré cause avec les assistants.................. 37,3 64
L'hémorragie a été assez considérable.

En résumé, température élevée de $\frac{3}{10}$ pendant la période d'excitation ; abaissée de $\frac{5}{10}$ pendant la période chirurgicale, oscillant pendant la toux, en s'accroissant de $\frac{2}{10}$ de degré ; retombant à $\frac{2}{10}$ de degré au-dessous et restant, au réveil, à $\frac{1}{10}$ de degré au-dessous de la température du début.

JANVIER 1875.

Réduction d'une luxation sous-coracoïdienne, datant de 25 jours,
chez une femme âgée de 58 ans.

Avant l'anesthésiation............................ T. 37,7 P. 110
Période d'excitation.
2′ Perversion intellectuelle....................... 38 98
4′ Rêve ; pas d'anesthésie......................... 38,2 96
7′ Anesthésie aux pieds, réaction aux mains et aux tempes.
8′ Anesthésie aux mains, réaction aux pieds.......... 38,2
Période chirurgicale.
9′ Résolution musculaire, pupilles contractées, mâchoires
    serrées.
10′ 38,1
12′ Oscillation dans la période chirurgicale, réaction à la
    tempe et à la jambe gauche..................... 37,9
13′ Retour de l'anesthésie à la tempe. Tentative de réduction
    par l'ancien procédé.......................... 37,7
14′ 37,8 60
16′ Nouvelle tentative de réduction................ 37,8 60
18′ Tentative de réduction par le procédé de White.
19′ Réduction obtenue............................. 37,5 72
20′ Reproduction de la luxation.
22′ Nouvelle réduction définitive. Cris de la malade... 37,5
25′ *Réveil* 37,3

Résumé : température accrue de $\frac{5}{10}$ pendant la période d'excitation, diminuée pendant la période chirurgicale de $\frac{5}{10}$, se relevant de $\frac{1}{10}$ pour diminuer encore, et apparente au réveil de $\frac{4}{10}$ au-dessous de la température du début. Nulle hémorragie.

29 JANVIER 1875.

Anesthésiation chez un enfant très-jeune, en vue de la recherche d'un calcul vésical.

Avant l'anesthésiation .... T. 36,5 P. 72

1′ *Période d'excitation*. Nul mouvement, nulle parole. . . . . .   T. 37,2   P. 100
8′ Anesthésie à la main, réaction aux tempes.
4′   37,2   80
5′ *Période chirurgicale*. Ronchus; anesthésie aux tempes. . .   37,1   80
6′ Cathétérisme pratiqué. Cessation de l'inhalation de chlo-
    roforme.
7′   37   91
9′ *Réveil*. Perversion de retour; l'enfant dit qu'il a sommeil.   36,8

Élévation de la température de $\frac{1}{10}$ pendant la période d'excitation; recul de $\frac{2}{10}$ pendant la période chirurgicale. Au réveil, température accrue de $\frac{3}{10}$ sur le début.

30 JANVIER 1875.

Ablation d'une tumeur cancéreuse du sein. Femme, 42 ans.

Avant l'anesthésiation . . . .   T. 36,8   P. 84
Période d'excitation.
1′ 30″   36,9   96
2′ La malade répond aux questions.   37
4 Perversion intellectuelle.   37,1   76
5′ Plaintes et larmes.
5′ 15″ Rêves, agitation   37,1   80
6′ 15″ Anesthésie aux mains, réaction aux pieds. . . .
7′   37,1   76
8′ Ronchus sonore.
9′ 15″ Anesthésie au pied droit. Sensibilité conservée au pied
    gauche; yeux portés en haut; iris contracté.   37,1   88
10′ 30″ Anesthésie aux deux pieds; les tempes réagissent en-
    core.   37,1
11′ 30″   37   70
Période chirurgicale.
12′ Insensibilité aux tempes.
12′ 30″ Résolution musculaire. L'anesthésiation est cessée.
13′ L'opération est commencée; un écoulement abondant de
    sang a lieu. Un changement dans la situation des aides
    détermine l'enlèvement du thermomètre.
15′ Plaintes; reprise de l'inhalation   88
18′ 30″ L'opération est terminée. Recherche des artères à lier;
    l'iris est contracté; les mâchoires sont serrées; l'anes-
    thésiation est cessée.
20′ L'opérée semble devoir vomir.   75
Période de transition et commencement de collapsus.
20′ $\frac{1}{2}$ Pupilles dilatées; mâchoires encore serrées toutefois;
    un peu d'écume bronchique entre les lèvres. Le thermo-
    mètre est replacé sous l'aisselle.
21′ 15″   36,2   120
22′ 45″   36,2   100

24′ 3o″ Les pupilles sont encore dilatées. La ligature d'une
artère a lieu.

25′ *Fin du collapsus.* Perversion intellectuelle de retour. L'o-
pérée appelle sa mère. Les mâchoires sont peu serrées.

28′ L'opérée s'écrie qu'on ne doit pas la réveiller, qu'elle serait perdue.

3o′ Gémissements . . . .   T. 36,4

31′ Une deuxième artère est liée.   36,6

32′ Mouvements musculaires.

33′ Ligature d'une dernière artère.

34′ Réponse aux questions. 36, 7

35′ Réveil complet. . . . .   P. 8o

Résumé : pendant la période d'excitation, accroissement de la
température de $\frac{3}{10}$ de degré; à la fin de cette période, abaissement
de $\frac{1}{10}$. Au début du collapsus, baisse de $\frac{2}{10}$; au réveil définitif, $\frac{1}{10}$
de température en moins du point de départ.

2 FÉVRIER 1875.

Ablation d'une tumeur colloïde à la face. Homme, 53 ans.

Avant l'anesthésiation . . . .   T. 36,9   P. 73

1′ *Période d'excitation.* Toux.   37

2′ 15″ Perversion intellectuelle, agitation musculaire.   37

3′, 3′ 45″, 4′ 15″. Ronchus   37

4′ 45″ Anesthésie aux pieds, réaction aux tempes.   37   110

5′ 15″.   37   120

Période chirurgicale.

6′ Anesthésie aux tempes; pupilles contractées; mâchoires
serrées.

6′ 45″   36,9   108

7′ 15″ Réaction légère, reprise du chloroforme.   36,9

8′ L'opération est commencée; plaintes.   37

8′ 3o″ Loquacité. Opération suspendue.

9′ Opération reprise.   36,9

9′ 45″ L'opéré prononce des phrases incomprises.   120

1o′ 15″   36,8

11′ Réveil; l'opéré ouvre les yeux.

12′   128

12′ 3o″ La tumeur est enlevée complétement.

13′ Une ligature est faite.

14′ Conversation de l'opéré avec les assistants.

15′ Une ligature. Hémorragie assez abondante.

16′   36,6   128

14′ Perversion de retour constatée.

18′ Sutures.   36,6

1 2′ 15″ Les sutures sont terminées. Retour complet de l'in-
    telligence.

22′ 30″ .... T. 36,6   P. 120

25′ L'opéré est fort étonné d'apprendre que la tumeur est
    enlevée. Nul souvenir des rêves.

En résumé, élévation de la température de $\frac{1}{10}$ de degré pendant
la période d'excitation; recul de $\frac{1}{10}$ pendant la période chirurgicale;
oscillation, température élevée de $\frac{1}{10}$, puis abaissée encore de $\frac{2}{10}$.
Hémorragie. Au réveil complet, température au-dessous du point
de départ de $\frac{2}{10}$.

9 MARS 1875.

Amputation de jambe motivée par une carie. Homme, 58 ans.

Avant l'anesthésiation.......................... T. 37,2   P. 76

Période d'excitation.

2′ 30″ Calme.

3′ Agitation musculaire; résistance; le thermomètre
    est déplacé à plusieurs reprises............   92

Période chirurgicale.

6′ Anesthésie périphérique générale............   36, 8

L'amputation est commencée. Perte de sang très-abon-
    dante.

8′ Yeux portés en haut, pupilles contractées, mâchoires
    serrées, ronchus, respiration égale.

10′ Bredouillement.......................... 36,4

12′ 36,5   60

13′ 30″ *Réveil.* Mâchoires serrées............. 36,6   68

15′ 36,5   72

15′ 30″ Perversion intellectuelle de retour 36,6   76

16′ Retour de l'intelligence normale..............   80

18′ Pupilles contractées...................... 36,6   80

19′ 36,6   84

22′ 36,3   76

24′ 36,8   72

29′ 36,9   70

32′ Le pansement au coton est appliqué..........   76

35′   68

36′ 36,8   60

37′   56

37′ 30″   55

41′ 36,8   56

44′ 38,8   84 et 76

En résumé, abaissement de la température pendant la période
chirurgicale de $\frac{4}{10}$ de degré. Hémorragie. Au réveil, abaissement
de $\frac{4}{10}$ sur le point de départ.

13 mars 1875.

Ablation du sein droit (tumeur fibreuse).

Avant l'anesthésiation.................................	T. 37,5	P. 116, 108

Période d'excitation.

2′ Perte de conscience	37,7	96
3′ Suspension de l'intelligence, anesthésie aux pieds et aux mains, réaction aux tempes..........	37,7	88
Très-légères réactions aux tempes. Calme parfait, ni parole ni mouvements.............	37,7	80
5′ Face colorée, espèce de chant, rigidité musculaire.................................	37,7	92

6′ Nulle réaction aux tempes. Une première incision motive une réaction légère.

Période chirurgicale.

8′ Résolution musculaire. On cesse l'inhalation du chloroforme...........................	37,4	84
11′ Mouvements de l'opérée. On reprend le chloroforme.................................	37,2	
14′ La tumeur est enlevée, mais il en reste quelques prolongements dans le tissu cellulaire........	37,2	68
17′ Quelques mouvements de l'opérée pendant la recherche des prolongements. L'anesthésiation n'est plus continuée.....................	37,1	72

22′ L'opération est terminée.

Période de collapsus.

Face pâlie très-considérablement. Résolution musculaire complète, sauf à la mâchoire; iris un peu dilaté; respiration à peine perceptible.......	36,8	50
23′	36,8	72
24′ La recherche des artères a lieu (des doigts et des éponges avaient jusque-là arrêté les jets de sang). Réaction lors de l'action des pinces à ligature. Deux ligatures artérielles.................	36,7	76
27′..................................	36,6	80
33′ *Réveil.* La malade, vivement interpellée, ouvre les yeux; les tempes réagissent lors des piqûres; les pieds et les mains sont encore insensibles..	36,6	92

35′ Plaintes, réactions.

39′ Pansement..........................	36,6	
42′..................................	36,8	
45′ La malade s'inquiète de l'opération........	37	92
51′ L'opérée a perdu une assez grande quantité de sang..................................	37	

En résumé, élévation de $\frac{2}{10}$ de degré pendant la période d'excitation, abaissement de $\frac{6}{10}$ pendant la période chirurgicale, abaissement encore de $\frac{4}{10}$ durant la période de collapsus. Au réveil, température relevée de $\frac{2}{10}$ et restée de $\frac{1}{10}$ au-dessus de la température minimum et de $\frac{4}{10}$ au-dessous de la température de début.

Cette observation montre l'un des abaissements les plus considérables du thermomètre; du début à la fin de la période de collapsus, accompagné d'hémorragie, abaissement total de $\frac{1}{10}$ sur la température prise avant l'anesthésiation.

Ainsi que je l'ai indiqué à plusieurs reprises, certaines observations sont incomplètes; elles prouvent les difficultés de ces recherches au milieu des préoccupations multiples qui sont parfois imposées au chirurgien par un ensemble de circonstances diverses. J'avais, en effet, dans un certain nombre des opérations qui viennent d'être indiquées, à faire, parallèlement aux recherches relatives à la température, usage de la méthode hémostatique du professeur Esmarch, avant et pendant l'éthérisme. J'avais à diriger et à surveiller l'anesthésiation et les manifestations de l'action du chloroforme durant les diverses périodes de l'éthérisme et à pratiquer en même temps des opérations parfois très-graves, auxquelles j'ai fait succéder fréquemment l'emploi de la méthode du professeur J. Guérin relative aux pansements ouatés.

Les dernières observations, si remplies de faits, montrent que, successivement, les observations se sont rapprochées de plus en plus de l'exactitude cherchée.

Ces observations ont montré, plusieurs fois aussi, comment la circulation, élevée par suite de l'émotion des futurs opérés, s'est abaissée rapidement dès que l'abolition de la conscience a produit un calme dans l'intelligence. Sans qu'un synchronisme parfaitement exact ait été évident, on peut dire qu'en général l'accroissement de la température a coïncidé avec celui de la circulation, et que la diminution de la température a coïncidé avec celle du nombre des battements artériels.

Une remarque doit être faite encore. Par un heureux hasard, 24 opérés sur 25 ne présentaient pas de fièvre avant l'anesthésiation (une exception notable pour l'observation du 17 juin 1874). Presque tous les opérés, aussi, étaient à jeun avant l'emploi du chloroforme commencé, en général, à 9 heures du matin.

Au début de ce travail, j'ai parlé de la théorie qui permettrait d'attribuer l'accroissement de la température à une paralysie partielle des nerfs vaso-moteurs. L'énoncé de cette idée rappelle une expérience célèbre, celle de la section du grand sympathique, au cou, suivie d'une élévation de température à l'oreille correspondante, élévation motivée par un apport plus considérable du sang. Pour rester, jusqu'à la fin de mon œuvre, fidèle, autant qu'il est possible, au plan général que j'ai tracé à son début, à savoir : exposition des faits et des apparences; analyse des résultats; exposition des lois, et enfin théorie, je renvoie à cette dernière partie les considérations relatives aux actions des nerfs vaso-moteurs, au paragraphe concernant la *calorification*. Seulement, pour me permettre de réunir ici les principales conclusions définitives qui me paraissent résulter de mes recherches sur les températures, je dirai, à l'avance, comme conséquence de l'étude théorique, qu'il me paraît logique de ne point accepter une paralysie initiale des nerfs vasomoteurs comme cause de l'accroissement de la température lors de l'éthérisme, et de penser qu'ici, comme pour les autres points du système nerveux, cerveau, moelle allongée, moelle épinière, etc., une excitation primitive et spéciale des origines organiques de ce système par l'agent anesthésique est seule admissible.

CONCLUSIONS.

1° Pendant la *période* de l'éthérisme dite *d'excitation*, et au début de la *période chirurgicale*, la température notée 24 fois s'est élevée 22 fois au-dessus du point de départ fixé avant l'anesthésiation. Cette élévation a varié de $\frac{1}{10}$ à $\frac{8}{10}$ de degré.

2° Durant la *période chirurgicale*, la température, qui, cinq fois seulement, s'est accrue encore de $\frac{1}{10}$ à $\frac{3}{10}$ de degré, a présenté un recul qui a varié de $\frac{2}{10}$ à $\frac{5}{10}$ de degré.

3° Pendant la *période de collapsus*, l'abaissement de la température a été constaté de $\frac{9}{10}$ de degré au-dessous du fastigium.

4° En considérant l'ensemble des manifestations, la température s'est élevée pendant la première partie de l'éthérisme de $\frac{1}{10}$ à $\frac{8}{10}$ de degré au-dessus du point de départ.

5° En considérant l'ensemble des manifestations de la seconde phase de l'éthérisme, la température a été trouvée au-dessous du point de départ de 1°,2, peut-être même de 1°,4.

6° La température due à l'éthérisme, en considérant ses termes extrêmes, a varié de 2 degrés et peut-être de 2°,2.

7° Au réveil, la température a été notée parfois semblable à la température du début; parfois elle lui a été supérieure de $\frac{2}{10}$ à $\frac{5}{10}$ de degré; parfois elle a été constatée inférieure de $\frac{1}{10}$ à $\frac{6}{10}$ de degré à la température du début.

8° Dans quelques cas l'hémorragie a semblé donner l'explication de la température abaissée ; parfois, en l'absence d'hémorragie, cette interprétation n'a pu être admise.

9° L'âge des opérés et leur sexe n'ont pas paru apporter de modifications dans les résultats signalés.

10° Aux définitions des périodes de l'éthérisme il convient d'ajouter : pour la *période d'excitation*, accroissement de la calorification ; 2° pour la période de *collapsus*, diminution de la calorification.

11° L'accroissement de la température pendant la *période d'excitation* et le commencement de la *période chirurgicale* ne paraît pas devoir être attribué à une paralysie initiale partielle des nerfs vaso-moteurs.

12° La théorie d'une excitation spéciale et primitive des origines organiques nerveuses de ce système, par l'agent anesthésique, paraît seule admissible.

13° La diminution du nombre des battements artériels a eu pour cause notable l'abolition de la conscience. En général, l'accroissement de la température a coïncidé avec celui des battements artériels, et la diminution de la température a coïncidé avec celle du nombre des battements artériels.

Rapport sur les résultats des explorations sous-marines de 1874, par M. L. de Folin.

En poursuivant nos recherches sur les côtes qui bornent le fond du golfe de Gascogne, nous avons pu constater que certaines espèces sont communes à toutes les parties du littoral des Landes, des Basses-Pyrénées et de l'Espagne jusqu'à Gijon ; que d'autres, tout en se montrant presque partout, ne vivent que sur certains fonds, tandis qu'il s'en trouve dont l'habitat est localisé et qui demeurent propres à des points uniques. Dans un travail d'ensemble, ces diverses particularités, avec tous les détails qu'elles comportent, seront mentionnées, ainsi que cela a déjà eu lieu en partie, dans nos *Fonds de la mer*. Il ne faut pas perdre de vue que cette étude des fonds sur cette partie des côtes françaises et espagnoles, dans une portion du golfe qui peut être regardée comme constituant un point singulier, ainsi conduite, nous amènera assurément à des déductions aussi utiles à la science qu'elles le seront à la navigation et à l'industrie de la pêche côtière. C'est en accumulant, ainsi que nous cherchons à le faire, les faits et en les comparant entre eux, que l'on obtiendra ces déductions.

Nous venons d'indiquer une des faces sous lesquelles peuvent être envisagés les résultats de nos recherches pendant l'année 1874. Quant à la valeur des découvertes, nous ne pouvons encore en parler complétement. Il est facile de comprendre combien est délicate la question de détermination. N'ayant à Bayonne aucun des ouvrages indispensables pour fixer nos appréciations, soit qu'il s'agisse d'espèces déjà connues, soit qu'il s'en présente qui sont encore inédites ; ne pouvant soumettre nos spécimens à aucune comparaison, nous nous trouvons, par ces motifs, obligé, quand nous en rencontrons de douteux, de les envoyer à Paris. C'est à notre ami et collaborateur, le docteur Paul Fischer, du Muséum d'histoire naturelle, que nous les adressons. Par sa position et son savoir, personne mieux que lui ne pourrait décider de leur valeur, et sa collaboration, on le comprend, nous est des plus précieuses. Malheureusement son état de santé ne lui a pas permis de compléter encore ce travail de détermination pour 1874. De nombreux échantillons demeurent ainsi sans avoir été examinés jusqu'à ce moment. Nous aurons donc à en reparler.

Malgré cela, nous avons à enregistrer, appartenant à la faune marine, quelques espèces inédites ou nouvelles pour la région. Ce sont, parmi les Poissons : le *Scombresox Camperii*, espèce des mers du Nord qui n'avait jamais été capturée dans l'Océan.

Les Crustacés ont donné : *Cuma Folini*, n. s., Fischer ; *Herbstia condyliata*. Cette seconde espèce, qui est méditerranéenne, n'avait pas encore été signalée ailleurs.

Les Mollusques gastéropodes nous ont fourni : *Truncatella minuscula*, n. s., de Folin ; *Eulimella acicula*, var. *intersecta*; n. v.

Indépendamment de ce que nous réservent les animaux qui demeurent encore incertains sous le rapport de la classification et dont il est nécessaire de compléter l'étude, nous pourrons donner incessamment un catalogue presque complet des Entomostracés ostracodes du golfe. Il en sera de même pour les Foraminifères et les

Bryozoaires, grâce au concours de quelques savants étrangers avec lesquels nous entretenons des relations suivies et dont la coopération nous est acquise. Nos draguages nous ont en effet fourni un nombre considérable d'individus de ces petits animaux, que nous avons extraits des sables et des vases rapportés du fond. Nous aurons certainement de quoi composer d'intéressantes collections ; mais, on doit le comprendre, le moment n'est point encore venu : nos échantillons demeurent indispensables pour dresser ces catalogues, documents qui seront, eux aussi, un des résultats utiles de nos études.

Mais ce ne sont pas seulement les fonds sous-marins que nous explorons. Nous nous sommes aussi activement occupé de la faune terrestre et en particulier de l'herpétologie, de la carcinologie, de l'entomologie et de la malacologie de la région. Et c'est de même en nous appuyant sur la collaboration d'hommes spéciaux, afin d'avoir la certitude de bien faire, que nous espérons pouvoir, en temps voulu, livrer des travaux consciencieusement élaborés et dont il n'est pas nécessaire de discuter l'utilité.

La faune malacologique nous a déjà fourni deux belles espèces inédites de Naïades, l'*Unio Baudoni* et l'*U. Moreletiana*, ainsi qu'une fort intéressante variété de l'*Auricula myosotis* que nous avons appelée var. *Hiriarti*. Nous étudions en ce moment un *Peringia* et une jolie petite Lymnée, ces deux espèces nous paraissant nouvelles. Nous avons signalé la présence sur notre territoire de la *Succinea debilis*, espèce algérienne, et de l'*Auricula ciliata*, dont l'habitat reconnu était le Portugal.

Enfin nous avons trouvé, dans les lacs de la Négresse et d'Ondres, un Ostracode qui a donné lieu à notre ami et collaborateur le docteur Brady, de Sunderland, de créer le nouveau genre *Darwinella*, et nous avons encore un assez grand nombre de sujets appartenant aux Crustacés dont l'étude n'est pas terminée.

Cependant ce que nous avons accompli est bien peu de chose en comparaison de ce qui reste à faire ; mais nous pouvons en conclure que nous avons encore bien des faits curieux à constater et à enregistrer. La présence des montagnes d'une part, de la mer de l'autre, imprime à la région, telle est notre conviction, un caractère particulier qui, tout en s'unissant à ceux qui sont plus généraux et plus communs, nous autorise à pouvoir la considérer comme étant d'une nature en quelque sorte spéciale. Évidemment les animaux qui y vivent se ressentent de cette situation singulière, et pour n'en citer qu'une preuve, et celle-là est assurément bien remarquable, nous indiquerons la belle coloration métallique dont brillent quelques espèces de Mollusques et de Coléoptères. Nous considérons comme important de connaître à quelles causes ce fait singulier peut être attribué, et nous espérons qu'en poursuivant les recherches et les expériences nécessaires nous arriverons à les découvrir.

Sans prétendre pouvoir marcher de front avec la grande et belle exploration anglaise qu'exécute en ce moment le *Challenger* et dont les résultats seront vraiment grandioses, qu'il nous soit permis d'exprimer un vœu dont la réalisation grandirait quelque peu l'importance de nos recherches.

RAPPORT

À M. LE MINISTRE DE L'INSTRUCTION PUBLIQUE.

Les institutions météorologiques des États-Unis,
par M. Alfred Angot.

INTRODUCTION.

Chargé en 1874, par M. le Ministre de l'instruction publique, au retour d'un voyage scientifique en Nouvelle-Calédonie pour l'observation du passage de Vénus, de la mission d'étudier les institutions météorologiques et astronomiques des États-Unis, je donne ici la première partie de mon travail. Elle comprend tous les établissements où l'on s'occupe de météorologie, autant qu'il est possible de les connaître dans un pays aussi vaste. J'ai vérifié moi-même sur place tous mes renseignements, de sorte que ce rapport peut être considéré comme donnant une idée aussi complète et aussi exacte que possible de l'état de la météorologie aux États-Unis, au commencement de 1875.

Les établissements actuellement existants et dont j'ai eu à m'occuper sont au nombre de cinq : l'Institution Smithsonienne, le *Signal Service* de l'armée, l'Observatoire naval de Washington, l'Observatoire météorologique du parc central de New-York, et l'Observatoire Dudley, à Albany. Peut-être trouvera-t-on que sur certains points, notamment à propos du *Signal Service*, je me suis un peu étendu. J'ai cru devoir le faire pour une institution aussi remarquable, et qui reste encore sans rivale dans le monde entier. Souvent, du reste, un petit détail, insignifiant d'apparence, a son utilité pour les hommes spéciaux.

Qu'il me soit permis ici d'ajouter un mot pour me féliciter de la bienveillance que j'ai rencontrée partout en Amérique. Si l'on trouve dans ce rapport quelques détails pouvant intéresser, je le dois aux directeurs de tous les établissements que j'ai visités, et qui m'ont accueilli avec un bon vouloir qu'il est difficile d'oublier.

L'INSTITUTION SMITHSONIENNE.

Il est impossible de parler des établissements météorologiques aux États-Unis sans citer en première ligne l'*Institution Smithsonienne* qui a eu pendant plus de trente ans la haute direction des observations dans ce pays, et qui en avait fait, jusqu'en ces derniers temps, l'objet principal de ses occupations.

Comme on le sait, cette institution célèbre doit son existence à James Smithson, un Anglais, descendant des ducs de Northumberland, qui à sa mort, en 1828, avait laissé l'usufruit de sa fortune à son neveu, à condition qu'après lui elle reviendrait aux États-Unis d'Amérique, «pour fonder, sous le nom d'Institution Smith- «sonienne, un établissement destiné à favoriser le développement «de la science parmi les hommes.» Par décret du 1er juillet 1836, le Congrès accepta ce legs qui se montait alors, tout compris, à 3,250,000 francs (650,000 dollars). En outre de ce fonds, dont les revenus seulement sont employés sans que l'on puisse toucher au capital, le Congrès a dépensé plus de 2,250,000 francs pour la construction du palais de l'Institution, dont la première pierre fut posée le 1er mai 1847, et qui ne fut achevé qu'en 1856. Reconnue par une loi du 10 mai 1846, l'Institution fut confiée à un bureau de régents, sorte de surintendants qui élisent un secrétaire-directeur chargé de toute l'administration. Depuis le premier jour, le poste de secrétaire-directeur a été rempli par le professeur Joseph Henry, au dévouement duquel l'Institution doit certainement une bonne partie de son développement.

Ce ne serait pas ici la place de raconter l'histoire si connue ou de décrire l'organisation de l'Institution Smithsonienne. Depuis son origine, elle s'est dévouée à deux tâches : la première est de faciliter la production de travaux originaux dans les sciences; pour cela elle subventionne les savants et fait paraître leurs œuvres dans ses publications, les «Contributions Smithsoniennes à la science,» les «Mélanges» et les «Rapports annuels» au Congrès.

La seconde tâche que s'est imposée l'Institution est l'étude de la météorologie. Depuis 1849, elle a distribué à toutes les personnes de bonne volonté des instruments météorologiques, en exigeant d'elles en retour l'envoi mensuel de toutes les observations. Celles-ci, faites d'après un plan uniforme exposé par les «Directions pour les observations météorologiques,» ont été faites dans plus de 1,860 stations, généralement pendant plusieurs années dans chacune, et les recueils d'observations, conservés à Washington, forment certainement le plus grand amas d'observations météorologiques qui existe au monde.

Des calculateurs spéciaux, payés par l'Institution, y font toutes les réductions d'observations, tandis que des savants, souvent subventionnés par elle, en déduisent toutes les conséquences relatives au climat de l'Amérique. Le résultat de cet immense travail doit paraître en ce moment même (1875) sous forme de quatre magnifiques cartes résumant, pour chaque saison de l'année, la moyenne de toutes les observations, lignes d'égale pression, d'égale température, etc. C'est là un des travaux les plus importants que la science météorologique ait jamais eu à enregistrer.

L'Institution Smithsonienne a publié, en outre, un grand nombre de travaux de météorologie, dont quelques-uns ont été faits avec son aide matérielle. Nous donnons ici la liste de tous les ouvrages :

Dans les « Contributions Smithsoniennes à la science, » *Smithsonian Contributions to Knowledge*, ont paru successivement :

Dans le tome III (1852), *Observations on terrestrial magnetism*, by John Locke.

Dans le tome VI (1853), *Winds of the northern hemisphere*, by James H. Coffin.

Dans le tome VII (1855), *Account on a Tornado near New-Harmony, Indiana, on apvril 30, 1852*, by John Chappelsmith.

Dans le tome VIII (1856), *On the recent secular period of the aurora borealis*, by Denison Olmsted.

Dans le tome IX (1857), *On the relative intensity of the heat and light of the Sun for different latitudes of the Earth*, by L. W. Meech ; — *Auroral phenomena in north latitudes*, by Peter Force.

Dans le tome X (1858), *Magnetic observations in the Arctic seas made during the second Grinnell expedition in search of sir John Franklin in 1853, 1854 and 1856*, by Elisha K. Kane.

Dans le tome XI (1859), *Magnetic and meteorological observations made at Girard college*, by A. D. Bache, part 1. — *Meteorological observations in the Arctic seas*, by E. K. Kane. — *Observations on the terrestrial magnetism, made in Mexico, under the direction of Baron von Müller*, by August Sonntag. — *On certain storms, in Europa and America, dec. 1836*, by Elias Loomis.

Dans le tome XII (1860), *Meteorological observations made at Pro-*

vidence, R. I., *during a period of 28 years, from december 1831 to may 1860*, by Alexis Caswell. — *Meteorological observations made near Washington Ark, during a period of 20 years, from 1840 to 1859*, by Nathan D. Smith.

Dans le tome XIII (1863), *Tidal observations in the Arctic seas*, by Elisha K. Kane. — *Meteorological observations in the Arctic seas, made on board of the arctic searching yatch « Fox » in Baffin bay and Prince-Regent inlet*, by sir Leopold M' Clintock, 1857-1858-1859. — *Magnetic and meteorological observations made at Girard college*, by A. D. Bache, parts II, III, IV, V and VI. — *Records and results of a magnetic survey of Pennsylvania*, by A. D. Bache.

Dans le tome XIV (1865), *Magnetic and meteorological observations, made at Girard college*, by A. D. Bache, parts VII, VIII, IX, X, XI and XII.

Dans le tome XV (1867), *Physical observations in the Arctic seas*, by J. J. Hayes.

Dans le tome XVI (1870), *Results of meteorological observations made at Brunswick, Maine, between 1807 and 1859*, by Parker Cleveland. — *Meteorological observations made at Marietta, Ohio, between 1826 and 1859*, by S. P. Hildreth, *and between 1817 and 1823*, by Joseph Wood.

Dans le tome XVIII (1873), *Tables and results of the precipitation in rain and snow in United States*, by Charles A. Schott. — *Observations on terrestrial magnetism and on the deviation of the compasses of the U. S. ironclad « Monadnock »*, by William Harkness.

Dans le tome XX (en cours de publication), *Winds of the globes*, by J. H. Coffin.

Dans les Mélanges (*Miscellaneous collections*), on peut citer :

Dans le tome I (1852), *Meteorological tables*, by A. Guyot. — (1856) *Psychrometrical tables*, by James H. Coffin. — (1860) *Directions for meteorological observations*. — (1859) *Meteorological and physical tables*, by A. Guyot.

Dans le tome X (1871), *Circular relative to thunderstorms.* — *Circular relative to altitudes.* — *Circular relative to lightning-rods.*

Dans le tome XII (en cours de publication), *Meteorological and physical tables*, by A. Guyot, part II.

Enfin, en dehors de ces publications, viennent les mémoires suivants :

Directions for meteorological observations, by A. Guyot (1850). —

Meteorological observations from 1855 (1857). — *Results of meteorological observations from 1854 to 1859* (1861). — *Results of meteorological observations from 1854 to 1859*, vol. II (1864).

Depuis 1874, l'Institution Smithsonienne a été forcée de réduire un peu le champ de ses travaux. La faillite d'une des banques où était placé son capital a diminué ses ressources ; de plus, la création du *Signal Service* venait de rendre inutiles désormais les observations dans toutes les stations météorologiques qui correspondaient avec elle. Aussi, en 1874, l'Institution a-t-elle invité tous ses correspondants à envoyer leurs observations au *Signal Service*, et non plus à elle-même. Elle se borne maintenant à travailler sur les données qui lui sont fournies par le *Signal Service*, et à en déduire, ce que ne peut faire ce dernier, toutes les lois générales du climat de l'Amérique. C'est ainsi que ces deux grandes institutions, marchant dans des voies différentes, se prêtent un mutuel appui, et rivalisent de dévouement pour la science et leur pays.

LE « SIGNAL SERVICE ».

Nous avons vu que, depuis 1849, des observations météorologiques étaient faites aux États-Unis sous la direction de l'Institution Smithsonienne ; mais, de toutes les données qu'elles fournissaient, on ne pouvait déduire que des conclusions générales sur le climat de l'Amérique, de grande valeur pour le météorologiste, mais sans utilité immédiate pour la masse de la nation. Suivant l'exemple donné déjà en Europe, on reconnut enfin aux États-Unis la nécessité d'un service spécialement chargé d'études conduisant à des prédictions du temps à courte échéance, pour l'usage de l'agriculture et de la marine. S'ils ne furent pas les premiers à marcher dans cette voie, les Américains y dépassèrent rapidement tous leurs rivaux.

Le 9 février 1870, un acte du Congrès chargeait le Secrétaire (Ministre) de la guerre du soin des observations météorologiques et de l'annonce des orages. Immédiatement le corps du *Signal Service* (télégraphistes militaires) y fut employé. Les observations furent commencées le 1er novembre de la même année dans vingt-quatre stations réparties sur toute la surface des États-Unis, et dont le nombre fut augmenté aussi rapidement que possible ; et, moins de quatre mois après, le 19 février 1871, on commençait la publication des probabilités, ou prédictions du temps, qui n'a pas cessé depuis. L'organisation de signaux de précaution tout le long de la côte pour prévenir de l'approche des tempêtes était en même temps étudiée ; les stations maritimes étaient prêtes le 23 octobre 1871, et, trois jours après, le 26, elles inauguraient leur service en arborant le signal d'alarme au port d'Oswego (lac Ontario).

Mais, dès l'origine, on reconnut qu'une condition indispensable pour le succès de l'œuvre était de se réserver un champ d'études parfaitement limité. Depuis trente ans, l'Institution Smithsonienne faisait faire des observations pour en déduire les lois générales de la météorologie d'Amérique : le *Signal Service* se garda bien, comme cela serait peut-être arrivé autre part, d'entrer en rivalité avec cette Institution. Le champ d'études est assez vaste pour que toutes les bonnes volontés puissent s'y rencontrer sans se gêner. Aussi, laissant de côté tout ce qui a trait à la généralisation de ses résultats, le *Signal Service* se borne à faire faire de nombreuses observations et à les discuter immédiatement dans le seul but d'en déduire des prédictions à courte échéance. Mais, en même temps, il publie toutes ses observations et les distribue largement à tous les savants pour qu'ils continuent sur elles la besogne qu'il n'a pas le loisir de faire. Aussi, dès l'organisation du *Signal Service*, l'Institution Smithsonienne s'est-elle désintéressée des observations météorologiques. Elle ne les fait plus faire comme autrefois ; mais, prenant les recueils du *Signal Service*, elle y puise pour ses travaux généraux des documents en plus grand nombre et plus réguliers que ceux qu'elle pouvait se procurer autrefois de ses observateurs volontaires.

Tel est l'historique de la fondation du service météorologique aux États-Unis ; nous allons maintenant essayer d'étudier dans le détail son organisation, la plus parfaite de ce genre qui existe actuellement dans le monde, et de montrer par quelques exemples l'extension rapide qu'elle a prise et les services qu'elle peut rendre.

I.

Administration centrale. Personnel.

Comme nous l'avons dit, tout le soin des observations météorologiques a été confié au *Signal Service*, qui n'est autre que le corps d'officiers et soldats télégraphistes de l'armée. En cette qualité, il a pour chef suprême le Secrétaire (Ministre) de la guerre, et pour directeur immédiat un général de l'armée active, sous le titre d'*Officier en chef du corps des signaux de l'armée des États-Unis* (*Chief Signal-officier* U. S. A.). Depuis l'organisation du service, ces fonctions ont été remplies par le général Albert J. Myer.

En outre du service météorologique, il dirige l'École de télégraphie militaire de Fort Whipple (Virginie), où l'on instruit des officiers, sergents et soldats dans la pratique de la télégraphie et des signaux, aussi bien pour les besoins ordinaires de l'armée, en temps de paix ou de guerre, que pour les stations météorologiques. Dans ce cas, l'instruction est plus spéciale et dure un temps plus long.

Tout le personnel employé pour le *Signal Service* appartient à l'armée. Les chefs des différentes sections du bureau central à Washington sont des officiers de grades divers. Dans les différentes stations, le chef est un sergent qui porte le titre de sergent observateur (*observer sergeant*), et a sous ses ordres des «assistants» simples soldats. Ce sont, ou des soldats sortis des rangs, ou des civils qui, en entrant dans le *Signal Service*, signent un engagement de cinq ans et deviennent dès lors, comme les autres soldats, soumis à toutes les lois militaires. Pour les uns et les autres, avant d'être admis dans le *Signal Service*, il faut passer un examen préliminaire à la suite duquel ils sont envoyés à l'École de Fort Whipple. Quand leur instruction semble suffisante, ils sont dirigés comme assistants sur les stations. Après un temps de service suffisant, ils peuvent rentrer de nouveau à Fort Whipple, pour suivre des cours plus élevés aboutissant à un examen qui leur permet de gagner le grade de sergent (*observer sergeant*). Ils restent alors au fort pour être envoyés comme chefs de station suivant les besoins du service. Grâce à ce mode de recrutement des observateurs et à la discipline à laquelle ils sont toujours soumis, la régularité du service est assurée ; toute omission, tout retard dans les observations seraient punis d'après le code militaire comme refus d'obéissance. De plus, grâce toujours à ce recrutement, le budget de l'État n'est pas chargé outre mesure comme il l'aurait été par la création d'un corps spécial. En effet, le corps du *Signal Service* existait bien avant qu'on lui eût attribué les observations météorologiques, et il n'a fallu que l'augmenter un peu pour le rendre propre à ces nouvelles fonctions. C'est un moyen d'utiliser un corps qui existerait sans cela, et, si une guerre survenait, en réduisant seulement le personnel des stations, on retrouverait des télégraphistes militaires tout préparés, que leurs occupations journalières auraient entretenus dans leurs fonctions spéciales.

La solde des sergents et simples soldats augmente à mesure qu'ils ont plus de service. Il serait trop long ici d'énumérer les traitements de chaque année et de chaque grade; on les trouvera tout au long dans les tableaux justificatifs. Nous ne citerons ici que les chiffres moyens; ils se composent de deux parties : la solde proprement dite, et des suppléments pour la nourriture, l'entretien et le logement, toutes choses qu'il est impossible de fournir en nature aux hommes détachés en station.

Le traitement moyen de chaque grade est, par an :

Pour les sergents (observateurs): solde, 1,092 francs; supplément, 3,060 francs. Total, 4,152 ;

Pour les simples soldats (assistants): solde, 852 francs, supplément, 2,430 francs; total, 3,282 francs.

Sur ce traitement, on retient aux uns et aux autres: 60 francs pendant la troisième année, 120 francs pendant la quatrième, et 180 francs pendant la cinquième. Ces sommes leur sont rendues à l'expiration de leur temps de service, sauf les cas de désertion ou d'inconduite.

En dehors de ces sommes, on leur rembourse sur pièces justificatives leurs dépenses de vêtement, jusqu'à concurrence d'un maximum qui est en moyenne de 335 francs par an pour les sergents, et de 324 francs pour les simples soldats. Pour les hommes qui se rengagent après cinq ans de service, la solde est la même que pendant la cinquième année, plus un supplément fixé à 120 francs par an.

Pour juger ces traitements, il ne faudrait pas absolument les comparer à ceux des employés de nos administrations publiques, à cause de la différence du prix de la vie dans les deux pays. Cependant, malgré la cherté connue de l'Amérique, ces traitements peuvent encore paraître très-convenables, et c'est grâce à cette libéralité que le *Signal Service* peut trouver pour se recruter des hommes intelligents et dévoués.

II.

Organisation des stations.

Les observations météorologiques sont faites chaque jour dans des stations réparties sur toute la surface des États-Unis, puis envoyées télégraphiquement à Washington. Les probabilités que l'on en déduit sont renvoyées à chaque station, qui en fait la publication dans les limites de son ressort.

Le personnel se compose d'un observateur sergent aidé d'un ou de plusieurs assistants, suivant l'importance de la station. Pour l'observatoire, on loue une ou deux chambres dans une maison convenablement située, et, autant que possible, à proximité du bureau télégraphique de la ville. La maison doit toujours se trouver sur un point dominant, de façon à ne pas être enterrée par les bâtiments environnants, et le loyer, payé directement par le bureau central, ne peut pas, sauf des circonstances exceptionnelles, dépasser la somme de 90 francs par mois. La chambre aux instruments est, de préférence, au dernier étage de la maison, à cause des instruments que l'on doit installer sur le toit, et qui sont la girouette, l'anémomètre et la cuvette du pluviomètre. Dans la salle, au contraire, sont les baromètres, thermomètres et psychromètres.

Dans la girouette employée, la tige est soudée à la flèche de façon à tourner avec elle; cette tige pénètre dans le bureau d'observation à travers le toit, et se termine par une seconde flèche parallèle à la première. Sur le plafond on trace une rose des vents près de laquelle vient affleurer la seconde flèche, de sorte que, sans sortir, l'observateur peut juger constamment de la direction du vent.

L'anémomètre est celui de Robinson, avec compteur ordinaire, mais on y a ajouté un appareil d'inscription électrique, automatique. L'observateur relève seulement l'indication tracée sur le cylindre enregistreur, mais, de temps en temps, il doit vérifier qu'elle s'accorde bien avec celle du compteur. Dans quelques stations on remplace cet appareil par l'anémomètre et anémoscope de Gibbon, qui inscrit à la fois la direction et la vitesse du vent.

Le pluviomètre est de la forme ordinaire. Quand la position de la station le permet, il est placé directement sur la terre, l'ouverture du collecteur à une hauteur de 30 centimètres au-dessus du sol. Dans les villes on doit le disposer, au contraire, sur le toit du bureau et noter avec soin son élévation. Le récipient mesureur pour l'eau recueillie a une section dix fois plus faible que celle de l'entonnoir collecteur, de façon à multiplier par dix la précision des mesures.

Chaque station possède deux baromètres, système Fortin. Un des deux seulement est employé pour les observations, mais l'autre lui est comparé soigneusement au moins une fois par mois, pour servir en cas d'accidents. En temps ordinaire, le baromètre est renfermé dans une cage de bois fixée verticalement au mur; au moment de l'observation, on le tire pour le suspendre à un crochet scellé dans le mur au-dessus de la boîte, dans la pleine lumière de la fenêtre de la pièce.

Tous les thermomètres sont placés en plein air, sous un abri construit en dehors d'une fenêtre située au nord. Cet abri couvert a ses parois latérales formées de persiennes, de façon à permettre le libre accès de l'air, tout en protégeant efficacement contre le soleil et la pluie. Deux traverses fixées sur les deux parois latérales, et parallèles à la fenêtre, supportent les thermomètres : ce sont un thermomètre étalon à mercure (un autre en réserve en cas d'accidents), un psychromètre d'August (thermomètre sec et mouillé), un thermomètre à maxima et un thermomètre à minima.

Enfin chaque station possède une bonne horloge, que l'on doit toujours entretenir soigneusement réglée. Cela n'est pas difficile en Amérique, où toutes les lignes de télégraphes et de chemins de fer reçoivent directement l'heure d'un des observatoires astronomiques en si grand nombre dans ce pays.

Tels sont les instruments fondamentaux que possède au moins chaque station réglementaire. Quand les fonds du *Signal Service* le permettront, on essayera de distribuer aux stations principales quelques instruments enregistreurs. Mais, pour le moment, il est considéré comme plus utile de créer des stations nouvelles, le matériel décrit plus haut étant largement suffisant pour tous les besoins du service. Il faut nécessairement ajouter à tout cela le mobilier nécessaire à la station, acheté sur place par le sergent à des prix dont le maximum a été fixé par le bureau central, et, de plus, tous les articles de papeterie, formules imprimées, cartes et livres de référence, envoyés directement de Washington.

Dans tous les pays où passe un cours d'eau important dont les

crues pourraient occasionner des dégâts, il faut ajouter à la liste
des instruments de la station une échelle pour mesurer la hauteur
de l'eau. Elle se compose, le plus souvent, d'une poutre bien équarrie à surfaces planes, fixée solidement dans la direction même de
la pente de la berge, à des pilotis fortement enfoncés dans le lit du
fleuve. On la gradue après qu'elle a été mise en place; pour cela,
on pose vis-à-vis une règle divisée que l'on rend absolument verticale, puis, au moyen d'une autre règle portant un niveau de
façon à assurer son horizontalité, on rapporte sur l'échelle fixe les
points correspondant aux pieds et pouces de la règle verticale. Le
zéro de cette échelle doit être l'étiage adopté généralement dans le
pays. Dans quelques villes, en dehors des stations météorologiques
complètes, il existe maintenant des stations spéciales de rivière,
confiées à un simple particulier qui, moyennant une rétribution
convenable, observe chaque jour le niveau de l'eau, l'aspect du ciel
et la direction du vent, et télégraphie les observations à une station
régulière qui lui est indiquée.

Un certain nombre de stations réglementaires sont maintenant
chargées, en outre des observations, de publier, pour une circonscription territoriale déterminée, tous les documents qu'on envoie
de Washington. Le personnel de la station est alors plus nombreux, et au matériel ordinaire est ajoutée une presse à imprimer
avec tout ce qui est nécessaire pour son fonctionnement.

Le nombre des stations complètes qui existaient en septembre 1873 était de 78; l'accroissement pendant l'année avait été
de 13. A la même date, le nombre des sergents détachés aux stations était de 88, et celui des assistants de 93.

Depuis la création du service, le nombre des stations a été,
pour chaque année :

	1870 (création)	24
	1871	55
Au 1ᵉʳ octobre	1872	65
	1873	79
	1874	97

Le nombre des stations spéciales de rivière était de 19 en octobre 1873, et de 20 en octobre 1874.

Le tableau suivant donne le nom et la position des stations régulières qui existaient en septembre 1873.

NUMÉRO OFFICIEL.	NOM DES STATIONS.	ÉTAT.	LONGITUDE OUEST de Greenwich.	LATITUDE NORD.	ALTITUDE du BAROMÈTRE au-dessus du niveau de la mer.
			° ′	° ′	m
85	Alpena..........	Michigan.	83 3o	45 o5	185,4
23	Augusta.........	Georgia.	81 53	33 28	52,7
18	Baltimore........	Maryland.	76 38	39 18	13,8
13	Boston..........	Massachusetts.	71 o4	42 21	23,6
82	Breckenridge.....	Minnesola.	96 38	46 16	294,6
33	Buffalo..........	New-York.	78 55	42 53	201,9
45	Burlington.......	Vermont.	73 15	44 29	68,0
53	Cairo...........	Illinois.	89 1o	37 00	107,4
54	Cape May........	New-Jersey.	74 58	38 56	4,3
21	Charleston. ,.....	Caroline du Sud.	79 55	32 45	18,7
68	Cheyenne,.......	Terre Wyoming.	1o4 42	41 12	1847,0
37	Chicago.........	Illinois.	87 38	41 52	200,4
65	Cincinnati.......	Ohio.	84 26	39 o6	187,2
34	Cleveland........	Ohio.	81 47	41 3o	208,2
70	Corinne.........	Utah.	112 18	41 3o	1295,9
51	Davenpor........	Iowa.	90 38	41 3o	184,0
76	Denvert.........	Colorado.	1o4 58	39 44	1566,1
36	Detroit..........	Michigan.	83 07	42 21	200,1
98	Dubuque........	Iowa.	90 45	42 3o	202,8
4o	Du Luth.........	Minnesota.	92 o6	64 48	196,0
94	Eastport.........	Maine.	66 54	44 55	18,6
97	Erie............	Pennsylvanie.	8o o3	42 07	204,7
49	Escabana........	Michigan.	87 16	46 44	183,4
71	Fort Benton......	Montana.	110 4o	47 52	815,5
93	Fort Gibson......	Cherokee nation.	95 16	35 43	155,8
83	Fort Sully.......	Dakota.	100 4o	44 39	514,7
55	Galveston........	Texas.	94 33(?)	29 18	12,2
48	Grand Haven.....	Michigan.	86 15	43 o5	187,9
43	Indianapolis......	Indiana.	86 o6	39 47	227,7
74	Indianola........	Texas.	96 3o	28 32	7,6
73	Jacksonville......	Florida.	81 (?)	3o 24	7,0
47	Keokuk..........	Iowa.	91 27	4o 23	178,1
25	Key West........	Florida.	81 48	24 32	5,1
42	Knoxville........	Tennessee.	83 58	35 56	3o2,8
87	La Crosse........	Wisconsin.	91 27	43 48	210,0
24	Lake City........	Florida.	82 4o	3o 13	65,8

NUMÉRO OFFICIEL.	NOM DES STATIONS.	ÉTAT.	LONGITUDE OUEST de Greenwich.	LATITUDE NORD.	ALTITUDE du BAROMÈTRE au-dessus du niveau de la mer.
			° '	° '	m
52	Leavenworth......	Kansas.	94 58	39 19	248,0
90	Lexington........	Kentucky.	84 33	38 08	330,3
64	Louisville.	Kentucky.	85 52	38 18	151 2
44	Lynchburg.......	Virginia.	79 02	37 30	225,0
50	Marquette........	Michigan.	87 36	46 33	203,2
62	Memphis.........	Tennessee.	90 07	35 07	91,1
38	Milwaukee.......	Wisconsin.	87 54	43 03	201,7
27	Mobile..........	Alabama.	88 11	30 42	12,5
26	Montgomery......	Alabama.	86 23	32 22	76,2
46	Mont Washington. .	New-Hampshire.	71 16	44 16	1917,0
Prov.	Mont Mitchell.....	North Carolina.	82 10	35 48	2040,7
92	Morgantown......	West Virginia.	79 55	39 40	302,3
63	Nashville........	Tennessee.	86 53	36 11	153,7
14	New-London......	Connecticut.	72 09	41 22	7,5
28	New-Orleans	Louisiana.	90 07	29 58	16,9
15	New-York City....	New-York.	74 00	40 42	50,5
96	New-Haven.......	Connecticut.	72 57	41 17	32,6
30	Norfolk..........	Virginia.	76 19	36 51	16,8
67	Omaha..........	Nebraska.	96 00	41 16	318,9
31	Oswego.........	New-York.	76 35	43 28(?)	91,1
86	Pembina........	Dakota.	97 05	49 00	240,9
17	Philadelphia.......	Pennsylvania.	75 10	39 57	21,6
99	Pike's Peak	Colorado.	104 59	38 48	4333,0
41	Pittsburg........	Pennsylvania.	80 02	40 32	241,2
12	Portland.........	Maine.	70 14	43 40	15,8
74	Portland.........	Oregon.	122 27	45 30	30,5
59	Punta Rassa......	Florida.	82 18	27 00	5,1
32	Rochester........	New-York.	77 51	43 08	178,1
75	San Diego.......	California.	117 08	32 45	18,9
29	San Francisco.....	California.	122 26	38 47	18,3
69	Santa-Fé........	New-Mexico.	106 10	35 41	2091,5
22	Savannah........	Georgia.	81 08	32 05	21,6
72	Shreveport.......	Louisiana.	93 45	32 30	69,6
66	Saint-Louis......	Missouri.	90 15	38 37	165,7
39	Saint-Paul.......	Minnesota.	93 05	44 53	242,0
	St Paul (Island of).	Aleutian Islands.	170 00	57 02	″

NUMÉRO OFFICIEL.	NOM DES STATIONS.	ÉTAT.	LONGITUDE OUEST de Greenwich.	LATITUDE NORD.	ALTITUDE du BAROMÈTRE au-dessus du niveau de la mer.
			° ′	° ′	m
35	Toledo.	Ohio.	83 32	41 40	197,9
61	Vicksburg.	Mississipi.	90 54	32 23	85,4
77	Virginia City.	Montana.	112 03	45 00	1680,5
19	Washington.	D. C.	77 01	38 53	32,1
20	Wilmington.	North Carolina.	78 10	34 11	9,3
60	Wood's Hole.	Massachusetts.	70 40	41 33	7,6
91	Wytheville.	Virginia.	81 05	36 58	674,5
95	Yankton.	Dakota.	97 (?)	42 50	370,3
″	Springfield.	Massachusetts.	Stat⁰ⁿ de distribution seulement.		

En dehors de ces stations, le *Signal Service* correspond actuellement avec 17 stations du Canada, 5 dans le territoire de la baie d'Hudson, et 6 des Indes occidentales. Ces observations y sont faites aux heures et suivant les règles adoptées par le *Signal Service*, et sont, comme celles des stations américaines, envoyées télégraphiquement deux ou trois fois par jour. La position de ces stations est donnée dans le tableau suivant.

NUMÉRO OFFICIEL.	NOM DES STATIONS.	PAYS.		LONGITUDE.	LATITUDE.	ALTITUDE.
				° ′	° ′	m
100	Havanah.	Cuba.		82 22	23 9	6,5
4	Kingston.	Jamaïca.		76 47	17 58	″
3	Santiago.	Cuba.		76 00	20 00	″
58	Toronto.	Ontario.	Canada.	79 21	43 39	104,3
56	Montréal.	Québec.		73 25	45 30	″
57	Québec.	Québec.		71 14	46 29	102,5
89	Kingston.	Ontario.		75 41	44 12	99,4
78	Port Stanley.	Ontario.		81 13	42 40	178,0
79	Port Dover.	Ontario.		80 13	42 47	188,5
81	Saugeen.	Ontario.		81 16	42 40	182,0
88	Fort Garry.	Manitoba.		96 58	49 52	199,2
89	Halifax.	Nova Scotia.		63 35	44 40	″
2	Chatham	New-Brunswick.		65 30	47 01	″
1	Cape-Rozier.	Québec. Canada.		64 21	48 56	″

Telle est la situation des stations sur cet immense territoire, qui ne comprend pas moins de 110 degrés de longitude (de 61 à 170 degrés) et de 54 degrés de latitude (de 13 à 67 degrés), à peu près l'espace de Lisbonne à Pékin et du Sénégal au cap Nord de l'Europe; les stations y sont répandues à des hauteurs variant depuis le niveau de la mer jusqu'à 4,333 mètres, et leur nombre augmente rapidement chaque année. La carte ci-jointe fera, du reste, juger d'un coup d'œil leur répartition. On n'a marqué, en fait de villes, que celles où il y a des stations régulières. Les courbes de niveau permettent de faire juger de l'élévation.

Indépendamment des stations régulières complètes, nous avons vu qu'il y avait encore des stations spéciales de rivière, dont le nombre était de 19 en octobre 1873 et de 20 en 1874. Ces stations étaient les suivantes :

N°	NOM DES STATIONS.	ÉTAT.	RIVIÈRE.
1	Freeport	Pennsylvania.	Alleghany.
2	Hermann	Missouri.	Missouri.
3	Jefferson City	Missouri.	Missouri.
4	Oil City	Pennsylvania.	Alleghany.
5	Brownsville	Pennsylvania.	Monongahela.
6	Evansville	Indiana.	Ohio.
7	Confluence	Pennsylvania.	Youghiogheny.
8	New Geneva	Pennsylvania.	Monongahela.
9	Lexington	Missouri.	Missouri.
10	Kansas City	Missouri.	Missouri.
11	Brunswick	Missouri.	Missouri.
12	Little Rock	Arkansas.	Arkansas.
13	Plattsmouth	Nebraska.	Missouri.
14	Marietta	Ohio.	Ohio.
15	Saint-Joseph	Missouri.	Missouri.
16	Warsaw	Illinois.	Mississipi.
17	Paducah	Kentucky.	Ohio.
18	Bonneville	Missouri.	Missouri.
19	Le Claire	Iowa.	Mississipi.

III.

Organisation du service.

Les observations que l'on doit faire à chaque station sont de deux sortes : les unes, dites observations pour transmission télégraphique, sont destinées à une utilisation immédiate et doivent faire connaître le temps à un instant donné, le même pour toute l'Amérique ; c'est de ces observations, envoyées télégraphiquement à Washington, que l'on déduit le temps probable et les avertissements d'orage.

Les autres, dites observations régulières, servent plutôt à faire connaître toutes les particularités de climat des différents points de l'Amérique ; elles sont faites à certaines heures, au temps moyen de chaque lieu, et envoyées seulement par la poste à la fin de chaque semaine au bureau central de Washington, qui les publie pour servir de base aux travaux des météorologistes de bonne volonté.

Les observations régulières doivent être faites quatre fois par jour au temps moyen du lieu, à 7 heures du matin, midi, 2 heures du soir et 9 heures du soir. Les observations pour transmission télégraphique sont faites trois fois par jour, à $7^h 35^m$ du matin, $4^h 35^m$ et 11 heures du soir, temps moyen de Washington. Elles sont faites tous les jours, sans en excepter le dimanche.

Afin d'éviter toute omission ou toute confusion, soit dans les observations, soit dans leur transmission, les instruments doivent toujours être observés dans l'ordre suivant : baromètre, thermomètre sec, thermomètre mouillé, anémomètre, girouette (ou anémoscope), pluviomètre.

Il faut immédiatement corriger toutes les observations de l'erreur constante instrumentale, et, pour le baromètre, réduire la hauteur à zéro et au niveau de la mer.

Toutes les observations, régulières ou télégraphiques, sont relevées à la fin de chaque semaine et envoyées à Washington, ainsi que leur moyenne pour la semaine. A la fin de chaque mois on fait le relevé général et la moyenne du mois, et on trace la courbe de toutes les observations ; toutes ces courbes sont conservées à Washington.

Quant aux observations télégraphiques, aussitôt faites elles sont portées au bureau du télégraphe ; la dépêche doit y arriver dix minutes au moins avant l'heure fixe indiquée pour son départ. Les

compagnies télégraphiques, qui ne dépendent aucunement de
l'État, sont cependant forcées par la loi [1] de donner le pas aux
dépêches officielles; aussi les observations partent-elles de chaque
station à une heure déterminée. Elles sont envoyées non pas immédiatement à Washington, mais à d'autres stations qui les centra-
lisent et les expédient dans plusieurs directions; de plus, quand,
par suite de la disposition de la ligne télégraphique, la dépêche d'une
station à une autre doit passer par une autre ville où se trouve
aussi une station météorologique, il faut, à cette dernière, saisir
au passage la dépêche sans l'arrêter. C'est là le principe de toute
la transmission : pour gagner du temps, on n'expédie les dépêches
qu'aux stations extrêmes, toutes les intermédiaires devant seulement les prendre au passage. Au cas où la ligne directe serait interrompue, l'employé doit faire parvenir ses observations par toute
autre voie. Enfin, si l'employé du bureau télégraphique refuse d'envoyer la dépêche à l'heure voulue, il faut faire constater le refus et
en aviser immédiatement le bureau central.

Nous donnons aux pièces justificatives l'organisation complète des
réseaux de lignes télégraphiques au moyen desquels se font toutes
les communications. Il suffit de faire remarquer ici que tout est tellement bien disposé, qu'il ne s'écoule pas en moyenne plus de 70 minutes depuis le moment où les instruments sont lus dans les différentes stations jusqu'à celui où toutes les observations sont reçues
et enregistrées à Washington. En même temps, chaque station a
reçu les résultats des autres, au moins pour le plus grand nombre,
car quelques-unes ne font encore qu'envoyer leurs observations sans
recevoir le détail de toutes les autres.

Aussitôt qu'une station est ainsi en possession de tous les éléments qu'elle doit recevoir, l'observateur ou l'assistant en fait le
bulletin général à plusieurs exemplaires, qui sont en partie envoyés
aux journaux qui paraissent à temps pour les publier, en partie affichés à la chambre de commerce de la ville ou à d'autres endroits
très-fréquentés. Pour permettre d'aller plus vite dans la rédaction
de ces copies, on emploie l'artifice suivant. Le bureau central fournit
à chaque station des formules imprimées sur papier très-mince, et
réunies en cahier de façon à se superposer exactement. On compte
une quinzaine de ces feuilles, entre lesquelles on interpose une feuille

---

[1] Le texte de la loi est rapporté aux pièces justificatives.

de papier dont l'envers est noici au crayon ; sous la dernière, on place une feuille de tôle pour protéger les suivantes ; il suffit alors d'écrire sur la première en appuyant suffisamment fort pour que quinze bulletins se trouvent faits simultanément par décalque. Dans quelques grandes villes qui servent de centres de distribution, la station météorologique possède une presse à imprimer, et le bulletin, imprimé à un grand nombre d'exemplaires, est envoyé dans tous les pays environnants.

Immédiatement après le bulletin, l'observateur s'occupe de faire les cartes du temps destinées à la publication et à l'affichage. Ces cartes sont faites à dix ou quinze exemplaires à la fois par le même artifice que le bulletin, sur des feuilles de papier mince qui portent imprimé le canevas de la carte, et entre lesquelles on interpose des feuilles de papier noirci pour décalquer. L'observateur possède une série de caractères en relief, comme pour l'imprimerie ; il choisit ceux qui se rapportent aux observations, les pose sur la première carte, puis, en les frappant d'un coup sec, dont la force s'apprend par l'expérience, il imprime le nombre à la fois sur toutes les cartes superposées. Toutes les indications sont placées à côté de la ville où ont été faites les observations qu'elles représentent. En premier, on imprime le symbole qui indique à la fois l'état du ciel et la direction du vent. C'est un cercle dont un diamètre porte une flèche que l'on oriente de façon qu'elle marche dans la direction du vent ; pour marquer

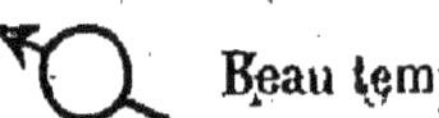 Beau temps, le cercle est blanc ;

 Temps assez beau, le cercle est traversé par une bande noire ;

 Temps couvert, le cercle est noir ;

 Pluie, le cercle porte dans son intérieur un R (*rain*) ;

 Neige, le cercle porte dans son intérieur un S (*snow*).

En dessous de ce symbole, on imprime les indications du thermomètre, puis du baromètre, et enfin la vitesse du vent. Sur ces cartes, les observateurs peuvent encore, s'ils le veulent, tracer les

Revue des Sociétés savantes (sciences), 2ᵉ série, t. IX, p. 227.

CARTE HYPSOMÉTRIQUE DES ÉTATS-UNIS, INDIQUANT LA RÉPARTITION DES STATIONS MÉTÉOROLOGIQUES DU SIGNAL-SERVICE.

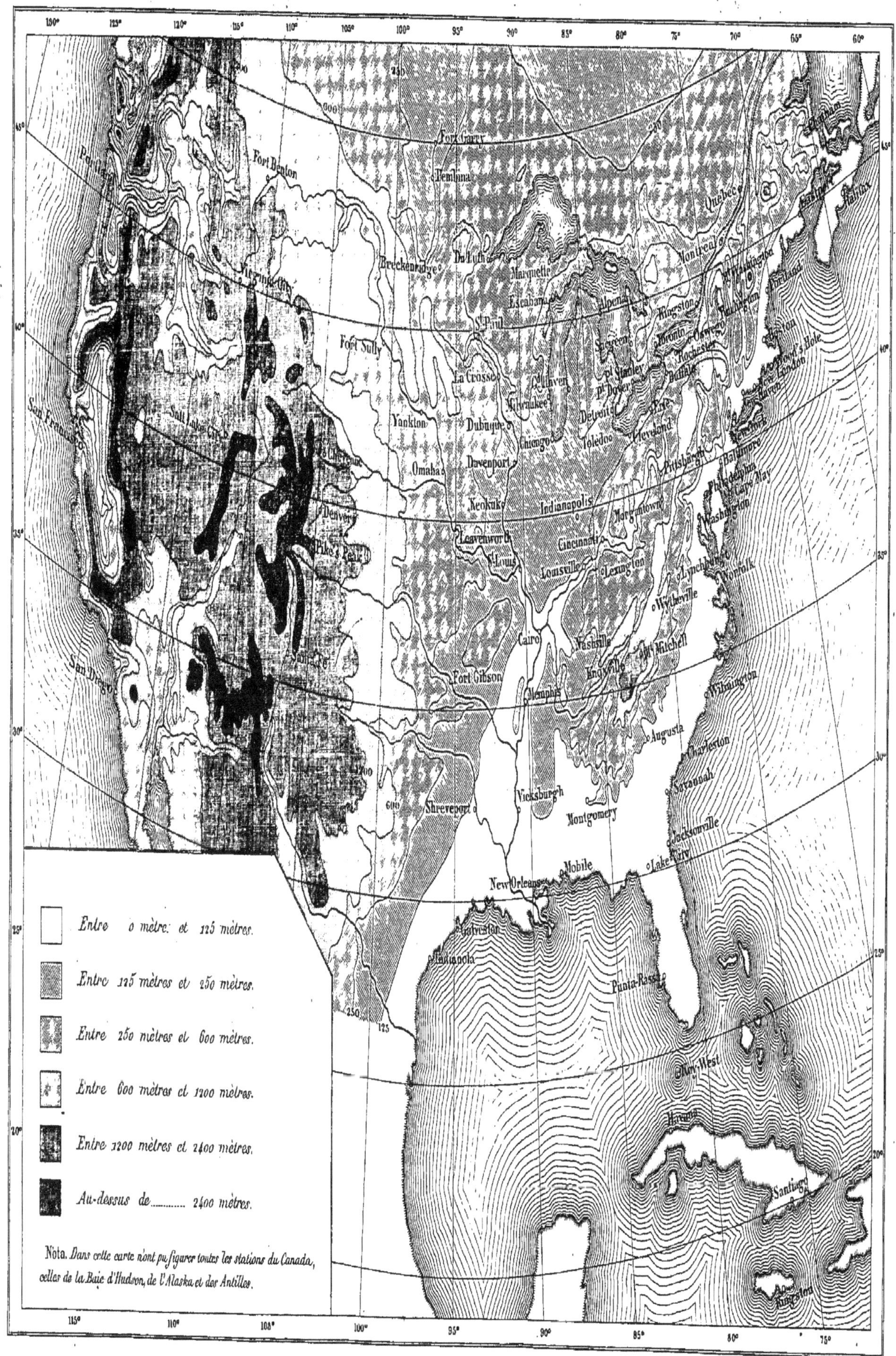

lignes d'égale pression, de dixième en dixième de pouce; mais cela n'est pas obligatoire, et ils ne doivent le faire que s'ils sont sûrs de ne pas commettre d'erreurs. Ces cartes sont affichées aux mêmes endroits que les bulletins dont elles sont la représentation graphique.

Une fois les cartes terminées, il reste encore à mettre au courant la carte fixe du temps, de plus grandes dimensions, et qui reste toujours affichée dans le vestibule du bureau pour que chacun puisse venir la consulter librement. Tous les changements que doit subir cette carte se font rapidement, de la manière suivante : à la place de chaque station, est enfoncée une punaise qui porte une flèche, un disque de papier et une lame de papier porcelaine. La flèche est orientée pour marcher dans le sens de la direction du vent, et non pas, comme dans les girouettes, pour indiquer l'endroit d'où il souffle. L'absence de flèche en un point y indique le calme.

Les disques de papier sont fendus suivant un rayon de façon à tenir à cheval sur la punaise et à s'enlever facilement.

Un disque rouge indique................ temps clair.

Un disque bleu indique................ ciel complétement couvert.

Un disque aux trois quarts bleu, au quart blanc, indique........................ ciel aux trois quarts couvert.

Un disque à demi bleu, à demi blanc, indique ciel à demi-couvert.

Un disque au quart bleu, aux trois quarts blanc, indique........................ ciel au quart couvert.

Un disque noir indique................ pluie.

Un disque rayé de blanc et de bleu, indique. neige.

Sur la bande de papier porcelaine, on écrit au crayon quatre nombres. Le premier indique la vitesse du vent (en milles par heure[1]); le second, la hauteur du baromètre en pouces et centièmes de pouce; le troisième, la température en degrés Fahrenheit; le quatrième, l'état hygrométrique de l'air en centièmes. Ainsi un symbole comme le suivant, placé sur le nom d'une ville, in-

: Le mille vaut 1,609 mètres.

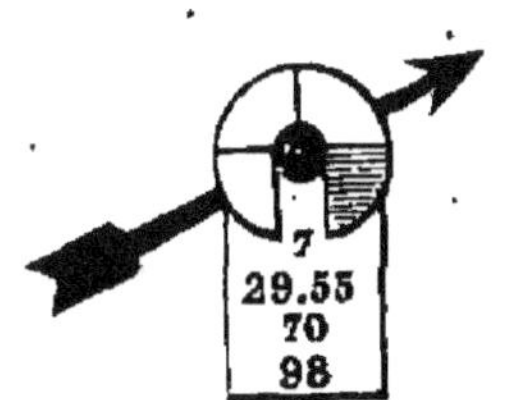

diquerait que le ciel y est au quart couvert, que le vent y souffle vers le nord-est (vient du sud-est); que la vitesse du vent est de 7 milles par heure, la hauteur du baromètre 29ᵖ,55, la température 70 degrés Fahr., et enfin que l'état hygrométrique est de 0,98.

Pour changer toutes ces données d'une observation à la suivante, il suffit d'effacer le crayon avec une éponge humide.

De la comparaison de toutes les observations, on déduit à Washington une *synopsis*, ou revue de l'état actuel du temps, suivie de probabilités, ou annonce du temps qui doit suivre. Ces synopsis et probabilités sont envoyées par le télégraphe aux différentes stations, où elles sont immédiatement transcrites à plusieurs exemplaires par le même procédé que les bulletins et les cartes. Ces exemplaires sont affichés dans la ville, communiqués aux journaux et même envoyés aux personnes autorisées par le bureau central.

Dans les stations situées au bord de la mer ou des grands lacs, un signal d'alarme doit être arboré en cas de temps dangereux pour les navigateurs, mais seulement sur un ordre émané de Washington. Le signal se compose, dans le jour, d'un pavillon rouge avec carré noir au centre, et, pendant la nuit, d'une lanterne rouge; il doit être disposé dans un endroit d'où il soit facilement visible de la plus grande partie du port, et, une fois hissé, il ne doit être retiré que sur un ordre formel de Washington.

Dans les stations spéciales de rivière, on ne signale que la hauteur de l'eau, l'état du ciel et la direction du vent, et, comme nous l'avons dit plus haut, cette observation est généralement confiée à un particulier subventionné par le *Signal Service*. Tant que la variation de hauteur du fleuve est normale, il suffit d'une observation chaque jour, à 3 heures du soir, temps moyen du lieu, que la personne chargée de ce soin envoie par le télégraphe à la station régulière qui lui a été désignée. Quand, au contraire, un changement brusque se produit, il faut l'annoncer immédiatement et faire des observations toutes les trois heures.

Tels sont, en somme, les principes de l'organisation des stations, leur mode de fonctionnement et le travail qui s'y fait. Il nous reste à indiquer quelques-unes des dispositions qui permettent au service de se faire rapidement et sans erreurs.

On trouvera aux pièces justificatives tout ce qui regarde le réseau télégraphique adopté pour relier les différentes stations. Quant aux dépêches elles-mêmes, pour éviter des erreurs de transmission, on n'envoie que des mots et jamais de chiffres. Ces mots, dont un seul représente quelquefois deux observations différentes, sont purement conventionnels et satisfont seulement à la condition d'être courts et difficiles à confondre les uns avec les autres, quand ils représentent des nombres voisins, de manière à éviter les petites erreurs, les seules dangereuses.

Une dépêche de station régulière se compose de dix mots en deux lignes de cinq chacune. Le premier mot de la première ligne indique le nom de la station; le second, la date et l'heure de l'observation; le troisième, le baromètre; le quatrième, la température; le cinquième, l'état hygrométrique de l'air. Dans la seconde ligne, le premier mot donne à la fois l'état du ciel et la direction du vent; le second, sa vitesse et sa force; le troisième, la direction du vent et l'aspect du ciel dans les couches supérieures de nuages; le quatrième, les mêmes observations pour les couches inférieures; enfin le cinquième indique la quantité d'eau ou de neige tombée depuis le dernier rapport.

Pour les stations régulières qui ont en plus le service des rivières, on ajoute un sixième mot à chaque ligne pour la dépêche de midi seulement; à la ligne supérieure, le mot est toujours « river » (rivière), pour bien séparer les deux lignes; à la ligne inférieure, le sixième mot donne le changement de niveau de l'eau, en grandeur et en direction, pour les vingt-quatre heures précédentes.

Enfin, pour les stations spéciales de rivière, la dépêche, qui n'est envoyée qu'une fois par jour, ne comprend que cinq mots : le premier, pour le nom de la station; le second donne la date et l'heure de l'observation; le troisième, l'état du ciel et la direction du vent; le quatrième, la hauteur de l'eau en nombre entier de pieds; le cinquième enfin, le nombre de pouces qu'il faut ajouter à celui des pieds, pour avoir la hauteur exacte. Pour ces deux derniers nombres, le vocabulaire est différent suivant que le niveau est au-dessus ou au-dessous du zéro de l'échelle, et que la rivière est en crue ou en décroissance.

Nous donnons, du reste, pour mieux faire comprendre ce système, des exemples de ces trois sortes de dépêches, avec leur traduction. Les parties principales du vocabulaire qui sert à les déchiffrer se trouveront reproduites dans les pièces justificatives.

1° Dépêche ordinaire d'une station régulière.

Mount.   Cake.   Florid.   Throng.   Beast.
Caspian.   Relic.   Hidden.   Three.   Abase.

TRADUCTION.

Mount......	Station..........	Mont Washington.
Cake....... {	Date............	2 du mois.
	Heure de l'observ...	Dépêche du matin ($7^h 35^m$).
Florid......	Baromètre........	$30^p,07$.
Throng.....	Thermomètre......	19 degrés (Fahr.).
Beast......	État hygrométrique..	$0,35$.
Caspian .... {	Temps...........	Nuageux.
	Vent, direction.....	Nord-ouest.
Relic......	Vitesse du vent.....	47 milles (par heure).
Hidden.....	Nuages supérieurs...	Cachés.
Three......	Nuages inférieurs...	Brumeux.
Abase......	Chute de pluie.....	$0^p,01$.

2° Dépêche d'une station ordinaire chargée du service des rivières. (Dépêche de midi seulement; les deux autres semblables à la précédente.)

Orleans.   Gay.   Folks.   Trial.   By.   River.
Burns.   Ranche.   Hidden.   Ten.   Append.   Hang.

TRADUCTION.

Orleans.....	Station..........	Nouvelle-Orléans.
Gay....... {	Date............	12 du mois.
	Heure de l'observ...	Dépêche de l'après-midi ($4^h 35^m$).
Folks......	Baromètre........	$30^p;19$.
Trial......	Thermomètre......	74 degrés (Fahr.).
By........	État hygrométrique..	100.
River......	....	Station de rivière.
Burns......	Temps...........	Forte pluie.
Ranche..... {	Direction du vent...	Sud-est.
	Vitesse du vent.....	8 milles.
Hidden.....	Nuages supérieurs...	Cachés.
Ten.......	Nuages inférieurs...	Ciel couvert.
Append.....	Chute de pluie.....	$0^p,88$.
Hang......	Variation de niveau de la riv. en 24 heures.	Crue de 9 pouces.

3° Dépêche d'une station spéciale de rivière.

Hermann. Gab. Lomond. Harden. Often.

TRADUCTION.

Hermann....	Station..........	Hermann.
Gab....... {	Date.............	1er du mois.
	Heure de l'observ...	6 heures du soir.
Lomond.... {	État du ciel........	Forte pluie.
	Direction du vent...	Nord-ouest.
Harden..... } *Often......* }	Hauteur de l'eau.... {	Au-dessus du zéro, 12 pieds 5 pouces. Rivière en décroissance.

La régularité du service à chaque station est déjà prouvée à l'administration centrale, par l'arrivée en temps voulu de toutes les observations et des rapports, tant quotidiens qu'hebdomadaires et mensuels. Toute faute grave dans le service serait, du reste, punie militairement. Mais indépendamment de cette preuve toute matérielle, des inspections générales sont faites au moins une fois par an. Des officiers du *Signal Service* visitent toutes les stations et en vérifient l'état matériel. Ils examinent dans le détail la disposition de chaque appareil, font corriger les défauts, et comparent tous les instruments de la station avec des étalons qu'ils transportent avec eux (baromètres à mercure et anéroïde, thermomètre, et boussole pour vérifier l'orientation de la girouette). Ils font observer devant eux les sergents et les assistants, vérifient leurs nombres, s'assurent enfin par tous les moyens possibles de l'état de la station et du travail qui y est fait. Ils se mettent, de plus, en rapport avec les différentes sociétés météorologiques qui peuvent exister dans le pays, et ouvrent au dehors une véritable enquête sur la station, recueillant les témoignages publics, aussi bien les louanges que les blâmes. Ajoutons que ces derniers sont rares et que le nombre de sergents ou d'assistants renvoyés pour irrégularités de service ou inconduite, est des plus faibles.

IV.

Bureau central de Washington.

Pour faire marcher un service aussi étendu que celui que nous venons de décrire, il faut une administration centrale complète, avec un personnel nombreux et des ressources à la hauteur de la tâche à remplir. Ce bureau central est à Washington, sous les ordres du général Myer, et ne comprend pas moins de huit départements différents :

1° La chambre d'observation.
2° ——————— du télégraphe.
3° ——————— de la lithographie.
4° ——————— de l'imprimerie.
5° ——————— des synopsis et probabilités.
6° ——————— des instruments.
7° ——————— de la correspondance générale.
8° ——————— de la comptabilité et du matériel.

1°. *Chambre d'observation.* — Ce bureau comprend sous ses ordres, tout d'abord, une station météorologique ordinaire, établie dans le local même et qui, de même que toutes les autres stations, fait les observations réglementaires qui servent de base aux synopsis et aux probabilités.

Ce même bureau est chargé des relations avec toutes les stations; les télégrammes chiffrés qui donnent trois fois par jour les observations de toutes les stations lui sont apportés pour être traduits, copiés et communiqués immédiatement aux bureaux des probabilités et de l'imprimerie. C'est encore de lui que dépend la surveillance des stations et le relevé de toutes les irrégularités de service; il fait la distribution par la poste des bulletins, synopsis et probabilités, des résumés hebdomadaires et mensuels. C'est à lui que l'on envoie les livres de loch des navires pour les dépouiller, et aussi toutes les observations faites sur mer.

C'est également sous la direction de ce bureau qu'est la grande carte du temps affichée pour l'usage de tous dans le vestibule de la maison. C'est une grande carte des États-Unis, où trois fois par jour on indique pour chaque station, comme nous l'avons déjà décrit, toutes les particularités du temps.

Ce service exige un personnel nombreux et un travail incessant. Pour la traduction des dépêches en langue ordinaire et l'envoi de tous les bulletins, synopsis et probabilités, il ne faut pas moins de trois escouades d'employés se relevant à tour de rôle, une pour le travail de jour, et les deux autres pendant chaque moitié de la nuit.

2° *Bureau du télégraphe.* — Le bureau du télégraphe est confié à dés praticiens, divisés en deux escouades, pour le jour et la nuit. Ils n'ont d'autre besogne que celle de leur métier strict, recevant les dépêches et les portant telles quelles au bureau des observations, chargé de les traduire; ils transmettent également toutes les dépêches qu'on leur donne.

Le chef de ce bureau, en sus de la surveillance de son propre service, doit en outre noter tous les rapports de temps qu'il reçoit trois fois par jour, et marquer tous ceux qui manquent à l'heure voulue. C'est encore lui qui vérifie tous les comptes des sommes à payer aux compagnies télégraphiques pour transmission de dépêches. Nous verrons plus tard les conditions et la nature du contrat qui lie ces compagnies à l'État.

3° *Bureau de la lithographie.* — Le soin principal du bureau de la lithographie est de faire les cartes du temps. Du bureau des synopsis et probabilités il reçoit le modèle des courbes d'égale pression et d'égale température résultant des observations tri-journalières; il les reproduit sur toutes les cartes, puis les envoie au bureau de l'imprimerie pour être complétées et recevoir les chiffres.

4° *Bureau de l'imprimerie.* — Le bureau de l'imprimerie a pour mission d'imprimer tous les documents du *Signal Service*. La partie principale de sa tâche est l'impression des rapports tri-journaliers, des cartes et des probabilités. Aussitôt qu'il reçoit du bureau des observations le bulletin de toutes les stations, il doit l'imprimer immédiatement; ce travail est conduit avec une telle rapidité que, le matin, par exemple, les observations sont faites dans toutes les stations à $7^h 35^m$, et elles sont reçues traduites, et doivent commencer à être imprimées à $9^h 15^m$. Aussitôt après viennent les cartes du temps; elles arrivent de la lithographie avec les courbes barométriques toutes tracées; il ne reste plus qu'à imprimer, à côté du nom de chaque station, les chiffres et les symboles qui représentent l'état du ciel, la vitesse et la direction du vent, la hauteur du baromètre et du thermomètre et l'humidité. Ce travail doit être fait assez vite pour que des cartes représentant le temps aux stations à $7^h 35^m$ du matin puissent être expédiées le matin même à Baltimore et New-York par le train qui part à midi.

Après ce travail vient l'impression des synopsis et probabilités, puis celle des bulletins hebdomadaires et mensuels, et enfin de toutes les formules de papier à entête employées dans le service.

5° *Bureau des synopsis et probabilités.* — L'officier chargé de la préparation des synopsis et des probabilités reçoit, aussitôt traduits, les rapports tri-journaliers des différentes stations; il doit immédiatement les reporter sur une carte et en déduire la répartition géographique de toutes les observations. Il fait ainsi trois fois par jour trois cartes pour chaque observation : l'une pour la pression et la température; la seconde pour l'état du ciel aux nuages supérieurs et inférieurs, et les courbes d'égal minimum de température; enfin la dernière pour les courbes d'égale humidité relative. De la comparaison de toutes ces données il déduit les probabilités du temps, et les fait précéder du résumé du temps sous le nom de synopsis, sur lequel les probabilités sont basées. Ce travail doit être terminé et envoyé à l'impression au plus tard à $10^h 30^m$ pour les observations de $7^h 35^m$ du matin; à $7^h 30^m$ du soir pour celles de $4^h 35^m$, et à 1 heure du matin pour celles de 11 heures du soir.

Immédiatement après, il trace sur une carte le modèle des lignes d'égale pression et d'égale température qui doivent être reproduites par la lithographie sur toutes les cartes du temps. La carte des observations du matin doit être envoyée à la lithographie au plus tard à $10^h 45^m$. Celles des deux autres observations ne sont reproduites que le lendemain matin.

Ce travail des probabilités et des cartes, le plus important de tous et le seul réellement scientifique, est rempli par quatre personnes qui se succèdent à tour de rôle et qui en portent individuellement la responsabilité scientifique, car chaque carte ou chaque probabilité est signée du nom de son auteur. Ces quatre personnes sont actuellement : le professeur Cleveland Abbe; le lieutenant Robert Craig; le professeur Thompson B. Maury, et le lieutenant H. H. C. Dunwoody. Ce sont eux encore qui rédigent les revues des temps hebdomadaires et mensuelles.

Pour les synopsis et les prédictions du temps, les États-Unis sont partagés en 9 divisions et 10 subdivisions, indiquées sur la carte ci-contre. Les divisions sont :

1. États du Pacifique.	6. Région des lacs.
2. Nord-Ouest extrême.	7. États du centre.
3. Nord-Ouest.	8. États de la Nouvelle-Angleterre.
4. Sud-Ouest.	9. Vallée du Saint-Laurent.
5. États du Sud.	

Les subdivisions sont :

1. Vallée du Missouri.	6. Golfe oriental.
2. Vallée du Mississipi supérieur.	7. Lacs supérieurs.
3. Vallée du Mississipi inférieur.	8. Lacs inférieurs.
4. Vallée de l'Ohio.	9. Atlantique sud.
5. Golfe occidental.	10. Atlantique central.

Les probabilités doivent être faites en termes nets au moins pour chacune des divisions, à moins qu'on n'ait pas reçu les observations nécessaires. Quand la nature du temps permet une précision plus grande, on indique les probabilités pour les subdivisions et même pour les États individuellement. Ces prévisions doivent comprendre le sens de la variation probable du baromètre et du thermomètre, la direction du vent et le temps. Avant les probabilités doit toujours venir la synopsis, résumé de la situation qui condense les faits sur lesquels les prévisions sont fondées ; la publication des probabilités seules les feraient paraître comme de purs oracles, et « non, ainsi qu'elles doivent l'être, comme une œuvre scientifique déduite d'observations régulièrement faites. »

Pour éviter toute confusion provenant de l'omission forcée des signes de ponctuation dans les dépêches, les synopsis et probabilités sont rédigées d'après des règles fixes. Chaque phrase des synopsis doit se terminer autant que possible par le nom du pays auquel cette phrase est appliquée. Dans les probabilités, au contraire, chaque phrase commence par les prépositions *en*, *à* ou *de*, suivies immédiatement du nom du pays pour lequel est écrite la phrase qui suit. Voici du reste une traduction exacte qui fera bien comprendre cette rédaction et l'esprit dans lequel ces probabilités sont écrites.

Synopsis pour les dernières vingt-quatre heures.

Le baromètre a monté sur les États de la Nouvelle-Angleterre et du centre. Il a baissé un peu sur ceux du golfe et du nord-ouest. Un temps partiellement couvert, avec zones de pluie et vents frais variant de l'est au sud-est, domine sur les États du centre et du sud de l'Atlantique. Temps clair et vents légers sur la Nouvelle-Angleterre, la partie nord des États du centre, et depuis le milieu du golfe jusqu'aux lacs Érié, Michigan, et la partie est de l'Iowa. Les rapports télégraphiques manquent pour les stations du Texas, du Michigan supérieur, du Minnesota, et pour toutes celles qui sont situées à l'ouest d'Omaha.

Probabilités pour les vingt-quatre heures prochaines.

Dans la Nouvelle-Angleterre et la partie nord des États du centre, régneront un temps clair et des vents légers et même frais. Depuis le New-Jersey et la Pennsylvanie orientale jusqu'à la Floride, temps partiellement couvert, zones de pluie, vents légers ou frais entre le nord et l'est. Du Tennessee aux lacs Érié et Michigan, temps clair ou partiellement couvert. Dans le nord-ouest le baromètre baissera un peu, et l'on aura des vents frais compris entre l'est et le sud.

Ces exemples montrent suffisamment le genre de ces prévisions; du reste, en les faisant, on doit considérer spécialement les pays auxquels elles peuvent parvenir en temps utile. Ainsi la prévision faite le matin, ne devant porter que sur le temps du jour même et non celui du lendemain, est faite surtout pour les pays les plus voisins. Dans celle qui résulte des observations de l'après-midi et de la nuit, on a spécialement égard aux États du Sud et aux pays lointains où les probabilités, portant sur tout le jour suivant, peuvent arriver à temps pour être publiées par les journaux du matin.

En plus de ces prévisions, on envoie de Washington aux stations maritimes ou lacustres l'ordre de hisser les signaux de précaution, que le temps semble devoir y amener une tempête; cette annonce se fait en dehors du service des probabilités et dès qu'elle paraît utile. Inversement, quand les symptômes menaçants semblent avoir disparu, l'ordre est renvoyé de cesser les signaux. Pour les stations de rivière, des avertissements analogues sont envoyés en cas de crue imminente.

Tous les mois le *Signal Service* doit publier[1] un atlas où sont réunis les bulletins tri-journaliers, les cartes qui les représentent, les synopsis et probabilités qu'on en déduit, et enfin, au-dessous de ces dernières, l'exposé des faits qui les ont suivies, afin que chacun puisse contrôler l'exactitude des prédictions, et que les erreurs, rendues ainsi apparentes, puissent être mieux évitées à l'avenir. Chaque prédiction est représentée par un nombre (1 , ou une fraction) indiquant son degré d'exactitude, et la somme de tous ces

---

[1] Des nécessités financières ont forcé le *Signal Service* d'arrêter momentanément cette publication; trois atlas mensuels seulement ont paru, mais le travail de préparation des suivants est terminé, et ils seront publiés aussitôt que cela redeviendra possible.

nombres, divisée par le nombre total de prédictions, indique la proportion des vérifications. Ajoutons que le service est assez bien organisé, et que les savants qui sont chargés des prédictions ont acquis une telle connaissance pratique des lois du climat de leur pays, que la proportion des prédictions vérifiées atteint et dépasse même quelquefois 80 p. o/o [1].

6° *Bureau des instruments.* — Le bureau des instruments est chargé en premier lieu d'étudier et de comparer aux étalons tous les instruments neufs qui doivent être envoyés aux stations, afin de déterminer la correction instrumentale constante qui doit leur être appliquée pour les rendre tous rigoureusement comparables entre eux. C'est dans le même bureau que l'on répare tous les instruments détériorés renvoyés des stations. Pendant l'année 1873, par exemple, il n'en est pas sorti moins de 133 baromètres et 203 thermomètres, destinés aux stations.

En dehors de ces occupations, le même bureau se livre à l'étude du plus grand nombre possible d'instruments enregistreurs ; le *Signal Service* en possède certainement la collection la plus riche qui existe. Les instruments enregistreurs en observation régulière y étaient en 1873 :

Baromètre électrique imprimant de Hough.
Baromètre électrique inscripteur de Hough.
Baromètre mécanique de Wild.
Baromètre mécanique de Peelor.
Baromètre anéroïde de Beck.
Baromètre photographique.
Aellographe de Blum.
Météorographe électrique de Hough (baromètre, thermomètre, hygromètre).
Hygromètre et thermomètre de Wild.
Thermomètres photographiques.
Anémomètre électrique inscripteur de Gibbon.
Anémomètre et anémoscope électriques inscripteurs de Gibbon.
Anémomètre et anémoscope mécaniques inscripteurs de Beck.
Anémomètre, anémoscope et pluviomètre mécaniques de Wild.

---

[1] Les pièces justificatives donnent les documents indiquant la proportion de vérification pour chacune des grandes régions des États-Unis.

Anémomètre mécanique de Draper, pour la vitesse.
Anémomètre mécanique de Draper, pour la pression.
Anémoscope mécanique de Draper.
Pluviomètre mécanique de Draper.
Pluviomètre mécanique de Beckley.
Marégraphe électrique inscripteur de Gibbon.
Marégraphe électrique inscripteur de Dunwoody.

En plus de ces instruments, la même pièce renferme deux armoires vitrées dans lesquelles sont figurées, en coton cardé, les différentes formes types de nuages, et groupées autour d'elles les apparences variées qui en dérivent.

7° *Bureau de la correspondance générale.* — Ce bureau a la direction générale de toutes les publications du *Signal Service* et de leur distribution, et la charge de la correspondance officielle ainsi que la liste qui doit être faite de toutes les lettres envoyées ou reçues. C'est encore de ce bureau que dépendent l'École de télégraphie militaire de Fort Whipple et toutes les questions de recrutement.

8° *Bureau de la comptabilité et du matériel.* — Les occupations de ce bureau sont suffisamment définies par son titre; il connaît, en outre, de toutes les questions de discipline. C'est encore lui qui reçoit tous les ouvrages que le *Signal Service* reçoit des différentes sociétés savantes en échange de ses publications. Cet échange a produit, en 1873, quatre-vingt-dix volumes ayant tous trait à la météorologie.

V.

Missions spéciales.

Indépendamment des stations régulières, le *Signal Service* organise, autant que ses ressources le lui permettent, des missions spéciales ayant pour objet d'élucider des points intéressants de météorologie. Au premier rang il convient de citer les observatoires temporaires sur les montagnes.

Nous avons vu, au nombre des stations régulières, qu'il en existe une permanente au sommet du mont Washington, à 1,916 mètres au-dessus du niveau de la mer. Pendant l'été de 1873, trois autres

stations furent organisées tout le long de la montagne, afin d'acquérir des données sur la loi de variation du climat à différentes hauteurs. La première de ces stations, à la base de la montagne, était
à 883ᵐ,4 au-dessus de la mer; la deuxième, à 1,237 mètres; la
troisième, à 1,692 mètres.

De même, deux stations furent établies sur le mont Mitchell
(Caroline du Sud), l'une à la base (780 mètres), l'autre au sommet
(2,039 mètres). Les observations faites à toutes ces stations sont
publiées *in extenso* dans le rapport du *Signal Service* pour 1873.

Il faut mettre au même rang la station de l'île Saint-Paul (mer
de Behring), devenue depuis station régulière, et établie dans le but
d'étudier le climat des *régions arctiques*, et d'en déduire des conséquences utiles pour la prévision du temps en Amérique. Les observations, dont la première série est donnée dans le rapport pour
1873, ont commencé à cette station au 18 août 1872.

Enfin, lors de la malheureuse expédition au pôle Nord du steamer
Polaris, le *Signal Service* avait envoyé à bord, avec tous les instruments nécessaires, un de ses sergents observateurs, Frédéric
Meyer, dont le rapport se trouve dans le même volume pour 1873.
On connaît l'histoire de cette triste expédition : partis de New-York
le 29 juin 1871, sous la direction scientifique du Dʳ Bessel, ils
perdaient, le 8 novembre de la même année, le capitaine Hall, chef
maritime de l'expédition. Après avoir dépassé le parallèle de 82 degrés, le sergent Meyer et dix-huit de ses compagnons, dont huit
Esquimaux, furent séparés du *Polaris*, le 15 octobre 1872, par une
rupture des glaces qui entouraient le navire, et qui leur fit perdre
en même temps les précieux documents amassés jusque-là par le
représentant du *Signal Service*. Les dix-neuf naufragés virent le
Polaris s'éloigner sans leur porter secours, et, du 15 octobre 1872
au 30 avril 1873, ils vécurent sur un bloc de glace flottant à la
dérive, sans feu, n'ayant pour abri que des huttes de neige, et pour
vivres que quelques provisions sauvées du désastre, et de la viande
de phoque et d'ours. Enfin, le 30 avril, ils furent recueillis par le
Tigress. Bien que les documents les plus précieux aient été perdus,
le rapport du sergent Meyer est particulièrement intéressant, autant
par le simple récit de toutes les souffrances qu'ils eurent à endurer
pendant leur abandon que par les observations météorologiques
qu'il continua avec un courage surhumain pendant tout le temps de
sa détention sur la banquise où ils eurent pendant plus de cinq

jours à subir, sans feu, des températures constamment inférieures à 4o degrés centigrades.

En outre de ces grandes missions exceptionnelles, le *Signal Service* envoie des officiers faire des enquêtes sur place après tous les cyclones ou grandes tempêtes qui sévissent sur un point quelconque des États-Unis. Ces enquêtes donnent lieu à des rapports détaillés du plus haut intérêt pour la théorie des tempêtes, et qui sont insérés dans les rapports annuels. Nous pouvons signaler de la sorte, dans le volume de 1873, l'étude du cyclone du 24 au 25 août en Nouvelle-Écosse, le cyclone du 22 mars 1873 dans l'État d'Iowa, et enfin les orages du 14 au 18 avril dans tout le centre des États-Unis.

VI.

Statistique. — Publications. — Résultats obtenus.

Nous avons vu en détail comment le service se faisait entre les stations et le bureau central, et comment les probabilités du temps, arrivées à chaque station, pouvaient être portées le plus rapidement possible à la connaissance des intéressés. Il nous reste à donner quelques chiffres pour faire juger de l'extension énorme de ce service.

Il ne suffirait pas pour le pays des indications affichées à chaque station. Sans doute, elles sont communiquées aux journaux qui s'empressent de les reproduire en entier, mais, par ce moyen, elles arriveraient souvent encore trop tard et l'on a dû chercher mieux. Actuellement, les bulletins du temps, les synopsis et les probabilités sont distribués journellement et affichés dans *presque tous les bureaux de poste* des États-Unis. Pour cela, on a organisé vingt et une stations dans des villes convenablement choisies et munies d'une presse à imprimer et d'un personnel convenable. Les synopsis et probabilités déduites de l'observation de 11 heures du soir leur sont télégraphiées de Washington aussitôt que possible. Immédiatement imprimées, elles sont envoyées par toutes les voies possibles, chemin de fer, bateau ou voitures, dans tous les villages, et affichées aux bureaux de poste. Le nombre des bureaux ainsi desservis était de 4,491 en 1873, mais il a énormément augmenté depuis, et le service est tellement fait que les points les plus reculés reçoivent les probabilités au plus tard à 9 heures du matin, c'est-à-dire dix heures seulement après le moment où les observations ont été faites.

Ces stations de distribution étaient, en 1873, les suivantes :

Bureaux de poste.

1. Washington (D. C.), desservant................ 146
2. New-York (New-York)........................ 607
3. Cincinnati (Ohio)........................... 753
4. Chicago (Illinois)........................... 798
5. Détroit (Michigan)......................... 337
6. Buffalo (New-York)......................... 153
7. Boston (Massachusets)....................... 403
8. Springfield (Massachusets)................... 71
9. Memphis (Tennessee)....................... 59
10. New-Orleans (Louisiana).................... 30
11. Pittsburgh (Pennsylvania).................. 298
12. Saint-Louis (Missouri)...................... 455
13. Montgomery (Alabama)..................... 45
14. Nashville (Tennessee)...................... 96
15. Bangor (Maine)............................ 160

Ces chiffres sont ceux du début, puisque le rapport qui les donne est de la fin de septembre 1873, et que quatre seulement de ces stations, les quatre premières, étaient antérieures au mois de juillet de la même année. L'année suivante (1874) on a ajouté six nouvelles stations de distribution :

16. Albany (New-York).
17. Augusta (Georgia).
18. Burlington (Iowa).
19. Leavenworth (Kansas).
20. Logansport (Indiana).
21. Philadelphia (Pennsylvania).

Les probabilités affichées dans ces bureaux annoncent non-seulement les orages violents, mais, autant que possible, la sécheresse ou la pluie, les températures extrêmes de la journée et la gelée; pour les stations de rivière, des bulletins spéciaux préviennent des crues et de leur importance.

Les différentes publications du *Signal Service* sont :

1° Les bulletins tri-journaliers reproduisant les observations faites dans les stations ;

2° Les cartes du temps qui traduisent graphiquement les bulletins ;

3° Les synopsis et probabilités, et bulletins de fermiers (indications spéciales pour l'agriculture) ;

4° Les bulletins de rivière ;

5° Les chroniques hebdomadaires du temps ;

6° Les bulletins mensuels ;

7° Le rapport annuel du chef du *Signal Service*.

Parmi ces différents papiers, les quatre premiers sont nécessairement ceux qui doivent être répandus en plus grand nombre; aussi le nombre des cartes du temps distribuées a été de 320,770 en 1873; celui des bulletins tri-journaliers, de 143,097; celui des bulletins de bureau de poste, de 895,014.

Les bulletins réguliers et les cartes sont également envoyés à quelques particuliers sur leur demande, quand elle paraît justifiée par des motifs suffisants.

L'envoi des dépêches chiffrées représentant les observations tri-journalières a nécessité à Washington la réception de 768,066 mots conventionnels en 1873 et de 941,860 en 1874; le même bureau a dû en renvoyer 319,992 la première année et seulement 137,128 la seconde. Il a, en outre, reçu, en 1874, 6,695 dépêches télégraphiques relatives au service, et en a envoyé 7,578, sans compter un nombre de lettres énorme, qui était en 1873 : lettres reçues, 217,517; lettres envoyées, 46,432. Ces quelques chiffres suffiront pour donner une idée de l'importance du service.

Les fonds nécessaires au fonctionnement d'une aussi vaste organisation sont empruntés à plusieurs sources. La solde de tous les observateurs, sergents et simples soldats, ne figure pas au budget spécial du *Signal Service*, puisque ce sont des soldats enrôlés et qu'en cette qualité ils sont payés directement par le département de la guerre. Les autres dépenses, loyer des locaux des stations, achat et réparation d'instruments, et surtout frais de dépêches télégraphiques, sont payées sur un fonds spécial de 2,500,000 francs voté par le Congrès le 10 juin 1872. Le 3 mars 1872, un nouveau crédit de 150,000 francs fut ouvert au *Signal Service*, à condition qu'il établirait des stations météorologiques dans les postes de sauvetage répartis le long des côtes.

Les dépenses sont nécessairement très-considérables.

La solde des employés et surtout le prix des dépêches est de beaucoup la plus lourde de toutes, car les lignes télégraphiques appartiennent à des compagnies particulières, et il faut leur payer leurs services. Le *Signal Service* a obtenu, il est vrai, un tarif spécial : pour chaque dépêche comprenant les rapports du temps, on doit payer à raison de 10 centimes par mot et par «circuit,» ou distance de 402 kilom. 3 hect. (250 milles) parcourue par la dépêche; c'est là l'unité de longueur des télégrammes américains; toute fraction de circuit compte pour un entier. Dans les stations intermédiaires, sur une même ligne où, comme nous l'avons vu, on doit saisir les dépêches au passage sans les arrêter, aucune rétribution n'est due aux compagnies pour ce travail. Quant aux dépêches relatives au service, mais autres que les rapports du temps, elles circulent à raison de 5 centimes par mot et par « circuit, » à condition toutefois que toute dépêche plus courte que vingt-cinq mots est comptée comme les contenant.

Le *Signal Service* jouit, de plus, du droit que possèdent tous les services de l'État de faire passer ses dépêches avant celles des particuliers. Toute infraction à ce règlement de la part des compagnies serait punie d'une amende de 500 à 5,000 francs[1].

En 1874, une nouvelle charge s'est imposée au *Signal Service*; nous avons vu, à propos de l'Institution Smithsonienne, qu'à cette date des conditions particulières l'avaient obligée de renoncer à un rôle actif dans les observations de météorologie. Elle eut alors l'heureuse inspiration de proposer au *Signal Service* de reprendre pour son compte la direction qu'elle était forcée d'abandonner; celui-ci accepta et entra dès lors en relation avec les 383 observateurs qui correspondaient auparavant avec l'Institution. Ces observateurs doivent envoyer tous les mois le résumé de leurs observations faites d'après un plan uniforme; en revanche, le *Signal Service* s'engage à les publier, et à envoyer à ses correspondants tous les documents qui pourraient les intéresser dans ceux qu'il fait paraître.

En 1874 a commencé également le système de correspondance internationale et d'échange d'observations décidé par le Congrès de Vienne. Suivant les conventions intervenues alors, le *Signal Service* envoie tous les quinze jours par la poste, à ses correspondants d'Europe, le bulletin des observations faites dans toutes les stations

---

[1] Le texte de la loi qui fixe les rapports du *Signal Service* avec les compagnies télégraphiques est rapporté aux pièces justificatives.

Comme on doit s'y attendre, le *Signal Service* n'a que des revenus insignifiants, résultant de la vente des cartes du temps aux particuliers. Ces cartes sont distribuées si libéralement à tous ceux qui peuvent en avoir réellement besoin, que le chiffre de la vente ne s'est élevé qu'à 222 fr. 60 cent. en 1873.

Cette vente est faite, du reste, aux prix les plus modiques. On peut se procurer une carte sans indication du temps pour 7,5 centimes; une carte avec indication du temps, gravée à une couleur, pour 10 centimes; une carte avec indication du temps, à deux couleurs, pour 15 centimes.

Enfin un cahier de 100 cartes sur papier fin, identiques à celles qui servent à obtenir aux stations les différents exemplaires des cartes du temps, se vend 13 fr. 75 cent.

américaines à 7ʰ 35ᵐ du matin, temps moyen de Washington ; il reçoit, en revanche, les observations faites en Europe à la même heure absolue.

Les correspondants du *Signal Service* dans l'ancien monde sont :

Pour l'Algérie, MM. Charles Sainte-Claire Deville, et le général Farre ;

Pour l'Autriche, le directeur de l'Institut météorologique central de Vienne ;

Pour la Belgique, le directeur de l'Observatoire royal de Bruxelles ;

Pour la Grande-Bretagne, le directeur du Bureau météorologique de Londres ;

Pour le Danemark, le directeur de l'Institut royal météorologique de Copenhague ;

Pour la France, MM. Charles Sainte-Claire Deville, Renou, Marié-Davy, Bérigny, etc.;

Pour l'Allemagne, le directeur de l'Observatoire royal de Leipzig ;

Pour l'Italie, MM. G. Cantoni et Denza ;

Pour les Pays-Bas, le directeur de l'Institut royal météorologique d'Utrecht ;

Pour la Norwége, le directeur de l'Institut royal météorologique de Christiania ;

Pour le Portugal, le directeur de l'Observatoire de l'École polytechnique de Lisbonne ;

Pour la Russie, le directeur de l'Observatoire physique central de Saint-Pétersbourg ;

Pour l'Espagne, M. Aguilar, de Madrid ;

Pour la Suisse, M. Plantamour, de Genève ;

Pour la Turquie, le directeur de l'Observatoire central de Constantinople.

Pour apprécier les résultats auxquels le *Signal Service* est arrivé, on peut tout d'abord calculer la proportion de ses prédictions de temps que l'événement est venu confirmer. Nous avons vu plus haut que cette proportion atteint et dépasse même 80 p. o/o, et dans les pièces justificatives on trouve le tableau des vérifications par région et par année.

Un pareil chiffre suffirait déjà pour faire juger l'œuvre, mais un autre moyen également sûr est de s'adresser au pays lui-même et de voir comment le *Signal Service* y est apprécié. Signalons tout d'abord qu'à la fin de 1873 149 villes des États-Unis demandaient la création chez elles d'une station météorologique. Si maintenant nous passons aux villes où ces stations existent, nous trouvons un concert unanime d'éloges. Nous allons essayer d'en donner quelques exemples, en les prenant dans les rapports des stations et dans les résultats de l'enquête faite chaque année lors de l'inspection. Ces mêmes exemples montreront en même temps, mieux que par toute autre appréciation et par le témoignage même des intéressés, le genre de services qu'une telle administration est appelée à rendre.

A Saint-Louis (Missouri), centre d'un grand pays de culture, l'utilité des bulletins et des prévisions est tellement sentie, que de grandes compagnies de chemin de fer se sont décidées à propager gratis ces documents de la manière suivante : ils sont envoyés aux bureaux télégraphiques des gares de cette ville, et les employés des compagnies les envoient sur toute la ligne; à chaque station, l'employé les reçoit et les affiche à la gare. De plus, le chef des bagages d'un des trains du matin reçoit un grand nombre de cartes du temps et en dépose un exemplaire à chaque station où il est également affiché à la gare. L'initiative de ce mouvement, prise par la compagnie de Saint-Louis, Rockford et Rock-Island, a été promptement suivie par six autres compagnies de lignes aboutissant au même point, et, grâce à ce concours bienveillant, les informations sont distribuées sur une immense étendue de pays.

A Du Luth (Minnesota), nous voyons une autre compagnie de chemin de fer aller plus loin encore et organiser des stations météorologiques supplémentaires. Considérant que dans l'étendue des pays que traverse le chemin de fer du Pacifique Nord, le *Signal Service* n'a pu établir que peu de stations météorologiques, cette compagnie a décidé qu'en deux de ses stations, à Brainard (Minnesota) et à Fargo (Dakota), des observations seraient faites par ses employés sur le même plan et aux mêmes heures que celles du *Signal Service*, et elle envoie à Washington le relevé de toutes ces observations.

A Cleveland (Ohio), les éditeurs de journaux du matin ont conclu avec une compagnie de télégraphe un arrangement pour recevoir les synopsis et probabilités à temps pour leur publication. A New-Haven (Connecticut), les probabilités sont tellement estimées, que l'on a forcé les employés du télégraphe à laisser leur bureau ouvert toute la nuit, afin de recevoir les dernières probabilités en temps pour les journaux du matin. Un éditeur de journal a même déclaré que la vente de sa feuille a beaucoup augmenté à la campagne, grâce à l'exactitude des prévisions du temps, qu'il s'est mis à publier.

Quant au genre d'utilité que peuvent rendre ces bulletins, on en jugera par les exemples suivants, qui montreront jusqu'à quel point les prévisions du temps sont rendues pratiques.

A Cape May (New-Jersey), où toutes les maisons sont en bois, le rapport annuel constate qu'une immense quantité de travail et de matériaux, et surtout de peinture, est épargnée chaque année par les prédictions de mauvais temps. Dans le rapport pour Oswego (New-York), port du lac Ontario, on voit que les habitants manifestent un très-grand intérêt dans les publications du *Signal Service*, mais que ceux qui en retirent les plus grands avantages sont encore les propriétaires de navires. Quelques capitaines sont venus attester que, grâce à ces publications et aux informations qu'on leur a données à la station d'Oswego, ils ont pu faire un ou deux voyages de plus que ceux qui n'en tenaient pas compte. A la fin de la navigation sur le lac, à l'automne, au commencement des gelées, les taux d'assurances deviennent très-élevés; les capitaines et propriétaires de vaisseaux vont alors chercher des renseignements à la station, et d'après eux, se décident parfois à partir sans assurer ni le navire ni la cargaison. Un d'eux, en particulier, qui faisait la traversée du lac, venait chercher les renseignements tous les deux ou trois jours et déclare, grâce à eux, avoir économisé plus de 1,600 francs.

Si les mariniers savent profiter du *Signal Service*, les compagnies d'assurance pourraient s'en plaindre; il n'en est rien pourtant et l'exemple suivant, tiré du rapport sur Philadelphie, montre qu'elles aussi savent en tirer profit. En juillet 1872, un navire complétement chargé et dont la cargaison était assurée très-cher à Philadelphie, se perdit soi-disant dans un orage, à mi-chemin entre New-York et New-London (Connecticut), et les propriétaires vinrent réclamer le prix de l'assurance pour le navire et le chargement. Certains détails parurent douteux aux assureurs qui envoyèrent demander le temps qu'il faisait cette nuit-là aux deux stations de New-York et de New-London. Ils purent prouver que dans ces deux ports le temps était beau et la brise très-douce. Le tribunal admit dès lors comme impossible qu'une tempête eût pu passer inaperçue si près de deux stations, et donna raison à la compagnie d'assurance. Du reste, il fut prouvé, par la suite, que l'on avait assuré le navire pour beaucoup plus que sa valeur, et qu'on l'avait fait sombrer exprès.

Si nous passons maintenant au commerce et à l'agriculture, nous trouvons les rapports suivants.

Voici, par exemple, les témoignages du secrétaire de la chambre de commerce de Nashville (Tennessee) :

Question. Croyez-vous que les bulletins du *Signal Service* soient de quelque utilité locale ou immédiate dans ce pays ?

Réponse. Oh ! certainement; pour moi, par exemple, qui suis engagé en grand dans le commerce des tabacs. Quand nous voulons expédier des marchandises par la rivière, nous savons, d'après vos rapports, si elles pourront parvenir à destination sans transbordement, si la hauteur de l'eau sera suffisante. Or, cela est pour nous d'un intérêt énorme, car, en cas de transbordement, les compagnies d'assurance nous demandent un prix considérable dans l'ignorance où elles sont de l'état du second navire qui reprendra les marchandises.

Question. Les probabilités ont-elles jamais attiré votre attention ?

Réponse. Je les suis avec le plus grand soin. Je possède une ferme à 3 milles de la ville, et je la mène d'après vos probabilités; on ne fauche le foin, sème ou moissonne le blé que lorsque vos indications sont favorables.

Dans un sens analogue à celui que nous voyons dans cette dernière phrase, le rapport pour Indianola (Texas) constate que, dans ce pays, toute la culture de la canne à sucre se règle sur le bulletin du *Signal Service*.

Lynchburg (Virginie), qui est un des plus grands centres pour la culture et la préparation du tabac, est également une des villes qui profitent le plus des probabilités. « Après une longue et patiente « comparaison des prédictions avec le temps qui les a suivies, les « manufacturiers sont arrivés à la conclusion qu'en pratique les « *probabilités* sont des *certitudes;* aussi, ils se dirigent complétement « d'après elles pour savoir quand ils peuvent exposer les feuilles de « tabac en plein air, et sont unanimes à déclarer que maintenant « ils peuvent ainsi prévenir des pertes énormes de marchandise et « de main-d'œuvre. »

Citons encore, pour terminer cette énumération déjà un peu longue, le rapport pour la station de Memphis (Tennessee). Nous y voyons tout d'abord les compagnies de chemin de fer et de transports se servir constamment des bulletins du temps pour la direction des marchandises susceptibles d'être avariées par la pluie ou les changements brusques de température. Puis, un briquetier vient témoigner qu'en prenant garde aux avertissements des probabilités, il a quelquefois, en un seul jour, évité des pertes de 1,000 à 1,500 francs. Toutes les personnes engagées dans l'industrie du coton accourent sans cesse au bureau chercher des renseignements sur le temps, la température, la quantité d'eau tombée dans les districts cotonniers. Enfin, tous les habitants des bords de la rivière sont intarissables dans leurs éloges. Le service d'avertissements pour les crues leur permet d'éviter, chaque année, des pertes énormes sur tout le cours inférieur du Mississipi, et « certaines classes de la population « doivent tant à ce service, qu'elles ne sauraient plus réellement « comment faire, s'il venait à disparaître. » Un tel service leur permet, en effet, d'éviter sinon toutes les pertes matérielles résultant de l'inondation, au moins celles que l'argent et la charité ne peuvent réparer, les pertes de vies humaines.

Telle est l'opinion que l'on a, dans le pays même, de l'institution qui nous occupe. Ajoutons que les dépenses, quelque grandes qu'elles aient pu paraître au premier abord, sont bien au-dessous des services rendus. On a calculé, en effet, qu'il suffirait de faire payer 1 fr. 55 cent. le bulletin affiché chaque jour dans chaque pays, pour couvrir *entièrement* tous les frais du service. Or, l'annonce d'un orage, permettant de sauver seulement quelques tonnes de fourrages ou le moindre navire, suffirait, en un jour, pour rattraper la dépense d'une année. Aussi nous venons de voir de nombreuses preuves de la popularité du *Signal Service* aux États-Unis, popularité telle que, dans certains pays, il a pu être un instant question de porter son chef, le général Myer, comme candidat à la présidence.

C'est aussi à juste titre que, lors de l'Exposition internationale de géographie de Paris (1875), le *Signal Service* a reçu une lettre de distinction pour mérites hors ligne. Sans faire, à proprement parler, de la science météorologique, il se tient dans une voie où il peut rendre d'immenses services, tout en fournissant des données d'une valeur inappréciable pour les travaux plus généraux des savants de tous les pays.

OBSERVATOIRE NAVAL DE WASHINGTON.

Bien qu'actuellement l'Observatoire naval de Washington se consacre exclusivement à l'astronomie, on y fait depuis sa fondation des observations météorologiques régulières et, pendant un temps, la météorologie y a même eu le pas sur l'astronomie.

Depuis 1842, des observations météorologiques furent faites d'abord dans le local provisoire, puis, à partir de 1844, dans le local définitif de l'Observatoire. Elles ont été publiées régulièrement dans les volumes annuels des *Annales de l'Observatoire naval* et même, dans le volume de 1866, on trouve une discussion approfondie, faite par le professeur J. R. Eastman, des observations de 1842 à 1867. Il faut encore citer du même savant une étude du cyclone qui a parcouru les Indes Occidentales les 29 et 30 octobre 1867, imprimée dans le volume d'*Annales* pour 1871.

Mais ce qui rend impossible de ne pas parler de l'Observatoire de Washington au point de vue météorologique, ce sont les célèbres travaux de Maury. Nommé surintendant de l'Observatoire en 1844, c'est là qu'il prépara ses « cartes des vents et des courants, » qui donnèrent le signal d'une révolution complète dans les sciences de la météorologie et de la navigation. C'est à l'Observatoire que furent écrites les *Directions pour les navires voiliers*, qui leur indiquaient la direction des vents et des courants pour chaque région, et leur permirent d'abréger souvent de moitié bien des traversées. Si le travail astronomique proprement dit eut un peu à souffrir pendant la surintendance de Maury, il ne faut pas trop s'en plaindre en considérant les immenses résultats obtenus d'un autre côté. Il faut plutôt regretter que la guerre civile soit venue, là aussi, faire sentir sa funeste influence. Le 26 avril 1861, le commandant Maury quittait soudainement l'Observatoire pour aller rejoindre les confédérés du Sud, interrompant, pour ne jamais les reprendre, les études qui lui avaient déjà coûté plus de quinze ans de travaux, et où il avait ouvert des voies nouvelles à la science.

Depuis 1861, l'astronomie a repris ses droits à l'Observatoire de Washington et la météorologie est devenue toute secondaire. Cependant des observations régulières sont encore faites chaque jour, et publiées dans les volumes annuels des *Annales de l'Observatoire.*

OBSERVATOIRE MÉTÉOROLOGIQUE DU PARC CENTRAL (NEW-YORK).

En 1868, le conseil municipal de la ville de New-York fut autorisé par la législature de l'État à fonder dans le Parc central un observatoire météorologique et un Musée d'histoire naturelle. L'établissement fut immédiatement organisé et la direction du service météorologique confiée à M. Daniel Draper.

L'Observatoire ne se compose que de deux petites pièces au-dessus du musée, et d'une terrasse qui recouvre une partie du même bâtiment ; mais, si l'espace manque un peu, la position est une des meilleures que l'on puisse imaginer. Le Parc central, qui est pour New-York l'analogue de notre bois de Boulogne, est situé sur une petite hauteur qui domine la ville ; les environs ne sont pas encore complétement bâtis, de sorte que, tout en profitant du voisinage de la cité, l'Observatoire est soustrait aux nombreuses perturbations qu'une telle proximité pourrait amener. Si, d'autre part, les ressources du nouvel établissement sont faibles, le directeur en a su profiter avec une adresse remarquable, inventant des instruments simples et les exécutant en partie de ses propres mains ; de sorte que, l'un des plus modestes par le budget, cet observatoire est actuellement l'un des mieux organisés. Tous les phénomènes météorologiques y sont enregistrés d'une manière continue par des instruments de l'invention du directeur, et qui, pour leur exactitude et leur simplicité, méritent d'être plus répandus. Les observations ont commencé à être régulièrement enregistrées le 1ᵉʳ janvier 1869, et il n'y a jamais eu d'interruption. Des observations ordinaires sont faites trois fois par jour, à 7 heures du matin, 2 heures et 9 heures du soir, pour contrôler les appareils enregistreurs. Chaque année, le rapport du directeur, publié comme annexe du rapport général du commissaire du Parc central, contient, en sus du tableau de toutes ces observations, leurs moyennes hebdomadaires, mensuelles et annuelles, et les travaux du directeur. Ce sont, par exemple, des mémoires sur le changement possible du climat de différentes villes des États-Unis, sur le mode et la vitesse de propagation des tempêtes à travers le continent et l'Atlantique, etc.

En dehors des instruments imaginés par M. Draper, les indications du baromètre, du thermomètre sec et du thermomètre humide (psychromètre) sont encore enregistrées par la photographie.

Comme le procédé est ancien et bien connu, nous nous abstiendrons de le décrire pour passer aux instruments originaux. Ceux-ci sont au nombre de six :

Girouette ;

Anémomètre pour la pression du vent ;

Anémomètre pour la vitesse du vent ;

Pluviomètre ;

Baromètre ;

Thermomètres sec et humide.

M. D. Draper est encore en train d'étudier un projet d'évaporomètre inscripteur. Ces instruments se ressemblent tous par leur grande simplicité : ils n'emploient qu'un seul mouvement ordinaire d'horlogerie, et fonctionnent sans le secours de l'électricité.

1° *Girouette.* — La tige de la girouette est soudée à la flèche de façon à tourner avec elle ; elle traverse le toit de l'Observatoire, descend dans une des chambres et s'y termine par un tambour métallique sur lequel on enroule une feuille de papier. Un crayon qui appuie légèrement sur cette feuille tombe lentement entre deux glissières verticales, de façon à parcourir en vingt-quatre heures la hauteur du cylindre, d'une vitesse qui est rendue uniforme par un mouvement d'horlogerie. Quand la girouette tourne, elle entraîne avec elle le cylindre ; le crayon, qui reste dans un plan vertical fixe, indique le changement. Sur le papier sont tracées quatre génératrices pour les points cardinaux, et un repère marqué sur le cylindre facilite la mise en place du papier que l'on change chaque jour.

La disposition de cet instrument se comprend d'elle-même. Dans un tracé pour le 18 décembre 1869, jour d'un orage fort intéressant présentant les caractères d'un cyclone, l'amplitude des oscillations de la girouette est parfaitement indiquée, mais n'empêche nullement de discerner la position moyenne qui, le matin, était E. N. E. On voit les oscillations du vent diminuer peu à peu, puis un changement brusque de direction se produire ; à 8 heures du soir le vent est du Sud, mais au petit nombre d'oscillations on juge qu'il est assez faible ; à 10 heures, nouvelle saute du vent ; il est maintenant du N. O., et l'amplitude et le grand nombre des oscillations montrent qu'il a repris toute sa violence, il continue en inclinant vers l'Ouest jusqu'à 10 heures du matin de la journée suivante, heure à laquelle s'arrête le tracé.

Le seul inconvénient de cet instrument est de ne pas permettre

l'inscription à longue distance. Pour que la tige de la girouette n'é-
prouve pas de torsion, il est nécessaire qu'elle soit assez courte et que
la pièce où se fait l'inscription soit immédiatement au-dessous du toit.

2° *Anémomètre pour la vitesse du vent.* — L'appareil qui sert à
mesurer la vitesse du vent est l'anémomètre à coupe de Robinson,
trop connu pour exiger une description. Quant à l'inscription, elle
se fait de la manière suivante :

La tige qui porte les quatre coupes tourne avec elles, traverse le
toit, et se termine dans le bureau d'observation par une vis sans fin.
Cette vis commande un engrenage multiplicateur terminé par une
came en spirale d'Archimède sur le profil de laquelle est porté un
poids maintenu entre deux glissières dans la verticale du centre de
la came. Celle-ci, en tournant, soulève le poids, dont la distance
au centre, grâce à la nature de la courbe, est à chaque instant proportionnelle à l'angle dont a tourné la came, c'est-à-dire au nombre
de tours de l'anémomètre. Le poids porte un crayon qui appuie
sans cesse contre une feuille de papier tendue sur une planche à dessin qui glisse sur un rail dans un plan vertical, et est tirée par un
mouvement d'horlogerie, de façon à se déplacer d'environ 1 centimètre par heure. Le crayon trace ainsi une courbe dont les abscisses
représentent le temps, et les ordonnées le chemin que le vent a fait
parcourir aux coupes de l'anémomètre.

L'engrenage multiplicateur est tel que la came fait un tour entier pour un chemin de 5 milles (8,046 mètres) parcouru par les
coupes ; on sait que la vitesse du vent est à peu près trois fois plus
considérable, de sorte que le vent a alors parcouru 15 milles. A ce
moment, la révolution de la came étant terminée, le crayon retombe brusquement le long du rayon qui la termine, et reprend
sa position au bas du papier pour remonter et retomber de nouveau
après un nouveau chemin de 15 milles. On a donc la distance
franchie par le vent dans un temps donné, en comptant le nombre
de fois que le crayon a parcouru toute la hauteur du papier, multipliant ce nombre par 15, et y ajoutant la fraction tracée par le
crayon en plus du nombre entier de hauteurs.

Dans un tracé pour le même jour que précédemment, conformément à ce que faisait prévoir la girouette, on voit que la vitesse du vent est d'abord très-grande. De 10 heures du matin à
6 heures du soir, le vent n'avait pas parcouru moins de 221 milles

ou 354 kilomètres; entre 2 et 3 heures, la vitesse avait même atteint 69 kilomètres à l'heure. A partir de 6 heures, le vent se calme; la vitesse n'est même plus que d'environ 3 kilomètres entre 9 et 10 heures; puis elle augmente de nouveau et atteint 32 milles (51 kilomètres) entre 2 et 3 heures du matin, pour se réduire à 27 kilomètres entre 8 et 9 heures du jour suivant (19 décembre).

Le seul inconvénient que l'on puisse reprocher à cet appareil est le même que pour le précédent, de ne pas permettre, tel qu'il est, l'inscription à grande distance. On pourrait aussi remplacer avec avantage, dans cet instrument et les suivants, la planche mobile par un cylindre tournant.

3° *Anémomètre pour la force du vent.* — Un tambour cylindrique de métal est suspendu par une chaîne à un châssis solide au-dessus du toit. Il porte à sa partie inférieure une chaîne qui traverse le toit, pénètre dans le bureau d'observation, et se termine par une tige verticale rigide tirée de haut en bas par un ressort spiral en acier. En un point de la tige est fixé un crayon devant lequel se meut, comme dans l'appareil précédent, une planche à dessin recouverte de papier et animée d'un mouvement de translation de vitesse connue. Quand le cylindre reste dans la verticale de son point de suspension, le crayon trace sur le papier une ligne horizontale; mais que le vent vienne à souffler, le tambour s'écarte de la verticale, tire la chaîne et fait monter le crayon. La théorie permettrait facilement de graduer l'instrument, mais il est plus simple de le faire par expérience, en tirant sur le tambour, par l'intermédiaire d'un dynamomètre, et déterminant la tension de ce dernier qui correspond à différentes positions du crayon. En divisant ce nombre par la section verticale du tambour, on a, pour chaque hauteur du crayon, la pression du vent en kilogrammes par mètre carré de surface.

Dans le tracé pour le 18 décembre 1869, on retrouve toutes les particularités de l'orage; la pression du vent vers 3 heures avait atteint une valeur considérable, jusqu'à 102 kilogrammes par mètre carré; de 6^h 30^m à 10^h 45^m du soir, au contraire, calme complet, auquel succède un nouveau coup de vent. Sur le tracé on voit nettement ce fait, que la pression du vent est loin d'être régulière; c'est une succession de coups violents dont la force est souvent dix ou quinze fois plus considérable que la pression moyenne pendant la tempête.

4° *Pluviomètre.* — Le pluviomètre se compose d'une cuvette cylindrique de métal placée sur le toit pour recevoir l'eau ou la neige, munie à sa partie inférieure d'un tuyau qui amène l'eau dans le laboratoire. En dessous de l'orifice inférieur est un vase de verre suspendu par un ressort spiral d'acier, de façon qu'il s'abaisse à mesure que l'eau vient le remplir. A l'extrémité inférieure du ressort spiral est fixé un crayon qui trace sur une feuille de papier mobile, et dont la position en hauteur indique à chaque instant le poids de l'eau que contient le vase, ou la hauteur d'eau tombée, si l'on divise le poids par la surface de l'ouverture du récepteur. Pour éviter de donner de trop grandes dimensions au vase, on le munit d'un siphon réalisant la disposition connue dans les cours de physique sous le nom de vase de Tantale; aussitôt que l'eau vient à couvrir le siphon, il s'amorce de lui-même et vide complétement le vase; le crayon remonte en haut du papier, et tout est prêt de nouveau pour continuer l'inscription. Dans l'appareil original, le vase se vide dès qu'il a tombé un demi-pouce d'eau ($12^{mm},7$).

En hiver, quand il tombe de la neige, elle fond constamment, grâce au courant d'air tiède qui monte du bureau tout le long du tuyau, et elle vient donner également la quantité d'eau tombée.

Dans l'orage du 18 décembre, on voit sur le tracé que le crayon quitte l'horizontale, c'est-à-dire qu'il commence à pleuvoir à 11 heures du matin. La pluie continue avec une abondance variable toute l'après-midi; à $4^h 20^m$ environ, le vase, étant rempli, se vide, et l'on voit le tracé remonter au haut du papier; il était alors tombé $12^{mm},7$ de pluie. Un peu avant 6 heures, la pluie cesse, et le tracé redevient horizontal. A minuit 10 minutes, petite averse qui dure 20 minutes environ et donne $0^{mm},5$ de hauteur d'eau; la pluie a dès lors cessé de tomber jusqu'au jour.

5° *Baromètre.* — Le baromètre est extrêmement simple; c'est un baromètre à mercure dont le tube est fixe, mais dont la cuvette est portée par deux ressorts spiraux d'acier; quand la pression barométrique augmente, le mercure monte dans le tube, la cuvette devient plus légère et les ressorts la font monter; elle descend de même quand le baromètre baisse. Le calcul indique facilement que ces mouvements sont proportionnels aux variations de la pression; il suffira donc, pour inscrire ces dernières, de fixer à la cuvette un crayon qui frotte contre la feuille de papier mobile destinée à recevoir l'inscription. Comme on dispose à volonté de la sensibilité des ressorts et du diamètre du baromètre, on pourra faire en sorte que les mouvements de la cuvette soient beaucoup plus grands que les variations de la pression, et d'avoir l'amplification que l'on jugera la meilleure.

Cet instrument n'était pas encore construit lors de l'ouragan du 18 décembre; le tracé aurait certainement présenté un grand intérêt, car le baromètre, à 757^{mm},4 à 7 heures du matin, avait éprouvé une baisse subite énorme; il n'était qu'à 744^{mm},3 à 2 heures du soir, et à 740^{mm},3 à 9 heures; le lendemain matin, à 7 heures, il se retrouvait à 752 millimètres.

6° *Thermomètre*. — Le thermomètre n'a été installé qu'en 1872. M. Draper avait essayé d'abord de faire inscrire d'une manière continue la longueur d'un fil de cuivre, de manière à en déduire la température. Il a adopté depuis une lame formée de deux métaux soudés, et qui s'infléchit d'un côté ou de l'autre suivant les variations de la température. Les deux lames ont environ 20 centimètres de long et sont soudées sur toute leur longueur; une de leurs extrémités est serrée dans une mâchoire fixe, l'autre est libre et agit sur le petit côté d'un levier à bras inégaux, maintenu sans cesse en contact avec elle au moyen d'un ressort. L'autre extrémité du bras de levier, aussi grande qu'on le veut, se termine par un crayon qui trace la température sur une feuille de papier mobile. Le thermomètre est gradué par comparaison une fois pour toutes aux températures extrêmes entre lesquelles il doit fonctionner. Les métaux employés étaient d'abord le zinc et le fer; depuis, M. Draper emploie des lames doubles de laiton et de caoutchouc qui seraient plus sensibles et donneraient, d'après lui, de bons résultats, chose étonnante au premier abord, quand on songe à la lenteur extrême avec laquelle le caoutchouc doit se mettre en équilibre de température avec l'air extérieur.

Pour avoir un psychromètre, il suffit d'enrouler autour d'une de ces lames un morceau de toile fine que l'on maintient toujours humide; on peut même réunir sur le même tracé les indications du thermomètre sec et du thermomètre humide.

L'Observatoire possède actuellement un certain nombre de ces thermomètres. L'un fonctionne à l'ombre du côté du nord; un autre, à découvert sur la terrasse; un autre, également sur la terrasse et couvert de noir de fumée, est au milieu d'un ballon de verre fermé et donne, par sa différence avec le thermomètre libre, la mesure de l'irradiation solaire. Par de nombreuses comparaisons, M. Draper a reconnu qu'il était inutile de faire le vide autour du thermomètre, le ballon vide et le ballon plein d'air donnant les mêmes résultats.

Depuis quelque temps , M. Draper a remplacé dans tous ses appareils les crayons par des plumes capillaires en verre contenant  de l'encre à l'aniline; ce sont des tubes de verre terminés par une pointe capillaire, que l'on approche très-près du papier, de façon que le contact se fasse, autant que possible, non par le verre lui-même, mais par la petite goutte qui pend au bout du tube. Le frottement contre le papier est beaucoup plus faible, et les tracés sont plus fins et plus nets qu'avec un crayon. Cette forme de plumes est également adoptée maintenant en Amérique pour les nombreux chronographes dont on se sert dans les observatoires astronomiques. .

OBSERVATOIRE DUDLEY, À ALBANY.

L'Observatoire Dudley, fondé en 1851 à Albany (New-York), par des souscriptions particulières, était tout d'abord destiné à l'astronomie pure. Durant les premières années, en effet, il marcha exclusivement dans cette voie; mais, depuis 1866, le directeur, M. G. W. Hough, a commencé des séries régulières d'observations météorologiques. Ces observations, jusqu'au commencement de 1871, forment la matière du deuxième et dernier volume d'*Annales de l'Observatoire de Dudley,* imprimées par ordre et aux frais de la législature de l'État de New-York. Elles comprennent :

1° Des observations barométriques faites depuis le 1er janvier 1866 au moyen d'un appareil enregistreur qui trace à la fois la courbe des variations d'une manière continue, et imprime une fois par heure la hauteur du baromètre en chiffres ordinaires, allant jusqu'aux millièmes de pouce ;

2° Des observations de thermomètre faites, du 1ᵉʳ janvier 1862 au 1ᵉʳ janvier 1870, deux fois par jour, à 8 heures du matin et 7 heures du soir; au 1ᵉʳ janvier 1870 on ajouta à ces observations celle de midi; enfin, du 1ᵉʳ septembre à la fin de la même année, les températures furent marquées d'heure en heure par un appareil inscripteur;

3° La vitesse et la direction du vent, observées trois fois par jour, à 8 heures du matin, midi et 7 heures du soir, pendant l'année 1868; dans les années suivantes, l'observation a été enregistrée automatiquement toutes les heures;

4° Enfin la quantité de pluie, mesurée une fois par jour.

Les instruments enregistreurs de cet observatoire, qui comptent parmi les premiers imaginés, méritent une description spéciale.

Le baromètre inscripteur à mercure est formé par un tube de section constante, recourbé en siphon, dont la petite branche est

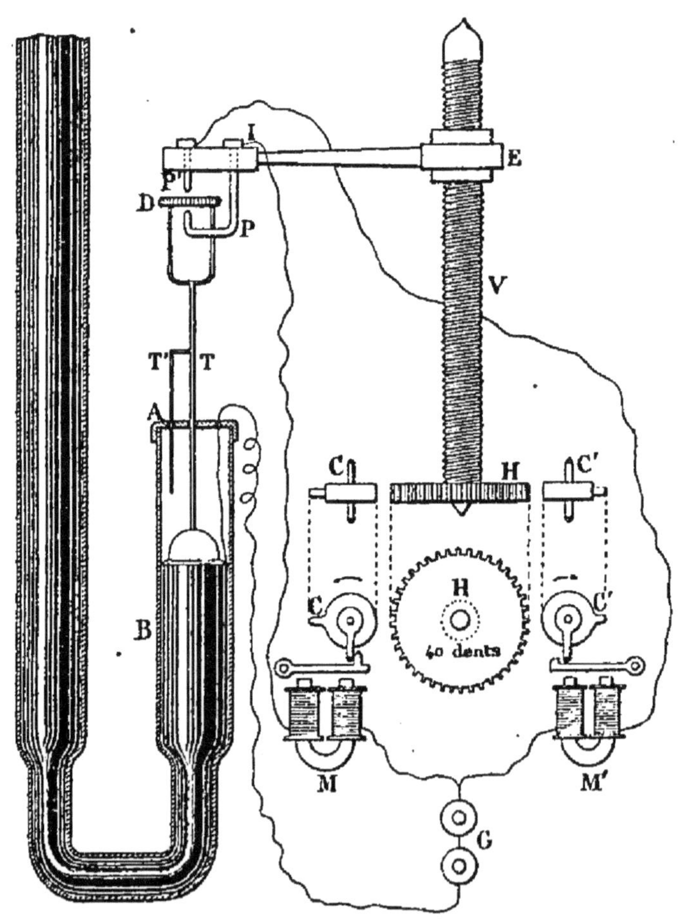

représentée en B. Sur le mercure repose un flotteur mécanique F, surmonté d'une tige également métallique T, qui traverse le couvercle A de la petite branche du baromètre, et se termine par un petit disque horizontal de platine D. Pour empêcher tout ce système de tourner sur lui-même, une seconde tige T' est fixée latéralement à la première et passe également dans un autre trou du couvercle A.

Le disque D est compris entre deux pointes de platine P, P', qui en sont chacune à une distance au plus égale à 1/2000 de pouce ($0^{mm},01$), et sont fixées dans un bloc d'ivoire I, qui les isole l'une de l'autre. Un des pôles d'une pile G communique avec le mercure du baromètre; l'autre porte deux fils qui traversent chacun un des électro-aimants M, M' et aboutissent aux pointes P, P'.

Ces deux pointes et le bloc I qui les porte sont reliées à un écrou E monté sur une vis micrométrique V, de façon à monter ou descendre quand la vis tourne, mais sans tourner avec elle. Cette vis, au 1/50 de pouce ($0^{mm},5$ environ), se termine à sa partie inférieure par une roue H à quarante dents, de sorte que, lorsque cette roue H aura marché d'une dent, le système des deux pointes P, P' se sera élevé ou abaissé de 1/2000 de pouce ($0^{mm},01$). Quant à la roue dentée H, elle peut être commandée par deux pignons C, C' à une seule dent, terminant deux mouvements d'horlogerie qui les font tourner en sens contraire, ainsi que le montre la figure. Ces pignons portent encore une petite came, qui est arrêtée par une saillie de l'armature des électro-aimants M, M'; mais, dès que celle-ci vient à être attirée, le pignon correspondant devient libre et met en mouvement la vis V.

Supposons maintenant que, tout ayant été réglé de façon que les pointes P, P' ne touchent pas le disque D, mais en soient à moins de $0^{mm},01$, la pression barométrique vienne, par exemple, à monter. Immédiatement, le flotteur, en descendant, rencontre la pointe P, fait passer le courant dans l'électro-aimant M et désembraye le pignon C. Celui-ci, à chacune de ses révolutions, fait faire 1/40 de tour à la vis V, c'est-à-dire fait descendre les pointes P, P' de 1/2000 de pouce ($0^{mm},01$); le mouvement dure jusqu'à ce que les pointes et l'écrou E se soient abaissés de la même quantité que le mercure : alors l'appareil se retrouve dans l'état primitif. On a donc par ce mécanisme une vis qui fait 1/40 de tour pour chaque variation de 1/2000 de pouce dans le niveau du mercure en B, c'est-à-dire pour un changement de 1/1000 de pouce ($0^{mm},025$) dans la pression atmosphérique.

Une fois ce mouvement obtenu, il est facile de le communiquer à un appareil inscripteur quelconque; on pourra, par exemple, faire commander par la roue H un système d'engrenages multiplicateurs terminé par une vis sans fin portant un chariot et un crayon qui frotterait sans cesse contre un cylindre recouvert de papier, et animé d'un mouvement de rotation. Les déplacements en hauteur du crayon seraient proportionnels aux changements de la pression atmosphérique, et l'on est maître de l'amplification.

C'est ce qui est réalisé dans l'appareil de Hough, où l'on fait tracer à la fois deux crayons sur deux cylindres, dont l'un fait une révolution en deux jours, et l'autre en quinze jours seulement. On obtient ainsi la marche générale de la pression sur le cylindre lent et les variations avec beaucoup plus de sensibilité sur le cylindre rapide.

En même temps que cet appareil inscripteur, la vis V en commande un autre qui imprime toutes les heures, en chiffres ordinaires, la pression barométrique jusqu'aux millièmes de pouce. Pour cela, la roue H entraîne un système multiplicateur se terminant à un pignon à cinquante dents L, qui avance de cinq dents, ou de 1/10 de tour, pour une dent de la roue H, ou $0^P,001$ de variation dans le baromètre. L'axe X de la roue L porte également un tambour N, sur la circonférence duquel sont gravés les dix

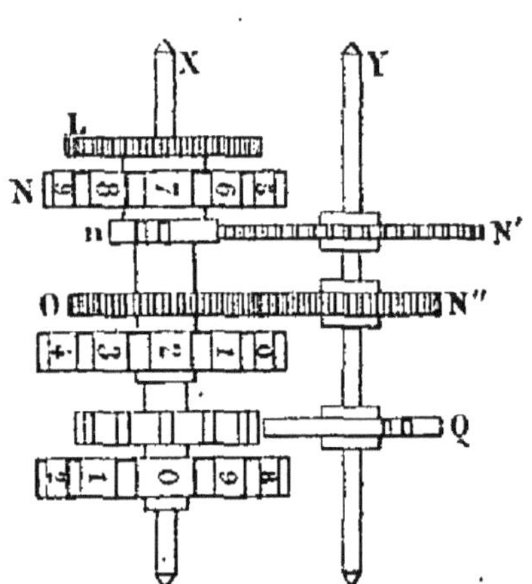

chiffres en relief, et une came n qui fait tourner une roue à dix dents N', fixée sur un axe Y parallèle à X. La roue N' est liée invariablement à une autre N", qui commande le système d'une roue O et d'un tambour analogue à N; ces deux pièces O sont à frottement doux sur l'axe X. La roue O, étant égale à N", fera 1/10 de tour pour chaque dixième de tour de N' ou pour chaque tour de N. Le tambour O marquera donc les centièmes de pouce. Enfin l'axe Y porte encore une came Q qui, à chaque tour entier, fait faire 1/10 de tour au système R, monté également à frottement doux sur X et composé d'une roue à dix dents et d'un tambour à chiffres en relief, qui se trouvera marquer les dixièmes de pouce de la hauteur barométrique. Il n'est plus difficile d'imaginer un système qui maintienne tous les types couverts d'encre grasse et un mécanisme qui, toutes les heures, vienne appuyer une feuille de papier contre la tranche des trois tambours. Une fois ceux-ci réglés, l'appareil imprimera de lui-même, en chiffres, les dixièmes, centièmes et millièmes de pouce de la pression barométrique; quant aux unités, on les inscrit à la main, et, du reste, il ne peut y avoir aucun doute à leur égard, vu la grandeur de l'unité (1 pouce vaut $25^{mm},4$).

Pour éviter les corrections de température, le baromètre est compensé de lui-même; le calcul indique facilement, pour un baromètre à siphon donné, quelle quantité de mercure il faut y mettre pour que les variations de niveau dans la petite branche soient sensiblement indépendantes de la température.

Le même observatoire possède encore un appareil enregistreur de la vitesse et de la direction du vent. Pour la vitesse, la tige de l'anémomètre à coupes, de Robinson, entraîne un engrenage multiplicateur qui, à chaque dixième de mille ($160^{m},93$) parcouru par le vent, ferme un circuit et fait monter d'une petite quantité le crayon d'un cylindre inscripteur. Le nombre de ces espèces de marches tracées par le crayon pendant une heure donne le chemin parcouru par le vent en dixièmes de mille.

Pour la direction, la tige de la girouette tourne avec la flèche, et se termine à la partie inférieure par un tambour de bois, sur lequel sont enroulées huit bandes métalliques horizontales, toutes en communication avec l'un des pôles d'une pile, et couvrant respectivement 1/8, 2/8, 8/8 de la circonférence du tambour. Un fil métallique, communiquant avec l'autre pôle de la pile, descend toutes les heures en frottant tout le long d'une génératrice du tambour; suivant l'orientation que le vent donne à ce dernier, il rencontre un nombre variable de bandes, et produit à chaque fois un courant. Celui-ci passe dans un électro-aimant qui, chaque fois, fait avancer de 1/8 de tour une roue qui porte gravés en relief les noms des huit vents principaux (N., N. O., O., S. O., S., S. E., E., N. E.). Le courant est, par exemple, interrompu huit fois pour le vent du Nord, quatre fois pour le vent du Sud, une fois seulement pour le Nord-Ouest.

Enfin, M. Hough a également doté son observatoire d'un météorographe qui inscrit les indications du baromètre et des thermomètres sec et mouillé; un autre exemplaire du même instrument fonctionne, de même que le baromètre, dans les bureaux du *Signal Service*, à Washington.

Nous ne ferons que décrire rapidement le principe de cet appareil. Toutes les heures, un mouvement d'horlogerie abaisse un levier portant des sondes verticales en platine, qui communiquent avec l'un des pôles d'une pile, et vont plonger dans le tube ouvert des baromètres ou thermomètres, dont le mercure est en relation avec l'autre pôle de la pile. Au moment du contact de la sonde et du mercure, le courant est fermé et fait appuyer un crayon sur un cylindre inscripteur; la ligne qui joint tous les points supérieurs de ces tracés marque, à chaque instant, la position du niveau dans les appareils. De plus, pour éviter que la sonde, en sortant du mercure, ne produisît une étincelle qui l'altérât, on a soin de faire interrompre le circuit en dehors avant le mouvement de retour des sondes.

On reconnaît dans cet appareil les principes fondamentaux que M. Van Rysselberghe a appliqués depuis, avec de nombreux perfectionnements, dans son météorographe universel.

Tels sont les instruments principaux que possédait, pour la partie météorologique, l'Observatoire d'Albany. Il avait été question un instant d'y installer des instruments de magnétisme, et on avait même commencé la construction d'une grande chambre sous terre, afin d'y être mieux à l'abri des variations de température. Malheureusement les fonds que l'Observatoire tenait de la générosité publique finirent par s'épuiser, et il devint impossible pour le moment de se procurer de nouvelles ressources. En 1874, le directeur fut obligé de quitter l'Observatoire et d'entrer dans l'industrie; il ne resta pas même assez d'argent pour payer un gardien chargé de l'entretien des instruments. Actuellement l'Observatoire est absolument abandonné. Dans une partie du jardin on a installé une station du *Signal Service*, où les observateurs ont pu recueillir le baromètre inscripteur. Ils n'ont malheureusement ni le temps ni les moyens de s'occuper de tous les autres instruments, qui sont livrés peu à peu à la destruction, conséquence inévitable du manque de soins et de l'abandon.

Comme on le voit par tout ce qui précède, la météorologie est très-cultivée aux États-Unis, mais d'une façon spéciale; on y fait surtout des observations, et le côté pratique l'emporte sur les études de science pure. L'Institution Smithsonienne seule, qui ne se mêle plus d'observations, s'occupe encore des lois générales des mouvements de l'atmosphère; les autres institutions ne font guère que recueillir des nombres, et ne les utilisent que partiellement, dans un but restreint, laissant à d'autres le soin de les étudier dans le détail. C'est à peine si, dans le pays des Maury et des Espy, on peut citer quelques noms de météorologistes, tels que le professeur E. Loomis, qui s'occupent réellement de science.

Mais, si l'Amérique peut en ce moment envier à l'Europe les travaux de science pure, au moins, pour la grandeur du pays soumis aux études, la richesse avec laquelle les institutions sont dotées, le nombre et l'importance des documents recueillis et publiés, enfin la manière pratique dont on sait en tirer parti pour les besoins de chaque jour, les États-Unis tiennent sans contredit la tête de toutes les nations. Espérons que le jour reviendra pour eux où la science reprendra ses droits, et où les savants américains se mettront à tirer parti eux-mêmes des documents précieux entassés par leurs concitoyens, et contribueront pour leur part à faire avancer la science générale.

COMMUNICATIONS ADRESSÉES AU COMITÉ.

ÉTUDE SUR LES MOEURS DES BEMBÉCIENS[1], *par M. H. FABRE,
ancien professeur au lycée d'Avignon.*

Non loin d'Avignon, sur la rive droite du Rhône, en face de l'embouchure de la Durance, se trouve l'un de mes points favoris pour les observations que je vais rapporter. C'est le bois des Issarts.

Que l'on ne se méprenne point sur la valeur de ce mot, le bois, éveillant en général dans l'esprit l'idée d'un sol matelassé d'un frais tapis de mousse et l'idée d'une haute futaie d'où descend un demi-jour tamisé par le feuillage. Les plaines brûlées où grince la cigale sur le pâle olivier ne connaissent pas ces délicieuses retraites pleines d'ombre et de fraîcheur. Le bois des Issarts est un taillis de chênes verts, à hauteur d'homme, clair-semés par maigres touffes qui tempèrent à peine à leur pied les ardeurs du soleil. Lorsque, par les jours caniculaires de juillet et d'août, je m'établissais des après-midi entières en quelque point du taillis favorable à mes observations, j'avais pour refuge un grand parapluie, qui plus tard, d'une manière bien inattendue, me prêta un concours bien précieux sous un autre rapport, ainsi qu'il sera dit en temps opportun. Si j'avais négligé de me munir de ce meuble, embarrassant pour une course assez longue, ma seule ressource contre une insolation était de m'étendre tout au long derrière quelque butte de sable. Lorsque les artères étaient par trop en ébullition dans les tempes, le moyen suprême consistait à m'abriter la tête dans l'ample vestibule de quelque terrier de lapin. Telles sont les sources de fraîcheur au bois des Issarts.

Le sol non occupé par les bouquets d'yeuses est à peu près nu et se compose d'un sable fin, aride et très-mobile que le vent amoncelle en petites dunes partout où les souches et les racines de chênes verts forment obstacle à sa dissémination. La pente de ces dunes est en général unie à cause de l'extrême mobilité des matériaux qui

---

[1] Insectes de l'ordre des Hyménoptères et du groupe des Fouisseurs.

s'éboulent dans la moindre dépression, lorsque la déclivité est trop forte, et rétablissent d'eux-mêmes la régularité des surfaces. Il suffit de plonger le doigt dans le sable et de le retirer pour amener aussitôt un éboulis qui comble la cavité et remet les choses en l'état primitif. Mais à une certaine profondeur, variable suivant l'époque plus ou moins reculée des dernières pluies, le sable conserve un reste d'humidité qui le maintient en place, et lui donne la consistance nécessaire pour être creusé de légères excavations sans affaissement de la voûte.

Un soleil ardent, dans un ciel magnifiquement bleu, des pentes sablonneuses qui cèdent sans difficulté aux coups de râteau de l'hyménoptère, du gibier en abondance, diptères de toute sorte, pour la nourriture des larves, un emplacement paisible que ne trouble presque jamais le pied d'un passant, tout est réuni en ce lieu de délices des Bembex. Assistons à l'œuvre de l'industrieux insecte. Si le lecteur veut prendre place avec moi sous le parapluie, ou profiter de mon terrier de lapins, voici le spectacle auquel il est convié de juillet en septembre :

Un Bembex (*B. rostrata*, Fab.) brusquement survient, je ne sais d'où ; sans hésitation aucune, il s'abat en un point qui, pour mes regards, ne diffère absolument en rien des autres points de la surface sablonneuse. Avec ses tarses antérieurs, qui, armés de robustes rangées de cils, rappellent à la fois le balai, la brosse et le râteau, il travaille à déblayer l'entrée de sa demeure souterraine. L'insecte se tient sur les quatre pattes postérieures, les deux de derrière un peu écartées ; celles de devant, à coups alternatifs, grattent et balayent le sable mobile. La manœuvre est d'une telle prestesse, que jamais jeune chien grattant pour déterrer un os n'a mis en ses ébats pareille agilité. On dirait qu'un ressort meut le rapide moulinet des tarses de l'insecte. Le sable, lancé en arrière sous le ventre, franchit l'arcade des jambes-postérieures et jaillit en un filet continu semblable à celui d'un liquide ; il décrit sa parabole et retombe à 2 décimètres plus loin. Ce jet poudreux, toujours également nourri des cinq minutes durant, démontre assez l'étourdissante rapidité des outils en action. Je ne pourrais citer un second exemple de pareille célérité, qui n'enlève néanmoins rien à la grâce dégagée, à la liberté d'évolution de l'insecte, avançant et reculant, tournant d'ici, puis de là, sans discontinuer la parabole de son jet.

Le terrain remué est des plus mouvants : à mesure que l'hyménoptère creuse, le sable voisin s'éboule et comble la cavité. Sous l'éboulis sont compris de menus débris de bois, des queues de feuilles pourries, des grains de gravier plus volumineux que les autres. Le Bembex les enlève avec les mandibules et les porte plus loin à reculons; puis il revient balayer, mais toujours peu profondément, sans tentatives pour s'enfoncer en terre.

Quel est son but, en ce travail tout à la surface? Il serait impossible de le dire d'après ce premier et seul coup d'œil; mais ayant, pendant de longues années, passé bien des jours en société avec mes beaux hyménoptères, et groupant en un faisceau la trame éparse de mes observations, je crois entrevoir le motif des manœuvres actuelles. Le nid de l'insecte est là certainement, sous terre, à quelques pouces de profondeur; dans une logette creusée au sein du sable frais et fixe, se trouve un œuf, peut-être une larve, que la mère approvisionne au jour le jour de diptères, invariables victuailles des Bembex sous leur premier état. La mère à tout moment doit pouvoir pénétrer dans ce nid, portant entre les pattes le gibier quotidien destiné au nourrisson, de même que l'oiseau de proie pénètre dans son aire ayant dans les serres la venaison que réclament les petits. Mais si l'oiseau rentre chez lui, sur quelque corniche de rocher inaccessible, sans autre difficulté que celle du poids et de l'embarras du gibier capturé, le Bembex ne peut le faire qu'en s'ouvrant chaque fois à nouveaux frais une entrée, qui s'obstrue, se clôt d'elle-même par le fait de l'éboulement du sable. Dans cette demeure souterraine, la seule pièce à parois immobiles, c'est la cellule qu'habite la larve; l'étroite galerie où la mère s'engage pour pénétrer dans l'appartement du fond, ou pour sortir et aller en chasse, s'écroule chaque fois, du moins dans sa partie antérieure, percée au milieu d'un sable très-sec, que des allées et des venues répétées rendent plus mobile encore. Pour l'entrée et pour la sortie, l'insecte doit par conséquent se frayer un passage au sein de l'éboulis.

La sortie ne présente pas de difficultés, le sable eût-il la consistance qu'il pouvait avoir au début lorsqu'il a été réuni pour la première fois : l'insecte est libre dans ses mouvements, il est en sécurité sous l'abri qui le couvre, il peut prendre son temps et faire agir sans précipitation tarses et mandibules. C'est une tout autre affaire pour la rentrée : le Bembex a l'embarras de la proie que les pattes retiennent serrée contre le ventre, le mineur est ainsi privé du libre usage de ses outils. Circonstance bien plus grave : d'effrontés parasites sont tapis de çà, de là, aux environs du terrier, guettant la difficultueuse rentrée de la mère pour déposer à la hâte leurs œufs sur la pièce de gibier à l'instant même où elle va disparaître dans la galerie. S'ils réussissent, le nourrisson de l'hyménoptère, le fils de la maison, périra affamé par de goulus commensaux.

Le Bembex connaît ces périls ; aussi des dispositions sont-elles prises pour que la rentrée s'effectue promptement, sans entraves sérieuses, pour que le sable obstruant la porte cède à la rude poussée du front, aidée d'un rapide coup de balai des tarses antérieurs. Dans ce but, les matériaux aux abords du logis subissent une sorte de tamisage : en des moments de loisir, lorsqu'un beau soleil s'y prête et que la larve, pourvue de vivres, ne réclame pas ses soins, la mère passe au râteau les devants de sa porte ; elle écarte les menus débris de bois, les graviers trop forts qui pourraient se mettre en travers et barrer le passage au périlleux moment de la rentrée. C'est à pareil travail de tamisage que se livre, avec tant d'entrain, l'actif Bembex que nous venons de voir à l'œuvre : pour rendre l'accès du logis plus facile, les matériaux du vestibule sont épluchés, fouillés minutieusement et purgés de toute pièce encombrante. Qui nous dira même si, par sa vive prestesse, sa joyeuse activité, l'insecte n'exprime pas à sa manière la satisfaction naturelle, le bonheur de veiller sur le toit de la cellule qui a reçu le précieux dépôt de l'œuf ?

Une conséquence est évidente : puisque l'hyménoptère se borne à des soins d'emménagement extérieur, sans chercher à pénétrer dans le sable, tout est en ordre au logis et rien ne presse. En vain nous attendrions : l'insecte, pour le moment, ne nous apprendrait pas davantage. Examinons alors la demeure souterraine. — En râclant légèrement la dune avec la lame d'un couteau, au point même où le Bembex se tenait de préférence, on ne tarde pas à découvrir la galerie d'entrée qui, tout obstruée qu'elle est dans une partie de sa longueur, n'est pas moins reconnaissable à l'aspect particulier des matériaux remués. Ce couloir, du calibre du doigt, rectiligne ou sinueux, tantôt plus long, tantôt plus court, suivant la nature et les accidents du terrain, mesure de 2 à 3 décimètres. Il conduit à une chambre creusée dans le sable frais, chambre dont les parois ne sont crépies d'aucune espèce de mortier qui puisse prévenir les éboulements et donner du poli aux surfaces raboteuses. Pourvu que la voûte tienne bon pendant l'éducation de la larve, cela suffit; peu importent les effondrements futurs lorsque la larve sera enfermée dans le robuste cocon que nous lui verrons construire. Le travail de la cellule est donc des plus rustiques : tout se réduit à une grossière excavation, sans forme déterminée, à plafond surbaissé et d'une capacité qui donnerait place à une paire de noix.

Dans cette retraite gît à terre une pièce de gibier, une seule, toute petite et bien insuffisante pour les besoins de la future larve. C'est une mouche d'un beau vert métallique, un *Lucilia Cæsar*, hôte des chairs corrompues. Le diptère, servi en pâture, est complétement immobile. Est-il mort tout à fait; n'est-il que paralysé? Cette question s'élucidera plus tard. Pour le moment, constatons sur le flanc du gibier un œuf cylindrique, blanc, un peu courbe et d'une paire de millimètres de longueur environ. C'est l'œuf du Bembex. Comme nous l'avions prévu d'après la conduite de la mère, rien ne presse, en effet, au logis : l'œuf est pondu et approvisionné d'une première ration proportionnée aux besoins de la débile larve qui doit éclore dans les vingt-quatre heures. De quelque temps, le Bombex ne devait pas rentrer dans le souterrain, se bornant à faire bonne garde aux environs, ou peut-être creusant d'autres terriers pour y continuer sa ponte, œuf par œuf, chacun dans un domicile à part.

Cette particularité de l'approvisionnement initial avec une pièce de gibier unique et de petite taille n'est pas spéciale au *Bembex rostrata*. Toutes les autres espèces que j'ai examinées se comportent de même. Si l'on ouvre la loge d'un Bembex quelconque peu après la ponte, on trouve toujours l'œuf collé sur le flanc d'un diptère, qui forme à lui seul les provisions du moment; en outre, cette ration du début est toujours de minime taille, comme si la mère recherchait des bouchées plus tendres pour le faible nourrisson. Un autre motif d'ailleurs, celui des vivres frais, semble la guider dans ce choix, comme nous l'examinerons plus tard. Ce premier service de table, toujours peu copieux, varie beaucoup de nature suivant la fréquence de telle ou telle autre espèce aux environs du nid. C'est tantôt un *Lucilia Cæsar*, tantôt une Pollénie ou quelque petit Syrphe, tantôt un délicat Bombylien tout habillé de velours; mais la pièce la plus fréquente est une Sphérophorie au ventre fluet.

Ce fait général, sans exception aucune, de l'approvisionnement de l'œuf avec un diptère unique, ration infiniment trop maigre

pour une larve douée d'un vorace appétit, nous met déjà sur la
voie d'un trait de mœurs des plus remarquables chez les Bembex.
Les hyménoptères dont les larves vivent de proie entassent généralement dans chaque cellule le nombre de victimes nécessaires à
l'éducation complète. Ils piquent ces victimes, Buprestes, Charançons, Chenilles, Criquets, Grillons, Araignées ou autres, avec leur
stylet vénénifère dirigé vers les centres nerveux, afin de paralyser
tout mouvement dangereux et de conserver néanmoins un reste de
vie qui maintienne les chairs fraîches. Ils déposent l'œuf sur l'une
des pièces et clôturent la loge où ils ne rentrent plus; désormais la
larve éclôt et se développe solitaire, ayant devant elle, du premier
coup, tout le monceau de vivres qu'elle doit consommer. Les Bembéciens font exception à cette loi. La cellule est d'abord approvi-
sionnée d'une pièce unique, toujours de faible taille, sur laquelle
l'œuf est pondu. Cela fait, la mère quitte le terrier, qui se bouche
de lui-même; d'ailleurs, avant de s'éloigner, l'insecte a soin de râ-
teler avec soin le dehors pour égaliser la surface et dissimuler l'entrée. Deux ou trois jours se passent; l'œuf éclôt et la faible larve
commence la ration de choix qui lui a été servie. La mère, cependant, se tient dans le voisinage. On la voit tantôt lécher pour sa
nourriture les exsudations sucrées des têtes du panicaut, tantôt se
tenir immobile sur le sable brûlant, d'où elle surveille, sans doute,
l'extérieur du domicile. Par moment, elle tamise le sable de l'entrée, puis elle s'envole et disparaît, occupée peut-être à creuser
ailleurs d'autres cellules qu'elle approvisionne de la même manière.

Mais, si prolongée que soit son absence, elle n'oublie pas la
larve si parcimonieusement servie; son instinct de mère lui apprend
l'heure où le nourrisson a terminé ses vivres et réclame de nouvelle pâture. Elle revient donc au nid, dont elle sait admirablement
bien retrouver l'invisible entrée; elle pénètre dans le souterrain,
cette fois chargée d'un gibier plus volumineux. La proie déposée à
côté de la larve, elle quitte de nouveau le domicile et attend au
dehors le moment d'un troisième service. Ce moment ne tarde pas
à venir, car la larve consomme ses victuailles avec une dévorante
gloutonnerie. Nouvelle arrivée de la mère et nouvelles provisions de
vivres frais. Pendant deux semaines environ que dure l'éducation
de la larve, les repas se succèdent ainsi, un à un, à mesure qu'il
en est besoin, et d'autant plus rapprochés que le nourrisson se fait
plus fort. Sur la fin de la quinzaine, il faut toute l'activité de la

mère pour suffire à la faim de la grosse larve, qui traîne lourde-
ment son ventre au milieu des reliefs dédaignés, ailes, pattes, an-
neaux cornés. A tout moment on voit l'hyménoptère rentrer avec
une récente capture, à tout moment ressortir pour giboyer aux environs. Bref, le Bembex élève sa famille au jour le jour, sans provisions amassées d'avance, comme le fait l'oiseau apportant la becquée à ses petits encore au nid.

Des preuves multipliées que j'ai recueillies sur ce genre d'éducation, bien étrange pour un hyménoptère alimentant sa famille de
proie, j'ai déjà cité la présence de l'œuf dans une cellule où ne se
trouve, pour toute provision, qu'un petit diptère, toujours un seul,
jamais plus. Une autre preuve est la suivante, qui n'exige pas un
moment spécial pour être constatée.

Fouillons le terrier d'un hyménoptère qui fasse les provisions de
ses larves à l'avance. Si nous choisissons le moment où l'insecte pénètre chez lui avec une proie, nous trouverons dans la cellule un
certain nombre de victimes, approvisionnement commencé; mais
jamais alors de larve, pas même d'œuf, car celui-ci n'est pondu
que lorsque les vivres sont au grand complet. La ponte faite, la cellule est close et la mère n'y revient plus. C'est donc uniquement
dans les terriers où les visites de la mère ne sont plus nécessaires
qu'il est possible de trouver des larves à côté de vivres entamés.

Pénétrons, au contraire, dans le domicile du Bembex, au moment où celui-ci rentre avec le produit de sa chasse. Nous sommes
certains de trouver dans la cellule une larve plus grosse ou plus
petite au milieu de débris de vivres déjà consommés. La ration que
la mère apporte maintenant est donc destinée à l'entretien d'un
repas qui dure déjà depuis plusieurs jours et doit durer encore
avec le produit des chasses futures. S'il vous est donné de faire
cette fouille sur la fin de l'éducation, avantage que j'ai eu aussi
souvent que je l'ai désiré, nous trouverons, sur un copieux monceau de débris, une grosse larve ventrue, à laquelle la mère apporte
encore des victuailles fraîches. Le Bembex ne cesse l'approvisionnement et n'abandonne pour toujours la cellule que lorsque la larve,
distendue par la bouillie alimentaire d'aspect vineux, refuse le manger et se couche, toute rebondie, sur le hachis d'ailes et de pattes
du gibier dévoré.

Chaque fois qu'elle pénètre dans le terrier au retour de la
chasse, la mère n'apporte qu'un seul diptère. S'il était possible, au

moyen des débris contenus dans une cellule où l'éducation est finie, de compter les victimes servies à l'appétit de la larve, on saurait combien de fois au moins l'hyménoptère a visité son terrier depuis la ponte de l'œuf. Ce moyen est impraticable, car les reliefs de table, mâchés et remâchés en des moments de disette, ne peuvent, pour la plupart, être déterminés. Mais si l'on ouvre une cellule où la larve soit moins avancée, les vivres se prêtent à l'examen, quelques pièces étant encore entières ou presque entières, les autres, plus nombreuses, se trouvant à l'état de tronçons assez bien conservés. Tout incomplet qu'il est dans ces conditions, le dénombrement frappe de surprise en montrant quelle activité doit déployer l'hyménoptère pour suffire au service d'une pareille table. Voici la carte de l'un des menus observés en fin septembre.

Autour d'une larve de *Bembex mystax* [1], parvenue à peu près au tiers de la taille qu'elle doit définitivement acquérir, je relève le gibier dont suit le détail: — 6 *Echinomyia rubescens*, deux entiers et quatre dépecés; 4 *Syrphus corollæ*, deux au complet, deux autres en morceaux; 3 *Gonia atra*, tous les trois intacts et dont un apporté à l'instant même par la mère; 2 *Pollenia ruficollis*, l'un intact, l'autre entamé; 1 *Bombylius* réduit en marmelade; 2 *Echinomyia intermedia*, à l'état de débris; enfin 2 *Pollenia floralis*, encore à l'état de débris. Total, 20 pièces. Voilà certes un menu aussi abondant que varié; mais comme la larve n'a guère que le tiers de la grosseur finale, la carte complète du festin pourrait bien s'élever à une soixantaine de pièces.

La vérification de ce somptueux chiffre peut s'obtenir sans difficulté aucune. Je vais remplacer moi-même le Bembex dans ses soins

---

[1] *Bembex mystax.* — Je désigne ainsi une espèce dont les auteurs ne me paraissent pas avoir parlé. Cet hyménoptère se rapproche beaucoup du *Bembex rostrata* pour la taille et la disposition des couleurs noire et jaune. Il en diffère surtout par l'alimentation de la larve et par les traits suivants. L'épistome présente en arrière une large bande noire, formée de deux taches carrées conjointes et veloutée d'un duvet argenté très-brillant sous une incidence convenable; la bordure postérieure des yeux, jaune sur le vivant, devient habituellement d'un rouge ferrugineux sur le sec; le dernier segment de l'abdomen est hérissé en dessus de papilles et de cils roux; il en est de même du bord postérieur de l'avant-dernier segment; enfin les mandibules ne sont tachetées de noir qu'à l'extrémité, tandis que la base est en même temps noire dans le *Bembex rostrata.* Le mâle m'est inconnu.

Cette espèce est fréquente dans les terrains sablonneux des Angles, au voisinage d'Avignon.

maternels, et fournir à la larve des vivres jusqu'à satiété. Je déménage la cellule dans une petite boîte de carton que je meuble d'une couche de sable. Sur cette couche est déposée la larve avec tous les égards dus à son délicat épiderme; autour d'elle, sans oublier un débris, je range les provisions de bouche dont elle était pourvue. Enfin je reviens chez moi la boîte tenue à la main pour éviter des secousses qui auraient pu mettre en péril ma prisonnière pendant un trajet de plusieurs kilomètres. Quelqu'un qui m'eût vu sur la route poudreuse de Nîmes, exténué par la chaleur et portant à la main, avec un soin religieux, le fruit unique de ma pénible course, un vilain ver faisant ventre d'un monceau de mouches, eût certes bien souri de ma naïveté.

Le voyage se fit sans encombre; à mon arrivée, la larve continuait paisiblement de manger ses diptères comme si de rien n'était. Le troisième jour de la captivité, les vivres pris dans le terrier même étaient achevés; le ver, de sa bouche pointue, fouillait dans le tas de débris sans rien trouver à sa convenance. Le moment est venu pour moi de continuer le service alimentaire. Les premiers diptères à ma portée, tel sera le régime de ma prisonnière. Je les tue en les pressant entre les doigts, mais sans les écraser. La première ration se compose de trois *Eristalis tenax* et d'un *Sarcophaga*. En vingt-quatre heures, tout était dévoré. Le lendemain, je sers deux Eristalis et quatre Mouches domestiques. Il y en a assez pour la journée, mais pas de reste. Je continue ainsi pendant huit jours, donnant chaque matin au ver ration plus copieuse. Le neuvième, la larve refuse la nourriture et se met à filer son cocon. Le relevé de ces huit jours de bombance se chiffre par le nombre de 62 pièces, composées d'Éristales, de Mouches domestiques et de Sarcophages; ce qui, joint aux 20 pièces trouvées entières ou en débris dans la cellule, forme un total de 82.

Il est possible que je n'aie pas élevé ma larve avec la sobriété et la sage épargne qu'eût observées la mère; il y a eu peut-être du gaspillage dans des vivres servis quotidiennement en une seule fois et abandonnés à l'entière discrétion du ver. Dans quelques circonstances, j'ai cru reconnaître que les choses ne se passent pas ainsi dans la cellule maternelle, et mes notes relatent des faits dans le genre du suivant. — Dans les sables des alluvions de la Durance, je mets à découvert un terrier, où l'hyménoptère (*Bembex oculata*, Van der Linden) vient de pénétrer avec un *Sarcophaga agricola*. Au fond du domicile, je trouve une larve, de nombreux débris et quelques diptères complets, savoir : 4 *Sphærophoria scripta*, 1 *Onesia viarum* et 2 *Sarcophaga agricola*, dont fait partie celui que le Bembex vient d'apporter. Or, il est à remarquer qu'une moitié de ce gibier est tout au fond de la cellule, sous la dent même de la larve, tandis que l'autre moitié est encore dans la galerie, sur le seuil de la cellule et, par conséquent, hors des atteintes du ver. Il me paraît donc que la mère dépose provisoirement ses captures, lorsque la chasse abonde, au fond du vestibule qui devient magasin de réserve. C'est là qu'elle puise, à mesure qu'il en est besoin, surtout les jours pluvieux pendant lesquels la chasse chôme. Ainsi pratiquée avec économie, la distribution des vivres prévient des gaspillages que je n'ai pu éviter avec ma larve trop somptueusement traitée peut-être. J'abaisse donc le chiffre obtenu et je le réduis à une soixantaine de pièces, de taille moyenne, comprise entre celle de la mouche domestique et de l'*Eristalis tenax*. Tel serait à peu près le nombre de diptères servis par la mère à la larve lorsque la proie est de médiocre volume, ce qui a lieu pour les divers Bembex de ma région, excepté le *Bembex rostrata* et le *Bembex bidentata*, qui affectionnent particulièrement les Taons. Pour ceux-ci, le nombre des victimes varie d'une à deux douzaines, suivant la grosseur de l'espèce.

Pour ne plus revenir sur la nature des vivres, je donne ici l'énumération des diptères observés dans les terriers des six espèces de Bembex qui font le sujet de ce travail.

1° *Bembex olivacea*, Rossi. — J'ai vu cette espèce à Cavaillon, une seule fois, avec des *Lucilia Cæsar* pour approvisionnement.

Les cinq espèces suivantes sont des environs d'Avignon.

2° *Bembex oculata*, Jur. — Le diptère sur lequel l'œuf est pondu consiste d'habitude en une Sphérophorie, *Sphærophoria scripta* surtout ; plus rarement, c'est un *Geron gibbosus*. Les provisions ultérieures comprennent : *Stomoxys calcitrans*, *Pollenia ruficollis*, *Pollenia rudis*, *Pipiza nigripes*, *Syrphus corollæ*, *Sphærophoria*, *Onesia viarum*, *Calliphora vomitoria*, *Echinomyia intermedia*, *Sarcophaga agricola*, *Musca domestica*. Les vivres habituels consistent en *Stomoxys calcitrans*, dont j'ai bien des fois trouvé de cinquante à soixante individus dans un seul terrier.

3° *Bembex tarsata*, Latr. — Celui-ci dépose également son œuf sur le *Sphærophoria scripta*. Il chasse ensuite : *Anthrax flava*, *Bombylius nitidulus*, *Eristalis œneus*, *Eristalis sepulchralis*, *Merodon spini-*

pes, *Syrphus corollæ*, *Helophilus trivittatus*, *Zoddion notatus*. Son gibier de prédilection consiste en Bombyles et Anthrax.

4° *Bembex mystax.* — L'œuf est pondu, soit sur un *Sphærophoria*, soit sur un *Pollenia floralis*. Les vivres servis après l'éclosion sont un mélange de *Syrphus corollæ*, *Echinomyia rubescens*, *Echinomyia intermedia*, *Gonia atra*, *Pollenia floralis*, *Pollenia rudis*, *Clytia pellucens*, *Lucilia Cæsar*, *Bombylius*, *Bexia rustica*.

5° *Bembex rostrata*, Fab. — Celui-ci est avant tout un consommateur de Taons; il pond souvent sur un *Syrphus corollæ* ou bien sur un *Lucilia Cæsar*, puis il sert à sa larve du gros gibier prélevé sur les diverses espèces du genre *Tabanus*.

6° *Bembex bidentata*, Van der Linden. — Encore un passionné chasseur de Taons. Je ne lui ai pas reconnu d'autre gibier, et j'ignore sur quel diptère il pond son œuf.

Cette variété de provisions démontre que les Bembex n'ont pas des goûts exclusifs et s'attaquent indifféremment à toutes les espèces de diptères que leur offrent les hasards de la chasse. Quatre néanmoins semblent avoir des prédilections : l'un (*B. oculata*) consomme surtout des Stomoxys; l'autre (*B. tarsata*), des Bombyles; le troisième (*B. rostrata*), des Taons; le quatrième (*B. bidentata*), encore des Taons.

Après ce relevé des vivres des Bembex sous forme de larves, il convient de rechercher les motifs qui peuvent faire adopter par ces hyménoptères un mode d'approvisionnement si exceptionnel parmi les fouisseurs. Pourquoi, au lieu d'emmagasiner au préalable une quantité suffisante de vivres sur lesquels l'œuf serait pondu, ce qui permettrait de clore immédiatement après la cellule et de ne plus y revenir; pourquoi, dis-je, l'hyménoptère s'astreint-il à ce pénible labeur d'aller et de revenir sans cesse, pendant une quinzaine de jours au moins, du terrier aux champs et des champs au terrier, s'ouvrant chaque fois un chemin dans le sable éboulé, soit pour chasser aux environs, soit pour apporter à la larve la capture du moment?

C'est ici, par-dessus tout, une question de fraîcheur des vivres, question capitale, car le ver refuse absolument tout gibier faisandé, envahi par la pourriture. Comme aux vers des autres hyménoptères fouisseurs, il lui faut de la chair fraîche, et toujours de la chair fraîche. J'ai montré ailleurs, au sujet des Cerceris et des Sphégiens, comment la mère résout l'ardu problème des conserves alimentaires, le problème qui consiste à emmagasiner par avance la quantité nécessaire de gibier et à le maintenir des semaines entières dans un état de fraîcheur irréprochable, que dis-je? presque à l'état de vie, bien que les victimes soient dans une complète immobilité, ainsi que l'exige la sécurité du vermisseau qui en fait pâture. Les ressources les plus savantes de la physiologie accomplissent cette merveille. Le dard à venin est plongé dans les centres nerveux, et cette lésion des nerfs amène à l'instant la paralysie de la victime sans compromettre la vie de nutrition qui persiste longtemps encore et conserve l'insecte piqué avec tous ses attributs moins l'aptitude à se mouvoir.

Examinons si les Bembex font usage de cette profonde science du meurtre. Les diptères retirés d'entre les pattes du ravisseur pénétrant dans son terrier ont toutes les apparences de la mort. Ils sont immobiles ; rarement sur quelques-uns on peut constater de légères convulsions des tarses, derniers vestiges d'une vie qui s'éteint. Les mêmes apparences de mort complète se retrouvent chez les insectes non tués réellement, mais paralysés par l'habile coup de stylet des Cerceris et des Sphex. La question de vie ou de mort ne peut donc se décider que d'après la manière dont se conservent les victimes. Or les Chenilles des Ammophiles, les Grillons des Sphex, les Buprestes et les Charançons des Cerceris, mis dans de petits cornets de papier ou dans des tubes de verre, gardent la flexibilité de leurs membres, la fraîcheur de leur coloration, l'état normal de leurs viscères, pendant des semaines et des mois. Ce ne sont donc pas des cadavres, mais des corps plongés dans une profonde torpeur qui ne doit pas avoir de réveil. Les diptères des Bembex se comportent tout autrement. Les Eristales, les Syrphes et tous ceux enfin dont la livrée présente quelque vive coloration, perdent en peu de temps l'éclat de leur parure ; les yeux de certains Taons, magnifiquement dorés avec trois bandes pourpre, pâlissent vite et se ternissent comme le fait le regard d'un mourant. Tous ces diptères, grands et petits, enfermés dans des cornets où l'air circule, se dessèchent en trois ou quatre jours et deviennent cassants ; tous, préservés de l'évaporation dans des tubes de verre où l'air est stagnant, se moisissent et se corrompent. Ils sont donc morts, bien réellement morts, lorsque l'hyménoptère les apporte à la larve. Si quelques-uns possèdent encore un reste d'animation, peu de jours, peu d'heures terminent leur agonie. Ainsi, soit par défaut de talent dans l'emploi du stylet, soit pour d'autres motifs, l'assassin tue à fond ses victimes.

Étant connue cette mort complète du gibier au moment où il est saisi, qui n'admirerait l'étonnante logique des manœuvres du Bembex? Comme tout se suit méthodiquement, comme tout s'enchaîne dans les actes de l'avisée bestiole! Les vivres ne pouvant se conserver sans pourriture au delà de peu de jours, ne doivent pas être emmagasinés au grand complet dès le début d'une éducation qui durera pour le moins une quinzaine; forcément, la chasse et la distribution doivent se faire au jour le jour, peu à peu, à mesure que le ver grandit. La première ration, celle qui reçoit l'œuf, durera le plus longtemps de toutes, il faudra plusieurs jours au vermisseau naissant pour en venir à bout. Il les faut par conséquent de petite taille; sinon, la corruption gagnerait la pièce avant qu'elle fût consommée. Cette proie ne sera donc pas un Taon volumineux, un corpulent Bombyle, mais bien une menue Sphérophorie ou quelque chose de semblable, tendre repas pour un ver si délicat encore. Viendront après, et par ordre croissant, les pièces de haute venaison. En l'absence de la mère, le terrier doit être clos pour éviter à la larve de fâcheuses invasions. L'entrée néanmoins doit pouvoir s'ouvrir très-fréquemment, à la hâte, sans difficulté, lorsque l'hyménoptère rentre chargé de gibier et guetté par d'audacieux parasites. Ces conditions feraient défaut dans un sol consistant, tel que celui où d'habitude s'établissent les hyménoptères fouisseurs : la porte, béante par elle-même, demanderait chaque fois un travail pénible et long, soit pour être obstruée avec de la terre et du gravier, soit pour être désobstruée. Le domicile sera par conséquent creusé dans un terrain très-mobile à la surface, dans un sable fin et sec, qui cédera aussitôt au moindre effort de la mère et, en s'éboulant, fermera de lui-même la porte, ainsi qu'une tapisserie flottante qui, repoussée de la main, livre passage et se remet en place. — Tel est l'enchaînement des actes que déduit la raison de l'homme et que met en pratique la sapience du Bembex.

Pour quel motif le ravisseur met-il à mort le gibier saisi au lieu de le paralyser simplement? Est-ce défaut d'habileté dans l'emploi de son dard; est-ce difficulté provenant soit de l'organisation des diptères, soit de la manière dont la chasse est conduite? Je dois avouer tout d'abord que mes tentatives ont échoué pour mettre un diptère, sans le tuer, dans cet état de complète immobilité où il est si facile de plonger un Bupreste, un Charançon, un Scarabée sacré, en inoculant, avec la pointe d'une aiguille, une gouttelette d'ammoniaque sur les centres nerveux du thorax. L'insecte expérimenté difficilement devient immobile; et, quand il ne remue plus, la mort réelle est arrivée, comme le prouve la prochaine corruption ou la dessiccation. Mais j'ai trop de confiance dans la haute inspiration de l'instinct, j'ai été témoin de trop de manœuvres supérieurement ingénieuses, pour croire qu'une difficulté qui arrête l'homme puisse arrêter la bête. Aussi, sans mettre en doute le talent meurtrier du Bembex, volontiers j'inclinerais vers d'autres motifs. Peut-être le diptère, si mollement cuirassé, si peu replet, disons le mot : si maigre, ne pourrait, une fois paralysé par un coup de dard, résister assez longtemps à l'évaporation et se dessécherait pendant deux à trois semaines d'attente. Considérons la fluette Sphérophorie, première bouchée de la larve. Pour suffire à l'évaporation, qu'y a-t-il de liquide en son corps? Un atome, un rien. Le ventre est une fine lanière; ses deux parois se touchent. Des conserves alimentaires peuvent-elles avoir pour base un tel gibier dont l'évaporation tarit en si peu de temps les humeurs, lorsque la nutrition ne les renouvelle pas? C'est au moins douteux.

Passons au mode de chasse pour achever de jeter quelque lumière sur ce point. Dans la proie retirée d'entre les pattes du Bembex, il n'est pas rare d'observer des traces d'une prise faite à la hâte, sans ménagement, aux hasards d'une lutte désordonnée. Le diptère a parfois la tête tournée sens devant derrière, comme si le ravisseur lui avait tordu le cou; les ailes sont chiffonnées; sa fourrure, quand il en possède, est ébouriffée. J'en ai vu avec le ventre ouvert d'un coup de mandibules et des pattes amputées dans la bataille. D'habitude néanmoins la pièce est intacte. N'importe : vu la nature du gibier, doué d'ailes promptes à la fuite, la prise doit se faire avec de brusques bourrades qui ne permettent guère, ce me semble, d'obtenir la paralysie sans la mort. Un Cerceris en face de son lent Charançon, un Sphex aux prises avec le Grillon corpulent, l'Ammophile qui tient la lourde Chenille par la peau de la nuque, ont tous les trois la partie belle avec une proie trop peu agile pour éviter l'attaque. Ils peuvent prendre leur temps, choisir à l'aise le point mathématique où le dard doit pénétrer et opérer enfin avec la précision d'un physiologiste qui sonde du scalpel le patient étendu sur la table de travail. Mais pour les Bembex, c'est bien une autre affaire : à la moindre alerte, la proie prestement décampe et son vol défie celui du ravisseur. L'hyménoptère doit par conséquent fondre à l'improviste sur son gibier, comme le fait l'Autour chassant dans les guérets, sans mesurer l'attaque, sans combiner et ménager les coups. Mandibules, griffes, dard, toutes les armes enfin doivent concourir à la fois à la chaude mêlée pour terminer au plus vite une lutte où la moindre indécision laisserait au captif le temps de fuir. Si ces prévisions sont d'accord avec les faits, la capture du Bembex ne saurait être qu'un cadavre ou du moins une proie blessée à mort.

Eh bien ! ces prévisions sont parfaitement justes : l'attaque du Bembex se fait avec une fougue que ne désapprouverait pas l'oiseau de rapine. Surprendre l'hyménoptère en chasse n'est pas chose aisée, vainement on s'armerait de patience pour épier le ravisseur aux environs du terrier : l'occasion favorable ne se présenterait pas, car l'insecte fait ses battues au loin et il est impossible de le suivre, même du regard, dans ses rapides évolutions. Ses manœuvres me seraient sans doute encore inconnues sans le concours d'un meuble dont certes je n'avais jamais attendu pareil service. Je veux parler du parapluie qui me servait de tente contre un soleil caniculaire au milieu des sables du bois des Issarts.

Je n'étais pas seul à profiter de son ombre; ma société était même habituellement nombreuse. Des Taons d'espèces diverses venaient se réfugier sous le dôme de soie et se tenaient paisibles, qui d'ici, qui de là, sur l'étoffe tendue. Lorsque la chaleur était accablante, leur compagnie rarement me faisait défaut. Pour tromper mes heures d'inaction, j'aimais à voir leurs gros yeux dorés qui reluisaient comme des escarboucles à la voûte de mon abri; j'aimais à suivre leur grave marche quand un point trop chauffé au plafond les obligeait de se déplacer un peu. — Un jour, pan ! la soie tendue résonne comme la membrane d'un tambour. Quelque gland sans doute vient de tomber d'un chêne sur le parapluie. Bientôt après, coup sur coup, pan, pan ! Un mauvais plaisant viendrait-il troubler ma solitude et lancer sur le parapluie des glands ou de menus cailloux? Je sors de ma tente, j'inspecte le voisinage : rien ! Le même coup sec se reproduit. Enfin je porte mes regards au plafond et le mystère s'explique. Les Bembex du voisinage, passionnés consommateurs de Taons, avaient découvert les riches victuailles qui me tenaient société, et tout effrontément pénétraient sous l'abri pour piller au plafond les diptères dodus. Les choses se passaient à souhait : je n'avais qu'à laisser faire et à regarder. — De moment en moment, un Bembex entrait, rapide comme l'éclair, et s'élançait au plafond de soie qui résonnait d'un coup sec. Quelque chose se passait là-haut de tumultueux, où l'œil ne distinguait plus l'attaquant de l'attaqué, tant la mêlée était vive. La lutte n'avait pas de durée appréciable : l'hyménoptère sortait tout aussitôt avec sa proie entre les pattes. Le stupide troupeau de Taons, à cette brusque irruption qui les décimait l'un après l'autre, reculait un peu tout à la ronde sans abandonner le perfide abri. Il faisait si chaud au dehors! Pourquoi s'émouvoir, quand on est si bien à l'ombre, avec la panse repue de sang!

Il est clair qu'une telle soudaineté dans l'attaque et une telle promptitude dans l'enlèvement de la proie ne permettent pas au Bembex de régler le jeu de son poignard. L'aiguillon remplit son office sans doute, comme le prouve l'abdomen du meurtrier que l'on voit se recourber tout frémissant contre la victime; mais il est dirigé sans précision, vers les points que les hasards de la lutte mettent à sa portée. Pour donner le coup de grâce à leurs Taons mal sacrifiés, j'ai vu des Bembex mâchonner des mandibules la tête des victimes. Ce trait à lui seul démontre que l'hyménoptère veut un vrai cadavre, et non une proie paralysée, puisqu'il met si peu de ménagement à terminer l'agonie du diptère. Tout considéré, je pense donc que d'une part la nature du gibier, trop prompte à se dessécher, et d'autre part les difficultés d'une attaque aussi rapide, sont cause que les Bembex servent à leurs larves une proie morte, et les approvisionnement par conséquent au jour le jour.

Suivons l'hyménoptère quand il rentre au terrier avec sa capture maintenue sous le ventre entre les pattes. En voici un, le *Bembex tarsata*, qui arrive chargé d'un Bombyle. Le nid est placé au pied sablonneux d'un talus vertical. L'approche du chasseur s'annonce par un bourdonnement aigu, qui a quelque chose de plaintif et ne discontinue pas tant que l'insecte n'a pas mis pied à terre. On voit le Bembex planer au haut du talus, puis descendre d'aplomb, avec beaucoup de lenteur et de circonspection, tout en faisant entendre son bourdonnement aigu. Si quelque chose d'inusité vient à se révéler à son perçant regard, il ralentit davantage sa descente, plane un moment, remonte un peu, redescend, puis s'enfuit prompt comme un trait. Après quelques instants, le voici revenu. En planant à une certaine élévation, il a l'air d'inspecter les lieux comme du haut d'un observatoire. La descente verticale recommence, plus circonspecte que jamais; enfin l'hyménoptère s'abat, sans recherche aucune, en un point que rien à mes yeux ne distingue du reste de la surface sablonneuse. Le piaulement plaintif à l'instant cesse.

L'insecte sans doute a pris terre un peu au hasard, puisque l'œil le plus exercé ne saurait distinguer un point de l'autre sur la nappe de sable; il s'est abattu par à peu près aux environs du logis, dont il va maintenant rechercher l'entrée, masquée lors de la dernière sortie, non-seulement par l'éboulement naturel des matériaux, mais encore les scrupuleux coups de balai de l'hyménoptère? — Mais non : le Bembex n'hésite pas du tout; il ne tâtonne pas, il ne cherche pas. On s'accorde à voir dans les antennes des organes propres à diriger les insectes dans leurs recherches. En ce moment de la rentrée au nid, je ne vois rien de particulier dans le jeu des antennes. Sans lâcher un seul moment son gibier, le Bembex gratte un peu devant lui, au point même où il a pris pied; il pousse du front et entre tout aussitôt avec le diptère sous le ventre. Le sable s'éboule, la porte se ferme, voilà l'hyménoptère chez lui.

En vain, des centaines de fois, j'ai assisté au retour du Bembex dans son domicile; c'est toujours avec une surprise nouvelle que je vois le clairvoyant insecte retrouver sans hésitation une porte que rien n'indique. Cette porte, en effet, est dissimulée avec un soin jaloux, non maintenant, après l'entrée du Bembex, car le sable, plus ou moins bien éboulé, ne se nivelle pas par sa propre chute et laisse, soit une légère dépression, soit un porche incomplétement obstrué, mais bien après la sortie de l'hyménoptère, puisque celui-ci, partant pour une expédition, ne néglige jamais de retoucher le résultat de l'éboulement naturel. Attendons son départ et nous le verrons, avant de s'éloigner, balayer les devants de sa porte et les niveler au râteau avec une scrupuleuse attention. La bête partie, je défierais l'œil le plus perspicace de retrouver l'entrée. Pour la retrouver, lorsque la nappe sablonneuse était de quelque étendue, il me fallait recourir à des alignements trigonométriques; et que de fois encore, après quelques heures d'absence, mes combinaisons de triangles et mes efforts de mémoire se sont trouvés en défaut! Je n'avais qu'un moyen efficace : planter un jalon, un fétu de gramen au point que m'indiquait l'insecte, bien plus clairvoyant que moi malgré mes secours de l'optique, besicles et loupe.

Je viens de montrer le Bembex planant, chargé de sa capture, au-dessus du nid, puis descendant d'un vol vertical, très-lent et accompagné d'un piaulement plaintif. Cette tactique circonspecte, hésitante, pourrait faire croire que l'insecte examine de haut le terrain pour retrouver sa porte, et cherche, avant de prendre pied, à bien se remémorer les lieux. Mais un autre motif est en jeu, ainsi que je vais le dire. Dans les conditions habituelles, lorsque rien de périlleux n'attire son attention, l'hyménoptère survient brusquement, d'un vol impétueux, et sans planer avec piaulement, sans hésiter, s'abat aussitôt sur le seuil de sa porte. Toute recherche est inutile, tant sa mémoire est fidèle. Je me propose, si jamais j'en ai le loisir, de revenir sur ce point délicat de psychologie entomologique, et d'exposer les expériences que j'ai entreprises pour mettre en défaut, sans pouvoir y parvenir, l'incompréhensible sagacité de la bête. Pour aujourd'hui, informons-nous des causes de l'arrivée hésitante à laquelle je viens de faire assister le lecteur.

L'insecte plane, descend avec lenteur, remonte, s'enfuit et revient, parce qu'un danger très-grave menace le nid. Son bourdonnement plaintif est signe d'anxiété ; il ne le fait pas entendre quand il n'y a pas péril. Quel est donc l'ennemi ? — Serait-ce moi, assis pour l'observer ? Mais non : je ne suis rien pour lui, rien qu'une masse, un bloc indigne de son attention. L'ennemi redoutable, l'ennemi terrible qu'il faut éviter à tout prix, est là à terre, bien immobile sur le sable, à proximité du domicile. C'est un petit diptère, de très-pauvre apparence, de tournure bien inoffensive. Ce moucheron de rien est l'effroi du Bembex. L'audacieux bourreau des diptères, lui qui tord si prestement le cou aux Taons, colosses repus de sang sur le dos d'un bœuf, n'ose entrer chez lui parce qu'il se voit guetté par un autre diptère, vrai pygmée qui fournirait à peine une bouchée à sa larve. Que ne fond-il sur lui pour s'en débarrasser ! L'hyménoptère a le vol assez prompt pour l'atteindre, et, si petite que soit la prise, la larve ne la dédaignera pas puisque tout diptère lui est bon. Mais non : le Bembex fuit devant un ennemi qu'il broierait d'un seul coup de mandibules. Il me semble voir un chat fuir, affolé de peur, devant une souris. L'effréné chasseur de diptères est chassé par un diptère, et l'un des plus petits ! Je m'incline sans espérer de jamais comprendre ce renversement des rôles. Pouvoir se débarrasser sans difficulté d'un ennemi mortel, qui médite la ruine de votre famille et deviendrait régal pour elle; pouvoir cela et ne pas le faire quand l'ennemi est là, à votre portée, vous guettant, vous bravant, c'est le comble de l'aberration chez l'animal. Aberration n'est pas du tout le mot : disons plutôt harmonie des êtres, car puisque ce petit diptère a son rôle à remplir dans l'ensemble des choses, faut-il encore que le mangeur de diptères, le Bembex, le respecte et fuie lâchement devant lui; sinon depuis longtemps il n'y en aurait plus au monde.

Traçons ici l'histoire de ce parasite. Parmi les nids des Bembex, il s'en trouve, et très-fréquemment, qui sont occupés à la fois par la larve de l'hyménoptère et par d'autres larves, étrangères à la famille et goulues commensales de la première. Ces étrangères sont plus petites que le nourrisson du Bembex, en forme de larme et de couleur vineuse due à la teinte de la bouillie alimentaire que laisse entrevoir la transparence du corps. Leur nombre est variable : une demi-douzaine souvent, parfois jusqu'à dix et davantage. Elles appartiennent à une espèce de diptère ainsi qu'il résulte de leur forme et comme le confirment les pupes que l'on trouve à leur place. L'éducation en domesticité achève la démonstration. Élevées dans des boîtes, sur une couche de sable, avec des mouches que l'on renouvelle, elles deviennent des pupes, d'où l'année d'après sort un petit diptère, un Tachinaire du genre *Miltogramma*. C'est le même diptère qui, embusqué aux environs du terrier, cause au Bembex de si vives appréhensions.

La terreur de l'hyménoptère n'est que trop fondée. Voyez, en effet, ce qui se passe au logis. Autour du monceau de vivres que la mère s'exténue à maintenir en quantité suffisante, sont attablés, en compagnie du nourrisson légitime, six à dix convives affamés, qui, de leur bouche aiguë, piquent au tas commun, sans plus de réserve que s'ils étaient chez eux. La concorde paraît régner à table. Je n'ai jamais vu la larve légitime se formaliser de l'indiscrétion des larves étrangères, ni celles-ci faire mine de vouloir troubler le repos de l'autre. Toutes, pêle-mêle, prennent au tas et mangent tranquilles, sans chercher noise aux voisines. Jusque-là, tout serait pour le mieux, s'il ne survenait de graves difficultés. Si active que soit la mère nourrice, il est clair qu'elle ne peut suffire à telle dépense. Il lui fallait d'incessantes expéditions de chasse pour nourrir une seule larve, la sienne; que sera-ce si elle doit alimenter à la fois une douzaine d'affamées ? Le résultat de cet énorme accroissement de famille ne peut être que la disette, la famine même, non pour les larves de diptère qui, plus hâtives dans leur développement, devancent la larve du Bembex et profitent des jours où l'abondance est encore possible vu le très-jeune âge de leur amphytrion, mais bien pour celui-ci, qui atteint l'heure de la métamorphose sans pouvoir réparer le temps perdu. D'ailleurs, si les premiers convives, devenus pupes, lui laissent la table libre, d'autres surviennent et achèvent de l'affamer, tant que la mère pénètre dans le nid. Dans les terriers envahis par de nombreux parasites, la larve du Bembex est effectivement bien inférieure pour la grosseur à ce que supposerait le tas de vivres dont les débris encombrent la cellule. Toute flasque, émaciée, réduite à la moitié, au tiers de la taille normale, elle essaye vainement de tisser un cocon dont elle ne possède pas les matériaux de soie; elle périt en un coin du logis, parmi les pupes de ses convives, plus heureux qu'elle.

Sa fin peut être plus cruelle encore. Si les vivres manquent, si la mère nourrice tarde trop à revenir avec de la pâture, les diptères dévorent la larve du Bembex. Je me suis assuré de cette noire action en élevant moi-même la nichée. Tout allait bien tant que les vivres abondaient. Si, par oubli ou à dessein, la ration quotidienne était supprimée, le lendemain ou le surlendemain, j'étais sûr de trouver les larves de diptère dépeçant avec avidité la larve du Bembex. Ainsi, lorsque le nid est envahi par les parasites, la larve légitime doit fatalement périr, soit de faim, soit de mort violente, et tel est le motif qui rend si odieuse au Bembex la vue des Mittogrammes rôdant autour de son logis.

Les Bembex ne sont pas les seules victimes de ces parasites : tous les hyménoptères fouisseurs indistinctement ont leurs terriers dévalisés par des Tachinaires, des Mittogrammes surtout. Divers observateurs, notamment Lepeletier de Saint-Fargeau, ont parlé des manœuvres de ces effrontés diptères; mais aucun, que je sache, n'a entrevu le côté si curieux du parasitisme aux dépens des Bembex. Je dis si curieux, car, en effet, les conditions sont bien différentes. Les nids des autres fouisseurs sont approvisionnés à l'avance, et le Mittogramme dépose ses œufs sur les pièces de gibier au moment où elles sont introduites. L'approvisionnement terminé et son œuf pondu, l'hyménoptère clôture la cellule, où désormais éclosent et vivent ensemble la larve légitime et les larves étrangères, sans jamais être visitées dans leur solitude. Le brigandage des parasites est donc ignoré de la mère; il reste impuni faute d'être connu.

Avec les Bembex, c'est bien tout autre chose. La mère rentre à tout moment chez elle, pendant les deux semaines que dure l'éducation. Elle sait donc sa géniture en compagnie d'intrus qui s'approprient la majeure part des vivres; elle touche, elle sent, au fond de l'antre, toutes les fois qu'elle sert sa larve, ses affamés commensaux qui, loin de se contenter des restes, se jettent sur le meilleur; elle doit s'apercevoir, si bornées que soient ses évaluations numériques, que douze sont plus que un; les dépenses en victuailles, disproportionnées avec ses moyens de chasse, l'en avertiraient d'ailleurs. Et cependant, au lieu de prendre ces hardis étrangers par la peau du ventre et de les jeter à la porte, elle les tolère débonnairement. Que dis-je, elle les tolère? Elle les soigne, elle les nourrit, elle leur apporte la becquée, ayant peut-être pour ces intrus la même tendresse maternelle que pour sa propre larve.

C'est ici une nouvelle édition de l'histoire des Coucous, mais avec des circonstances encore plus singulières. Que le Coucou, presque de la taille de l'Épervier, dont il a le costume, en impose assez pour introduire impunément son œuf dans le nid de la timide Fauvette; que celle-ci à son tour, dominée peut-être par l'aspect terrifiant de son nourrisson à face de crapaud, accepte l'étranger et lui donne ses soins, à la rigueur, cela comporte un semblant d'explication. Mais que dirions-nous de la Fauvette qui, devenue parasite, irait, avec une superbe audace, confier ses œufs à l'aire de l'oiseau de proie, au nid de l'Épervier lui-même, le sanguinaire mangeur de Fauvettes? que dirions-nous de l'oiseau de rapine qui accepterait le dépôt et tendrement élèverait la nichée d'oisillons? C'est précisément là ce que fait le Bembex, ravisseur de diptères, qui nourrit d'autres diptères, giboyeur qui distribue la pâture à un gibier dont le dernier régal sera sa propre larve éventrée. Je laisse à d'autres plus habiles le soin d'interpréter ces étonnantes relations.

Assistons à la tactique employée par le Tachinaire, dans le but de confier ses œufs au nid de l'hyménoptère. Il est de règle absolue que le moucheron ne pénètre jamais dans le terrier, le trouvât-il ouvert et le propriétaire absent; le madré parasite se garderait bien de s'engager dans un couloir où, n'ayant pas là liberté de fuir, il pourrait payer cher son impudente audace. Pour lui, l'unique moment propice à ses desseins, moment qu'il guette avec une exquise patience, est celui où l'hyménoptère s'engage dans la galerie, le gibier sous le ventre. En cet instant-là, si court qu'il soit, lorsque le Bembex ou tout autre fouisseur a la moitié du corps engagée dans l'entrée et va disparaître sous terre, le Millogramme s'élance, se campe sur la pièce de gibier qui déborde un peu l'extrémité postérieure du ravisseur, et tandis que ce dernier est ralenti par les difficultés de l'entrée, l'autre, avec une prestesse sans pareille, pond sur la proie un œuf, deux même, trois coup sur coup. L'hésitation de l'hyménoptère embarrassé de sa charge dure un moment à peine; cela suffit au moucheron pour accomplir ses desseins. Le Bembex disparaît, introduisant lui-même l'ennemi dans le logis, et le Tachinaire va se tapir au soleil, à proximité du terrier, pour méditer de nouveaux méfaits. Si l'on désire vérifier que les œufs du diptère ont été réellement pondus pendant cette rapide manœuvre, il suffit d'ouvrir le terrier et de suivre le Bembex au fond de son trou. La proie qu'on y saisit porte, en un point du ventre, au moins un œuf, parfois plus, suivant la durée du retard éprouvé à l'entrée. Ces œufs de petite taille, ne peuvent appartenir qu'au diptère; d'ailleurs, s'il restait des doutes, l'éducation à part donne pour résultat des larves de diptères, plus tard des pupes, et enfin des Mittogrammes.

L'instant adopté par le moucheron est choisi avec une sagacité supérieure. C'est le seul où il lui soit permis de venir à bout de ses projets, sans vaines poursuites et sans péril. L'hyménoptère, à demi engagé dans le vestibule, ne peut voir l'ennemi si audacieusement campé sur l'arrière-train de la proie; s'il soupçonne la présence du moucheron, il ne peut chasser le bandit, privé qu'il est de sa liberté de mouvements dans une galerie étroite; enfin, malgré toutes ses précautions pour abréger la rentrée, il ne peut disparaître toujours sous terre avec la célérité désirable, tant le parasite est prompt. En vérité, voilà l'instant propice, et le seul, puisque la prudence défend au diptère de pénétrer dans l'antre, où d'autres diptères, bien plus vigoureux que lui, servent de pâture à la larve.

Au dehors, en plein air, les difficultés sont insurmontables, tant est grande la vigilance du Bembex. Donnons notre attention à l'arrivée de la mère lorsque le domicile est surveillé par les Mittogrammes. Quelques-uns de ces moucherons, tantôt plus, tantôt moins, trois ou quatre d'habitude, sont posés sur le sable, dans une immobilité complète, tous le regard tourné vers le terrier, dont ils savent fort bien la situation. Leur couleur d'un fauve obscur, leurs yeux d'un rouge sanguinolent, leur immobilité que rien ne lasse, bien des fois m'ont mis dans l'esprit l'idée de bandits qui, vêtus de bure et la tête enveloppée d'un mouchoir rouge, attendraient en embuscade l'heure d'un mauvais coup. L'hyménoptère arrive chargé de sa proie. Si rien d'inquiétant ne le préoccupait, à l'instant même il prendrait pied devant sa porte. Mais il plane à une certaine élévation, il s'abaisse d'un vol très-lent, il hésite; un piaulement aigu trahit ses appréhensions. Il a donc vu les malfaiteurs. Ceux-ci pareillement ont aperçu le Bembex : ils le suivent des yeux, comme l'indique le mouvement de leurs têtes rouges; tous les regards convergent vers le butin convoité.

Alors se passent les marches et les contre-marches de la prudence aux prises avec l'astuce. Le Bembex descend d'aplomb, d'un vol insensible; on dirait qu'il se laisse choir, retenu par le parachute des ailes. Le voilà qui plane à un pied du sol. C'est le moment. Les moucherons prennent l'essor et se portent tous à l'arrière de l'hyménoptère; ils planent à sa suite, qui plus près, qui plus loin, et géométriquement alignés. Si pour déjouer leurs tentatives, le Bembex tourne, ils tournent aussi avec une précision qui les maintient en arrière sur la même ligne droite. Si l'hyménoptère avance, ils avancent; si l'hyménoptère recule, ils reculent, mesurant leur vol, brusque, lent ou stationnaire, sur le vol du Bembex. Ils ne cherchent nullement à se jeter sur l'objet de leur convoitise; leur tactique se borne à se tenir prêts, dans cette position d'arrière-garde qui leur épargnera des hésitations d'essor pour la rapide manœuvre de la fin. Parfois lassé de ces obstinées poursuites, le Bembex met pied à terre; les autres à l'instant se posent sur le sable, toujours en arrière, et ne bougent plus. L'hyménoptère indigné repart; les moucherons repartent à sa suite. Un moyen suprême reste pour dévoyer les tenaces diptères : d'un élan fougueux, le Bembex s'envole au loin, dans l'espoir peut-être d'égarer les parasites par de rapides évolutions à travers champs. Mais les avisés moucherons ne donnent pas dans le piége; ils laissent partir l'insecte et prennent de nouveau position sur le sable autour du terrier. Quand le Bembex reviendra, les mêmes poursuites recommenceront, jusqu'à ce que l'obstination des parasites triomphe enfin de la prudence de la mère. En un moment où sa vigilance est en défaut, l'hyménoptère pénètre dans sa galerie. Les moucherons sont aussitôt là. L'un d'eux, le plus favorisé par sa position, s'abat sur la proie qui va disparaître, et c'est fait : le nid du Bembex aura ses coucous qui affameront, qui dévoreront la larve.

Il est ici de pleine évidence que le Bembex a le sentiment du danger. L'hyménoptère sait ce qu'a de redoutable pour l'avenir du nid la présence de l'odieux moucheron. Ses longues tentatives pour dévoyer les Tachinaires, ses hésitations, ses fuites, mettent ce point hors de doute. Comment se fait-il donc, me demanderai-je encore une fois, que le ravisseur de diptères se laisse harceler par un diptère infime, bien incapable de résistance et qu'il atteindrait d'un élan s'il le voulait bien ? Pourquoi, un moment débarrassé de la proie qui le gêne, ne fond-il pas sur ces bandits? Que lui faudrait-il pour exterminer la calamiteuse engeance au voisinage du terrier? Une battue, pour lui affaire de quelques instants. Mais ainsi ne le veulent pas les lois harmoniques de la conservation des êtres ; et les Bembex se laisseront toujours décimer par leurs parasites sans que jamais le *combat pour l'existence* leur apprenne le moyen facile et radical de l'extermination. J'en ai vu qui, serrés de trop près par les moucherons, laissaient tomber leur proie de frayeur et s'enfuyaient précipitamment comme affolés, mais sans aucune démonstration hostile, quoique la chute du fardeau leur laissât la pleine liberté d'action. La proie lâchée, si ardemment convoitée tout à l'heure par les Tachinaires, gisait à terre, à la discrétion de tous, et nul n'en faisait cas. Ce gibier en plein air était sans valeur pour les moucherons dont les larves réclament l'abri d'un terrier. Il était sans valeur aussi pour le Bembex soupçonneux qui, de retour, le palpait un moment et l'abandonnait avec dédain. Une interruption momentanée de surveillance lui avait rendu la pièce suspecte.

Les mœurs de la mère ne doivent pas nous faire oublier la larve, qui mérite à son tour notre examen. Nous savons déjà que l'œuf est pondu sur un petit diptère, unique dans la cellule. Cet œuf est blanc, un peu courbé, plus renflé à une extrémité qu'à l'autre. Par son gros bout, il est collé sur le flanc de la mouche, au-dessous de l'insertion de l'aile ; il adhère assez solidement pour rester en place dans quelque position que le diptère soit mis. L'éclosion a lieu dans les vingt-quatre heures. La larve, dont la vie monotone ne présente rien de remarquable pendant les deux semaines que dure sa croissance, a la grosseur et la forme de celle des Sphex. Pour en donner une idée, je me borne à renvoyer à la figure faisant partie de mon ancien mémoire sur les Sphégiens. Une particularité organique mérite seulement d'être signalée. Les larves des Sphégiens ont pour glandes sérifiques un réseau de canaux anastomosés entre eux en forme d'élégante dentelle. Semblable dentelle sérifique, mais à mailles bien moins nombreuses, se retrouve dans la larve des Bembéciens. Le parcimonieux développement de cet organe ne permet pas la construction d'un cocon formé, comme celui des Sphégiens, de plusieurs enceintes de soie pure, qui superposent leurs barrières pour défendre la larve et plus tard la nymphe de l'accès de l'humidité, dans un terrier trop peu profond, trop peu protégé pour rester sec quand arrivent les pluies de l'automne et les neiges de l'hiver. Cependant, le terrier des Bembex est placé dans des conditions tout aussi mauvaises, si ce n'est plus, puisqu'il est creusé, à quelques pouces de profondeur, dans un sol des plus perméables. Aussi, pour se créer un abri suffisant, la larve supplée par son industrie à la petite quantité de soie dont elle dispose. Avec des grains de sable artistement assemblés, cimentés entre eux au moyen de la matière soyeuse, elle se construit un cocon très-solide et d'une imperméabilité parfaite.

Trois méthodes générales sont employées par les fouisseurs pour passer en sûreté la mauvaise saison. Les uns creusent leurs terriers à de grandes profondeurs, sous des abris; le cocon est alors composé d'une seule enceinte de soie, assez mince pour être transparente. Tel est le cas des Philantes et des Cerceris. Les autres se contentent d'un terrier peu profond, pratiqué dans un sol découvert. Mais alors, tantôt ils sont assez riches en soie pour multiplier les assises du cocon, comme le font les Sphex, les Ammophiles, les Scolies; tantôt, la quantité de soie étant insuffisante, ils ont recours au sable aggluté, ainsi que le pratiquent les Bembex, les Stizes, les Palares. On prendrait le cocon des Bembéciens pour le robuste noyau de quelque semence, tant il est compacte et résistant. Sa forme est cylindrique, avec une extrémité pointue et l'autre en calotte ronde. Sa longueur mesure 2 centimètres environ. A l'extérieur, il est d'aspect assez grossier; mais au dedans, il est glacé d'un fin vernis. Mes éducations en domesticité m'ont permis de suivre dans tous ses détails la construction de cette curieuse pièce d'architecture, vrai coffre-fort où la larve brave en sécurité les intempéries.

La larve repousse d'abord autour d'elle les débris de ses vivres et les refoule dans un coin de la cellule ou compartiment que je lui ai pratiqué dans une boîte avec des cloisons de papier. La place nettoyée, elle fixe aux diverses faces de sa demeure des fils d'une belle soie blanche formant un tissu aranéeux à très-claire voie qui maintient à distance l'encombrant monceau des restes alimentaires et sert d'échafaudage pour le travail suivant. Ce travail consiste en un hamac suspendu horizontalement, loin de toute souillure, au centre des fils tendus d'une paroi à l'autre. La soie seule, magnifiquement fine et blanche, entre dans sa composition. Sa forme est celle d'un sac largement ouvert par un bout d'un orifice circulaire, fermé à l'autre bout et terminé en pointe. La nasse des pêcheurs en donne une assez fidèle image. Les bords de l'ouverture sont maintenus écartés et bien tendus au moyen de nombreux fils qui en partent et vont se rattacher aux parois voisines. Enfin le tissu de ce hamac est d'une finesse extrême qui permet de voir par transparence toutes les manœuvres du ver travaillant à l'intérieur.

Les choses depuis la veille se trouvaient en cet état, lorsque j'ai entendu la larve gratter dans la boîte. En ouvrant, j'ai trouvé ma captive occupée à ratisser de ses mandibules la paroi de carton, le corps à demi hors du fourreau de soie. Déjà le carton était profondément entamé et un monceau de menus débris était amassé devant l'orifice du hamac pour être utilisé plus tard. Pour mieux suivre les diverses phases du cocon en construction, j'avais eu soin de ne pas approvisionner dès le début la boîte de sable; aussi, faute de matériaux meilleurs, la larve se disposait à faire usage de ratissures de carton. Je m'empressai de servir le ver suivant ses goûts; je lui versai du sable à sécher l'écriture, du sable bleu semé de paillettes dorées de mica. Jamais larve de Bembex n'avait construit avec des matériaux aussi somptueux; aussi son cocon fut-il un véritable bijou, constellé de points dorés sur un fond d'azur. Qui aurait vu ce chef-d'œuvre aurait été bien embarrassé d'en dire l'origine.

Je dépose les provisions de sable devant l'orifice du sac, situé lui-même dans une position horizontale, ainsi qu'il convient pour le travail qui va suivre. La larve, à demi penchée hors du hamac, choisit ses matériaux grain par grain, en fouillant dans le tas avec les mandibules. Si quelque grain défectueux, trop gros, se présente, elle le rejette à l'écart. Quand le sable est ainsi trié, elle en introduit une certaine provision dans l'habitacle de soie en le balayant de sa bouche. Cela fait, elle rentre dans le hamac et se met à étendre les matériaux en couche uniforme sur la face inférieure du sac ; puis elle agglutine les grains et les enchaîne l'un à côté de l'autre, en plusieurs assises, avec la soie pour ciment. La face supérieure se bâtit avec plus de lenteur. Les grains y sont portés un à un et aussitôt mastiqués avec le liquide à soie. La paroi de sable n'occupe encore que la moitié antérieure du cocon, la moitié tournée vers l'orifice du sac. Avant de travailler à la moitié postérieure, la larve renouvelle sa provision de matériaux et prend certaines dispositions afin de ne pas être gênée plus tard dans son œuvre de maçonnerie. Le sable extérieur, accumulé devant l'entrée, bien à portée de l'ouvrier, pourrait inopportunément s'ébouler dans l'enceinte et entraver le constructeur dans un espace aussi étroit. Le ver prévoit l'accident : il agglutine quelques grains et fabrique un rideau grossier de sable qui bouche l'orifice d'une manière bien imparfaite, mais suffit pour empêcher l'éboulement. Cette précaution prise, la larve travaille à la moitié postérieure du cocon. De temps en temps, elle se retourne pour s'approvisionner au dehors ; elle déchire un coin du rideau qui la protége contre l'envahissement du sable extérieur, et, par cette étroite fenêtre, elle happe les matériaux nécessaires.

Le cocon est encore incomplet : son gros bout est tout ouvert, il lui manque la calotte sphérique qui doit le clore. Pour ce travail final, le ver détruit le rideau provisoire et fait une abondante provision de sable, la dernière de toutes. Il repousse alors le tas accumulé devant l'entrée. A l'orifice, une calotte de soie est tissée, se raccordant avec l'embouchure de la nasse primitive. Enfin, sur cette fondation de soie, les grains de sable tenus en réserve à l'intérieur du cocon sont déposés un à un et cimentés avec la bave soyeuse. Cet opercule terminé, la larve donne le dernier fini à l'intérieur de l'habitacle et glace les parois d'un vernis qui doit la protéger contre les rugosités du sable.

Le hamac de soie pure et le tissu hémisphérique qui plus tard le ferme ne sont, on le voit, qu'un échafaudage destiné à servir d'appui à la maçonnerie de sable et à lui donner une régulière courbure. On pourrait les comparer aux cintres en charpente que les constructeurs disposent pour bâtir une voûte. Le travail fini, la charpente est enlevée et la voûte se soutient par son propre équilibre. De même, quand le cocon est achevé, le support de soie disparaît, en partie noyé dans la maçonnerie, en partie détruit par le contact de la terre grossière, et aucune trace ne reste de l'ingénieuse méthode suivie pour assembler, en édifice d'une parfaite régularité, des matériaux aussi mobiles que le sable. La calotte sphérique formant l'embouchure de la masse initiale est un travail à part, rajusté au corps principal du cocon. Si bien conduits que soient le raccordement et la soudure des deux pièces, la solidité n'est pas celle qu'obtiendrait la larve en maçonnant d'une manière continue l'ensemble de sa demeure. Il y a donc, sur le pourtour du couvercle, une ligne circulaire de moindre résistance. Mais ce n'est pas là vice de structure; c'est, au contraire, perfection nouvelle. Pour sortir plus tard de son coffre-fort, l'insecte éprouverait de graves difficultés, tant les parois sont résistantes. La ligne de jonction, plus faible que les autres, lui épargne sans doute bien des efforts et c'est en majeure partie suivant cette ligne que s'ouvre le cocon lorsque le Bembex en sort à l'état parfait.

Les îles Saint-Paul et Amsterdam. — *Observation du passage de Vénus sur le Soleil (9 décembre 1874),* par M. Cazin.

L'île Saint-Paul est un cratère volcanique situé à 500 lieues de tout continent. Le cirque, qui jadis se remplissait de laves bouillonnantes, s'est ouvert du côté de l'est, et la mer en y pénétrant en a fait une rade circulaire d'un kilomètre environ de largeur; les rives basaltiques qui l'entourent s'élèvent à une hauteur de 300 mètres. Cette rade communique avec la mer par un étroit canal inaccessible aux grands navires, mais que les bâtiments d'un faible tonnage peuvent aisément franchir. De chaque côté de cette passe naturelle, la paroi effondrée du cratère présente l'aspect de deux jetées, entassements de roches volcaniques roulées par la mer, qui déferle habituellement avec fureur. Lorsqu'on a pénétré dans l'intérieur du cirque, à l'agitation de l'océan succède le calme d'un lac tranquille, et la contemplation de ses rives majestueuses laisse dans l'esprit une trace ineffaçable.

Il n'existe aucun arbre sur ces pentes escarpées; on ne voit que des touffes d'herbes qui abritent d'innombrables oiseaux de mer, tels que le manchot à houppes jaunes, improprement appelé *Pingouin*, et plusieurs espèces d'oiseaux grands voiliers. C'est en s'accrochant à ces herbes que l'on parvient à gravir les pentes du cratère et à pénétrer dans l'intérieur de l'île.

Des pentes douces s'étendent du bord du cratère jusqu'à la mer ; elles sont couvertes d'herbes et çà et là hérissées de scories volcaniques. Le rivage est partout formé par de gigantesques falaises battues par les flots. Nul ruisseau n'anime ces pentes désolées. Quelques flaques d'eau de pluie désaltèrent les cabris et les rats, seuls quadrupèdes habitant l'île. Ajoutez à ces caractères une couronne de nuages au-dessus de l'île, sans cesse dispersée et sans cesse rétablie par des vents violents et des sources d'eau chaude, dernier vestige de l'activité volcanique : vous aurez la physionomie générale de l'île Saint-Paul.

Pourquoi cette terre sauvage est-elle devenue, pendant plusieurs semaines, le lieu d'un observatoire astronomique, renfermant les instruments les plus perfectionnés de la science moderne ?

Pour répondre à cette question, rappelons d'abord quelques faits d'astronomie.

Les mondes qui remplissent l'univers visible sont les uns lumineux par eux-mêmes : ce sont les étoiles ; les autres, lumineux parce qu'ils sont éclairés par les premiers : ce sont les planètes.

Parmi les étoiles dont les groupes innombrables font resplendir la voûte céleste se trouve l'amas constellé qu'on appelle *Voie lactée*. Chacun des points brillants qui composent cet amas est un soleil, c'est-à-dire un globe étincelant, à la surface duquel s'engendre incessamment la lumière. A cause de leur immense éloignement, ces soleils nous apparaissent comme de simples points brillants et pourtant ils ont un volume énorme. Rappelez-vous l'effet d'un phare lorsqu'il paraît au loin sur l'océan, signal de salut, étoile du navigateur. Votre œil s'y attache surtout s'il est au but de votre périlleux voyage, si près de lui sont les vôtres qui vous attendent avec anxiété. C'est d'abord un petit point brillant, puis vous le voyez grandir à mesure que le navire vous en rapproche.

Eh bien ! si un navire pouvait nous transporter à travers l'océan du monde, sur l'étoile la plus voisine de nous, avec la vitesse du meilleur steamer, il faudrait cinq cent millions d'années pour atteindre le but de ce voyage, et pendant cette gigantesque traversée l'étoile paraîtrait, comme le phare, grandir peu à peu. Lorsque la distance du navire à l'étoile ne serait plus que de quelques millions de lieues, l'étoile ressemblerait à notre Soleil.

Le Soleil est une des étoiles de la voie lactée; elle nous apparaît plus grosse que les autres, parce que nous en sommes beaucoup plus voisins que de toute autre, sa distance n'étant que de 37 millions de lieues environ, ce qui représente une traversée de huit cent quarante ans.

Je vous ai donné une valeur approchée de la distance du Soleil à la Terre. On conçoit que cette valeur dépend de la précision des méthodes employées pour la mesurer. Pythagore l'évaluait à 18,000 lieues, Hipparque, Ptolémée, Tycho-Brahé à 1,800,000 lieues. C'est seulement au XVIII⁰ siècle que l'on a commencé à posséder une notion quelque peu satisfaisante de cette distance et le nombre 37 millions de lieues est admis aujourd'hui. Il est évident que le progrès des sciences d'observation doit conduire à un nombre plus exact.

Les planètes que nous connaissons sont des globes opaques et non lumineux par eux-mêmes; ils décrivent autour du Soleil des lignes presque circulaires, dont les lois ont été trouvées par Képler. La Terre, Vénus sont des globes de cette espèce. Le Soleil éclairant une de leurs moitiés, cette moitié réfléchit la lumière et, si elle est placée en face de nous, elle nous apparaît brillante. Il en est des planètes comme des objets placés à côté d'un phare : on distingue ces objets pendant la nuit, parce qu'ils réfléchissent la lumière de la lampe qui brille dans le phare.

Les planètes ayant chacune un mouvemement propre autour du Soleil, on conçoit que leurs distances mutuelles, et aussi celle qui les sépare du Soleil, changent graduellement; et, comme ces mouvements sont périodiques, tous ces globes se retrouvent périodiquement dans les mêmes positions respectives. Si donc on connaît la loi de ces mouvements, on peut prévoir le retour de ces positions. C'est ainsi qu'on a pu prédire le passage de Vénus sur le Soleil pour 1761 et 1769 dans le siècle dernier et, dans le siècle actuel, pour 1874 et 1882. Il s'écoulera ensuite plus d'un siècle avant que ce phénomène se reproduise.

Qu'est-ce que le passage de Vénus sur le Soleil?

Les lois de Képler nous enseignent que la Terre et Vénus décrivent autour du Soleil, comme centre, des lignes à peu près circulaires, dans deux plans peu inclinés l'un sur l'autre. Ces lois nous font connaître les vitesses de ces globes et les grandeurs relatives de leurs orbites. C'est ainsi que, si l'on représente par 100 la distance du Soleil à la Terre, celle de Vénus au Soleil est représentée par 72.

Or, le 9 décembre dernier, à un moment déterminé et prévu à l'avance, les trois globes, à savoir le Soleil, Vénus et la Terre se sont trouvés presqu'en ligne droite, de façon que, pour une partie du globe terrestre, Vénus cachait une portion du Soleil. Celui-ci présentait donc un disque noir puisque Vénus est un globe opaque; c'était une véritable éclipse. Le diamètre du disque noir était trente-deux fois moindre que celui du disque solaire, il ne pouvait y avoir de diminution notable de la clarté du jour, comme cela a lieu dans les éclipses de Soleil causées par la Lune.

Je vais essayer d'expliquer comment l'observation précise de ce phénomène peut conduire à la connaissance de la distance du Soleil à la Terre. Je serai très-bref dans mon explication. Pour ceux qui désireraient de plus amples détails, je ne saurais mieux faire que de leur recommander la lecture de l'excellente conférence du savant astronome hollandais [1] qui a été insérée dans le bulletin de vos séances.

Imaginez une tour de 8 à 9 mètres de hauteur, et un observateur placé à une distance de 100 mètres. Il verra la tour sous un angle de 5 degrés. S'il s'éloigne à une distance double, triple, etc., l'angle deviendra deux fois, trois fois moindre, etc. A la distance de 25 lieues, si son œil était assez délicat pour apercevoir la tour, elle lui apparaîtrait sous un angle mille fois plus petit (18 secondes).

Il est aisé de comprendre qu'à chaque distance de l'observateur à la tour correspond un angle déterminé, de sorte que, si l'on a mesuré cet angle, on saura immédiatement quelle est la distance correspondante. Ce procédé est même employé pour mesurer les distances des objets terrestres. Il suffit qu'on puisse mesurer l'angle sous lequel on voit un objet de hauteur connue. Par exemple en guerre, on prend comme base la hauteur moyenne d'un fantassin.

Quittons cet exemple familier et imaginons qu'un observateur s'éloigne du globe terrestre en se dirigeant vers le Soleil. Il verra d'abord la surface de la terre s'étendre de plus en plus, tandis que les objets terrestres paraîtront diminuer. Quand il atteindra le So-

---

[1] M. Oudemans, directeur de l'Observatoire de Batavia, membre correspondant de la Société et dont la conférence a été reproduite dans le *Bulletin de la Société des sciences et arts de l'île de la Réunion*, année 1874.

leil, le diamètre de notre globe lui apparaîtra sous le même angle que la tour de 8 mètres située à la distance de 25 lieues.

C'est dire que, si l'on réussit à mesurer l'angle sous lequel le globe terrestre apparaîtrait à un observateur placé au centre du Soleil, et si l'on connaît le diamètre de la Terre, ces deux données suffiront pour qu'on puisse calculer la distance du Soleil à la Terre.

Il n'y a pas d'incertitude sensible sur le diamètre du globe terrestre. Il résulte de la définition même du mètre que le diamètre moyen de la Terre est de 12,732 kilomètres. Telle est la base de tous les calculs relatifs aux distances absolues des globes de notre système planétaire.

La mesure de l'angle sous lequel un observateur, placé au centre du Soleil, verrait le diamètre de la Terre est le point difficile de la question, et pour en convaincre, je citerai les nombres qui ont été proposés jusqu'à ce jour. Ils varient de 360 à 17 secondes.

C'est l'observation du passage de Vénus en 1769 qui a conduit les astronomes à adopter, comme étant le plus probable, le nombre 17.72.

Pour expliquer le rôle du passage de Vénus dans ce grand problème, nous imaginerons certaines circonstances qu'il est sans doute impossible de réaliser, mais qui rendent l'explication plus facile. Ce n'est qu'après une préparation patiente de l'esprit qu'on peut aborder la question, en se plaçant dans les circonstances réalisables.

Reprenons un exemple familier.

Notre tour de 8 mètres de hauteur représentera un diamètre de la Terre : la plaine sera le plan de l'orbite terrestre. A cette échelle le Soleil sera un globe de 900 mètres, situé à 25 lieues de la tour ; Vénus sera un globe un peu moins gros que la Terre, situé à 18 lieues du Soleil.

Pour se représenter le passage de Vénus, il faut imaginer ce globe situé entre la tour et le globe solaire, de façon que l'observateur placé à la tour voie le globe figurant Vénus cacher 1/32e du diamètre solaire, et se mouvoir horizontalement. Vénus paraîtra donc décrire une ligne horizontale sur le Soleil. Si l'observateur est au pied de la tour, la ligne en question est le plus bas possible ; elle est au contraire le plus haut possible, si l'observateur est au sommet de la tour.

Supposez que les deux observations soient faites simultanément et que chaque observateur note les positions de Vénus sur le Soleil à des époques déterminées; il sera ensuite possible de faire un dessin qui représente ces positions relatives, de mesurer sur ce dessin la distance des deux lignes parcourues par Vénus et le diamètre du disque qui figure le Soleil. Admettons qu'on trouve de cette manière que la distance des deux lignes décrites par Vénus soit quarante-deux fois moindre que le diamètre du disque solaire.

On sait par l'observation immédiate qu'un observateur placé sur la Terre voit le diamètre du Soleil sous un angle de 32 minutes. C'est donc sous un angle quarante-deux fois moindre, 45 secondes, que cet observateur verrait la distance des deux lignes décrites par Vénus.

Maintenant nous n'avons plus qu'une étape à franchir dans notre raisonnement.

Pour que nous sachions sous quel angle un observateur placé au centre du Soleil verrait le diamètre terrestre, il suffit de savoir combien de fois la distance des deux lignes décrites par Vénus contient le diamètre terrestre. Eh bien! ce rapport est de 2.7 d'après les lois de Képler, indépendamment de toute notion sur les distances absolues des planètes au Soleil. Si donc on divise l'angle de 45 secondes défini tout à l'heure par 2.7, on aura l'angle cherché : il est de 17 secondes environ.

Imaginez que toutes les dimensions linéaires soient 1,463,000 fois plus grandes que celles de notre exemple et vous aurez l'idée du phénomène céleste accompli le 9 décembre dernier.

Avec les nombres que nous avons choisis comme exemple, la distance de la Terre au Soleil serait de 37 millions de lieues.

Nous avons supposé que les deux observations simultanées du passage de Vénus étaient faites aux extrémités d'un diamètre du globe terrestre perpendiculaire à son orbite. C'est cette condition qui, évidemment, est irréalisable. Mais on conçoit que des calculs analogues au précédent, quoique plus compliqués, permettent d'utiliser deux observations faites simultanément en deux points différents de la Terre. C'est ainsi que se trouve expliqué le choix des stations de l'hémisphère austral, lesquelles doivent être conjuguées avec celles de l'hémisphère boréal. Les résultats du calcul seront d'autant plus exacts que les deux stations conjuguées seront plus éloignées l'une de l'autre.

Maintenant, pourquoi l'île Saint-Paul a-t-elle été choisie comme station, de préférence à d'autres lieux d'un abord plus facile?

Le passage de Vénus n'est pas visible de tous les points de la Terre. On a pu construire à l'avance une carte sur laquelle sont indiquées les parties de la surface terrestre d'où le phénomène est observable, ainsi que les principales circonstances qui peuvent donner une plus grande précision au calcul du résultat. Dans l'océan Indien, les îles Saint-Paul et Amsterdam ont été désignées comme des stations excellentes. Le phénomène devait y être vu aux heures du jour les plus favorables, tandis qu'à la Réunion, par exemple, l'entrée avait lieu trop près du lever du Soleil, et alors l'influence de l'atmosphère sur la direction des rayons lumineux pouvait troubler l'observation.

Parmi les deux îles désignées par la Commission française, il a fallu choisir Saint-Paul, à cause de l'impossibilité de débarquer sur l'autre île de lourds instruments et tout le matériel de l'expédition.

C'est en se fondant sur des considérations de ce genre qu'on a choisi un grand nombre de stations dans chaque hémisphère, et ce nombre ne saurait être trop grand. Sans parler, en effet, des circonstances atmosphériques défavorables, qui peuvent nuire au succès de l'expédition, on conçoit que la distance exacte du Soleil à la Terre ne puisse être obtenue à l'aide de deux stations seulement, fussent-elles dans les meilleures conditions théoriques. L'homme muni des meilleurs instruments est constamment sujet à l'erreur, soit parce qu'il fait intervenir ses sens toujours grossiers, soit parce que les mécanismes dont il fait usage sont imparfaits. Pour approcher de la vérité, il faut multiplier les groupes d'observateurs, couvrir le globe de puissants appareils, afin que tous les résultats se contrôlent mutuellement et que les erreurs inévitables disparaissent dans une moyenne calculée mathématiquement. C'est pour cela que toutes les nations civilisées, voulant concourir au progrès de l'humanité, se sont empressées d'organiser des missions lointaines chargées de recueillir les documents d'un grand travail international.

J'ai essayé d'expliquer pourquoi un matériel scientifique considérable se trouvait amoncelé, il y a quelques mois, sur le rivage inhospitalier de l'île Saint-Paul. Laissons les cabanes s'établir avec la solidité qu'exige un vent trop souvent impétueux, les instruments que ces cabanes abritent s'ajuster avec patience, et assistons par la pensée à la matinée mémorable du 9 décembre.

La fréquence des pluies et des nuages pendant les deux mois qui ont précédé le passage de Vénus nous avait ôté tout espoir de succès. Une couronne de brouillard couvrait sans cesse le sommet de l'île, semblable à une fumée volcanique. Une rafale de vent chassait ce brouillard, la rafale suivante en reformait un autre, et, dans de telles circonstances, les observations astronomiques étaient impossibles. Le 8 au soir, nous terminions nos préparatifs avec une sorte de découragement, car une pluie persistante tombait depuis la veille.

O surprise! la matinée du 9 commence radieuse.

En un instant chacun est à son poste, met la dernière main à ses appareils, et quand le signal de l'approche de Vénus est donné la colonie entière est silencieuse et recueillie.

Jetons un coup d'œil rapide sur les instruments. Deux *lunettes équatoriales* servent à noter l'heure exacte d'un grand nombre de positions de la planète sur le Soleil. L'astronome attentif à l'heure prévue de l'entrée, laquelle doit différer quelque peu de l'heure réelle, voit le bord solaire s'échancrer peu à peu; il mesure les dimensions de l'échancrure à diverses reprises et note les heures correspondantes. Bientôt Vénus apparaît comme un cercle noir tangent intérieurement au bord du Soleil; ce moment est noté avec le plus grand soin. Plus tard, le cercle noir s'avance en ligne droite sur le Soleil, touche une seconde fois le bord solaire, et enfin c'est une échancrure qui diminue graduellement et finit par disparaître. Toutes les particularités de ces apparences sont annotées minutieusement; l'observation totale a duré quatre heures environ. Sans vouloir faire ici une description de la lunette équatoriale, je pense que quelques renseignements sur ce bel instrument ne seront pas sans intérêt.

La lunette équatoriale se meut d'elle-même en suivant le Soleil devant l'œil de l'observateur, de sorte que celui-ci, pour contempler le phénomène, fait mouvoir les pièces destinées à déterminer les positions, et recueille toutes les indications nécessaires, sans toucher à la lunette.

Pour avoir une idée de cette disposition, qu'on imagine une sorte de T formé par deux axes métalliques. La queue est dirigée parallèlement à l'axe du monde ; la tête porte à une de ses extrémités le corps de la lunette, dans une direction perpendiculaire, et à l'autre extrémité un contre-poids. En faisant tourner la lunette autour de la tête du T, puis le T tout entier autour de la queue, on peut viser le Soleil. A partir de ce moment, un mouvement d'horlogerie en traîne ce dernier axe, et la lunette décrit un cône en suivant le Soleil.

Le choix des instruments, quant aux dimensions et à la disposition de leurs organes, est de la plus grande importance. Je citerai seulement deux exemples des précautions qu'il faut prendre pour faire de bonnes observations.

Au siècle dernier, la plupart des observateurs du passage de Vénus ont vu une sorte de *ligament* obscur s'établir entre le bord solaire et le disque noir projeté par la planète sur le Soleil, à l'instant des contacts intérieurs. On s'attendait à voir les deux cercles se toucher géométriquement, et rien ne pouvait faire prévoir qu'il y aurait l'apparence d'un pont jeté sur les bords des deux disques, lorsqu'ils seraient très-voisins l'un de l'autre. Cette difficulté a préoccupé les astronomes ; car il était impossible d'apprécier l'instant exact du contact. La cause de ce singulier phénomène a été découverte par deux astronomes français, MM. Wolf et André. Le *ligament* noir est dû à un défaut de courbure dans l'objectif de la lunette. Aussi cette année nos astronomes, M. Mouchez, chef de la mission, et M. Turquet, se servant d'*excellents* objectifs, n'ont pas vu se reproduire cette particularité. Il est probable que tous les astronomes français s'accorderont entre eux sur ce point, parce qu'ils ont eu des instruments semblables, et que d'autres observateurs, ayant des lunettes moins parfaites, auront encore rencontré cette difficulté.

Comme second exemple de l'influence de l'instrument sur l'observation, je citerai l'échauffement que les rayons solaires produisent dans l'œil, en sortant de l'oculaire sous la forme d'un étroit pinceau ; lorsque la lunette est puissante, la chaleur de ce pinceau est énorme. Si l'on place un verre sombre entre l'oculaire et l'œil pour atténuer l'éclat du Soleil et distinguer ce qui se passe sur l'astre, la surface du verre est rapidement fondue ; l'observateur est obligé de déplacer sans cesse la lame de verre, pour l'empêcher de s'échauffer, et sans cette précaution il s'expose à perdre la vue.

Pour remédier à ce grave inconvénient, la commission française a décidé que l'objectif serait recouvert d'une mince couche d'argent par le procédé dû au physicien français Foucault. En traversant cette couche, les rayons solaires se dépouillent de la plus grande partie de leur chaleur et sont sans danger pour l'œil.

A côté des deux lunettes équatoriales est installée la *lunette photographique;* son emploi réalise un progrès important dans les observations astronomiques.

Il y a un siècle, lorsque les astronomes se répandirent à la surface du globe pour observer le passage de Vénus, ils n'avaient à leur disposition que la lunette ordinaire. Les observations étaient abandonnées aux caprices de l'œil, qui est sujet à l'erreur, quelle que soit sa délicatesse. Songez que la moindre erreur due à une cause inconnue, qui pouvait être physiologique, était irréparable, puisqu'on ne conservait aucune trace durable du phénomène.

Le seul moyen d'approcher de la vérité et d'éliminer le plus possible les *erreurs* personnelles consiste à multiplier les observateurs et à n'admettre dans le calcul des résultats que les observations concordantes, à condition toutefois que les observations soient peu nombreuses. Il faut aussi que les observateurs soient exercés à l'avance à l'aide d'appareils spéciaux qui imitent la phénomène, et que l'erreur personnelle de chacun d'eux soit rendue aussi faible que possible par un fréquent exercice.

La photographie ne présente pas ces inconvénients. Elle permet d'obtenir une reproduction fidèle et durable d'un phénomène passager, reproduction que l'homme de science étudiera ensuite à loisir.

Dans notre lunette photographique, l'image du Soleil est formée sur une plaque d'argent, d'après le procédé même de Daguerre, l'immortel inventeur de la photographie. Ce procédé donne des images plus fines que tout autre, et il est possible de les mesurer avec une plus grande précision.

La plaque d'argent a été immergée pendant quelque temps dans la vapeur d'iode, au milieu de l'obscurité ; elle est ainsi devenue sensible. Pour obtenir l'image du Soleil, on dispose cette plaque dans un châssis situé au foyer de la lunette photographique, celle-ci ayant été orientée de façon que l'image solaire soit projetée exactement à la place occupée par la plaque. Jusqu'alors le châssis est resté fermé à la lumière. Au moment voulu, une fente passe rapidement entre la plaque sensible et l'objectif de la lunette, et, à travers cette fente, les rayons lumineux vont frapper la surface argentée et y imprimer l'image du Soleil. La durée de l'impression peut varier de 1/20 à 1/100 de seconde, suivant l'état du ciel.

Sortie du châssis sans que l'image soit encore visible, la plaque d'argent est immergée dans la vapeur de mercure : cette vapeur s'attache peu à peu aux portions de la plaque qui ont été frappées par la lumière ; c'est elle qui fait apparaître l'image. Après cette opération, quelques lavages dans des solutions salines particulières donnent à l'épreuve la fixité et la vigueur désirables.

Le procédé de Daguerre dont je viens d'indiquer le principe n'est pas celui qui est usité dans la photographie industrielle. Celle-ci emploie une lame de verre rendue sensible par une préparation chimique convenable. Après l'*exposition* à la lumière, la *révélation* et le *fixage*, la lame de verre présente une image *négative*, c'est-à-dire sur laquelle les parties noires sont celles que les rayons lumineux ont frappées ; cette lame sert de cliché pour obtenir un nombre indéfini d'épreuves *positives* sur papier. Il suffit pour cela de placer le cliché au-dessus de la feuille de papier *sensibilisée* et d'exposer le tout à la lumière du jour. Les rayons, traversant les parties claires du cliché, les reproduisent en noir sur le papier.

Ce mode de reproduction offre les avantages de la gravure à l'eau forte et de la lithographie. Nous en avons préparé quelques spécimens ; mais ils sont inférieurs aux plaques daguerriennes pour la finesse du trait.

Je donnerai maintenant quelques explications sur l'instrument qui sert à projeter l'image du Soleil sur la plaque sensible. Les explications seront rendues plus aisées à l'aide d'un dessin sur lequel sont figurées les pièces essentielles de la *lunette photographique*.

La commission française, redoutant le défaut de stabilité d'un appareil qui suivrait le mouvement du Soleil comme le fait la lunette équatoriale, soit à cause du vent, soit à cause de la manipulation qu'exige l'exposition des plaques sensibles, a adopté l'emploi d'une lunette fixée invariablement au sol, dans une direction horizontale, et d'un miroir renvoyant sur la plaque, à travers l'objectif, les rayons solaires. L'opérateur ramène sans cesse ces rayons vers l'instrument à l'aide d'organes qui sont placés sous sa main. La principale difficulté était dans la construction d'un miroir incapable de déformer l'image. On a fait usage avec succès d'un disque de verre très-épais, parfaitement plan et argenté par les procédés de Foucault. Mais, pour que les images soient bonnes, il faut que le miroir ne reste pas exposé au Soleil, car la chaleur le déforme. Un couvercle est posé sur le miroir et on ne le découvre qu'au moment où l'épreuve doit être obtenue. Pour cela une sonnerie électrique est disposée de telle façon que le diaphragme mobile chargé de laisser les rayons solaires frapper la plaque sensible, ferme le circuit électrique pendant un instant et l'ouvre ensuite au moment précis où l'image du Soleil commence à s'imprimer. Averti par la sonnerie, un aide placé près du miroir enlève le couvercle, puis il le remet dès que la sonnerie cesse de se faire entendre.

J'ai dit que l'exposition devait durer 1/28 à 1/100 de seconde, suivant l'état du ciel. On obtient la durée de pose que l'on désire à l'aide d'un système de poids, variables à volonté, qui entraînent, au moment voulu, le diaphragme mobile. On a déterminé par des expériences préalables les poids nécessaires pour diverses durées.

Il reste à noter l'heure à laquelle chaque épreuve est obtenue. L'avertisseur électrique qui règle la manœuvre du miroir offre un moyen simple. Il suffit qu'un assistant observe l'heure sur un chronomètre et la note à l'instant où cesse la sonnerie. C'est juste à cet instant que le Soleil commence à imprimer son image sur la plaque sensible.

Mais on obtient un résultat plus précis et on évite les erreurs provenant de la fatigue de l'assistant en se servant du chronographe électrique.

Le même diaphragme mobile, qui règle l'exposition de la plaque à la lumière, ferme un second circuit électrique pendant la durée de cette exposition, et ce circuit inscrit lui-même, à l'aide d'un appareil spécial, cette durée ainsi que l'heure correspondante.

On voit que, grâce à ces dispositions, l'étude du phénomène est soustraite à l'influence de l'observateur, et qu'il n'y a plus à s'occuper des erreurs personnelles dans l'emploi de la lunette photographique.

C'est là un des avantages de ce procédé. Donnera-t-il de meilleurs résultats que l'autre ? C'est ce qu'on ne peut pas encore prévoir. Les épreuves daguerriennes seront ultérieurement soumises à des mesures précises, et le succès dépend de leur finesse. Comme il est possible d'en obtenir plusieurs centaines, par un temps favorable, on peut penser que la moyenne de tous les résultats sera satisfaisante ; mais l'expérience seule nous apprendra si cette moyenne a le degré d'approximation que l'on cherche. C'est d'ailleurs un premier pas dans une voie nouvelle, et on peut espérer qu'il s'accomplira dans la suite d'importants progrès dans cette application nouvelle de la photographie.

Le 9 décembre, à 11 heures et quart, le but principal de notre expédition était atteint; *la Dives*, hissant son pavillon, nous envoyait une salve de joyeuses félicitations. Notre chère patrie pouvait compter un succès de plus dans ses annales scientifiques; nous confondions nos joies, en oubliant les fatigues de la veille. Mais il n'était pas encore temps de songer au retour.

Pour qu'on puisse calculer la distance du Soleil à la Terre à l'aide des observations faites en divers points du globe, il faut que la position de ces points soit rigoureusement déterminée, ce qui exige de nombreuses observations astronomiques de jour et de nuit et, par suite, un séjour de plusieurs mois. A ces observations se joignent des études spéciales, concernant les diverses branches des sciences physiques et naturelles. Aussi notre retour n'a-t-il commencé qu'un mois après le passage de Vénus et, grâce à Dieu, ce retour a été aussi heureux que possible.

Ai-je besoin de parler de l'utilité que présente la connaissance exacte de la distance du Soleil à la Terre ? Sans cette connaissance, nous serions semblables à un voyageur qui connaîtrait la figure d'une ville, d'une contrée, sans avoir aucune notion de la dimension absolue des maisons, de la largeur, de la longueur des routes, etc. Il ne pourrait tirer de cette connaissance incomplète qu'un usage restreint.

Sans chercher s'il existe quelque application de l'astronomie de la nature de celles qui conduisent à la richesse matérielle, ne devons-nous pas mettre au-dessus de tout le perfectionnement de nos connaissances ? Ne savons-nous pas que notre puissance sur la terre est le fruit de ce perfectionnement incessant ? Aussi toutes les nations civilisées apportent une nouvelle ardeur dans les luttes intellectuelles, les seules qui devraient exister entre les hommes.

Le passage de Vénus était l'occasion d'une lutte de ce genre. Est-ce qu'au lendemain de nos désastres, alors que notre puissance matérielle est affaiblie, notre puissance intellectuelle devait subir le contre-coup de nos malheurs ? La France ne l'a pas voulu ; malgré les difficultés de toute sorte qui se présentaient, elle a tenu à affirmer son rang dans le monde, à prouver sa vitalité. S'il y a quelque regret à exprimer, à propos de la campagne scientifique qui vient d'avoir lieu, c'est que, à côté des expéditions officielles, nous n'ayons pas à enregistrer quelqu'une de ces expéditions particulières qui honorent d'autres nations. A ceux pourtant qui diraient que la science n'a plus de Mécène en France, on répondra que l'expédition française de la Nouvelle-Calédonie doit une partie de son matériel à la générosité d'un de nos compatriotes, M. d'Abbadie, membre de l'Institut. Puisse cet exemple être suivi par d'autres; ils contribueront, de cette manière, à la dignité de notre chère patrie.

En terminant, qu'on me permette, au nom de tous les membres de la commission française, de remercier de son gracieux accueil la *Société des sciences de l'île de la Réunion*. De retour dans nos foyers, nous suivrons avec le plus vif intérêt tout ce qui touche cette belle colonie, et, grâce aux progrès qui rendent les communications de plus en plus faciles, il me semble que je puis dire sans trop de témérité : Au revoir !

L'INDO-CHINE. — MM. VESCO, MASSIN, SILVESTRE, ETC.,
par M. Arthur Morelet.

La vaste péninsule connue sous le nom d'Indo-Chine, bien que ce nom n'ait pas reçu l'assentiment de tous les géographes, forme, vers l'extrémité de l'Asie, une région nettement circonscrite au double point de vue de la géographie et des sciences naturelles. Séparée de l'Hindoustan par le Brahmapoutra, de la Chine par les dernières ramifications de l'Himalaya et par les Alpes Tibétaines, elle est bornée dans presque toutes les autres directions par la mer. De hautes et pittoresques montagnes dont les éléments constitutifs sont variés, des forêts vierges, souvent marécageuses, des cours d'eau d'une étendue considérable, enfin un vaste lac accidentent cette contrée qui se développe, avec toute la vigueur des premiers âges du monde, entre le 25° degré de latitude septentrionale et l'équateur; la majeure partie du pays est même comprise entre le 10° degré et le tropique, latitude de la Sénégambie, des Antilles et de l'Amérique centrale.

Un voyageur dont les sciences naturelles regrettent encore la fin prématurée nous a laissé dans son journal quelques pages empreintes d'une vive admiration pour les grandes scènes de l'Indo-Chine : « Quel contraste, s'écrie-t-il, entre ces teintes ardentes, ce climat brûlant, ce ciel étincelant, et la froide atmosphère de notre

Europe! Qu'il est doux de saluer les premières heures du jour avant que l'orbe éclatant du soleil ait commencé sa course, et combien, le soir, il est plus doux encore de prêter l'oreille aux harmonies sans nombre, aux sons aigus ou métalliques qui s'élèvent de la solitude, comme une rumeur confuse, produite par d'innombrables ouvriers[1]! » Je cite volontiers ce passage parce qu'il me semble que la physionomie d'un pays ne doit pas être sans intérêt, même au point de vue pittoresque, pour celui qui en étudie les productions, et qui ne les envisage pas comme des êtres abstraits, sans aucun lien avec le monde extérieur.

Il y a cinquante ans, on connaissait à peine les côtes de l'Indo-Chine, et l'intérieur de la contrée était un champ de conjectures. Mais le voile a été déchiré par la curiosité ardente et l'esprit d'entreprise qui caractérisent notre époque. L'annexion de l'empire birman aux possessions de la Grande-Bretagne peut être considérée comme le point de départ de ce grand mouvement et comme la source des connaissances les plus exactes que nous possédions sur cette portion de la presqu'île transgangétique. Un peu plus tard, le Siam était visité par des voyageurs entreprenants qui s'avançaient jusqu'à la région des montagnes, et qui convertissaient en documents précis les notions un peu vagues dont on s'était contenté jusqu'alors. Il est vrai que la plupart d'entre eux, préoccupés des intérêts de la géographie et de l'ethnographie, ne donnèrent que peu d'attention à ceux de l'histoire naturelle ; mais ils ont frayé le chemin que d'autres pourront suivre plus librement après eux. On doit aussi beaucoup, pour la connaissance du pays, au zèle intelligent de nos missionnaires ; ce sont eux qui, les premiers, ont navigué sur le Mênam et signalé les ruines grandioses retrouvées par Mouhot sur le bord septentrional du grand lac[2]. Outre les documents épars dans les *Annales de la propagation de la Foi*, on peut citer, comme une des publications les plus instructives sur le royaume de Siam, le livre qui est sorti de la plume d'un des derniers évêques de Bangkok[3].

Quant à la Cochinchine et au Cambodje, pays bien peu connus à l'époque où la France y arbora son drapeau, le temps n'est pas éloigné où ces contrées n'auront plus de secrets pour nous. Déjà nous possédons un ensemble de documents complets sur la basse

[1] Mouhot, *Travels in the central part of Indo-China*, etc., t. I, p. 114.
[2] Le P. Chevreul, de la Société de Jésus, en 1672.
[3] Pallegoix, *Descript. du roy. Thai ou Siam*. Paris, 1854.

Cochinchine, sans parler de ceux qui ont été recueillis sur le cours du Mékong dans une exploration mémorable. C'est ainsi que la géographie marche presque toujours en avant pour frayer et pour éclairer la route; vient ensuite l'histoire naturelle, qui la suit pas à pas, avec un égal dévouement et un égal courage.

N'oublions pas, dans cette courte notice consacrée aux sciences naturelles, que, dès le milieu du dernier siècle, un missionnaire portugais, le P. Juan de Loureiro, cultiva la botanique en Cochin-chine, et composa une flore qui jouit encore de beaucoup d'estime aujourd'hui [1]. Quelques-unes des plantes rares qui servirent à cette publication sont conservées dans les établissements publics de Paris et de Lisbonne; mais la majeure partie de ce précieux-herbier, malgré d'actives recherches, n'a jamais été retrouvée.

Quoique plusieurs traits physiques de l'Indo-Chine échappent encore à notre curiosité, et que la partie septentrionale, notamment, ne soit pas encore dégagée de ses voiles, nous en savons assez pour nous former une idée de cette contrée. On peut la considérer comme constituée, dans son ensemble, par quatre ramifications des Alpes Tibétaines qui forment, en courant au sud, autant de vallées paral-lèles, arrosées chacune par un fleuve. Une cinquième ramification, que les géographes regardent comme une dépendance de l'Hima-laya, s'étend à l'ouest du pays des Birmans et sépare le bassin du Brahmapoutra de celui de l'Iraouaddi. Les autres chaînes paraissent se détacher du Kuen-lun, noyau d'une prodigieuse élévation qui do-mine le Tibet oriental; entrecoupées de rameaux secondaires, très-compliquées à leur origine, elles viennent presque toutes expirer au bord de la mer. Le pays, dans les intervalles, consiste en plaines alluviales, composées de sable et d'argile, et inondées pendant plu-sieurs mois de l'année. Ces plaines, d'une grande monotonie, ont été recouvertes autrefois par les eaux de l'Océan qui s'éloignent en-core aujourd'hui visiblement de leurs rivages. Ainsi la vaste plaine qui règne du Patawi jusqu'à Bangkok fut autrefois un golfe comme l'attestent les nombreux débris de coquillages et autres corps marins répandus à sa surface jusqu'au pied des montagnes [2]. « Des hauteurs de Patawi, dit Mouhot, à l'est, au nord et à l'ouest, on voit, en forme de demi-cercle, la chaîne des montagnes de Phrabat, puis

<hr>

[1] *Flora Cochinchinensis.* Lisboa, 1790.
[2] Pallegoix, *Descript. du roy. de Siam,* t. I, ch. IV.

celles du royaume dé Muang-Lôm, et enfin celles de Kôrat jusqu'à plus de 60 milles au delà ; toutes se relient les unes aux autres et ne forment pour ainsi dire qu'un seul massif dû au même bouleversement ; au sud, c'est une plaine immense qui s'étend jusqu'à Ajuthia [1]. » L'évêque de Bangkok, qui la connaissait bien, lui donne 60 lieues de longueur et 25 de large.

On ne sait presque rien sur la constitution minéralogique de ces montagnes, excepté dans le voisinage de la côte où elles paraissent formées d'anciennes roches sédimentaires qui ont été modifiées par l'action du feu et qui renferment un grand nombre de filons et de gîtes métallifères. La plupart des îles sont d'origine volcanique. Au nord de Bangkok, la chaîne de Kôrat, ancienne barrière de l'Océan, est de nature calcaire et couverte d'une puissante végétation ; mais, en s'élevant encore plus haut vers le Laos, on rencontre les grès mélangés aux granites, qui donnent une apparence si triste à certaines provinces de la Chine.

A travers ces vallées brûlantes coulent de grands fleuves dont les sources sont inconnues ; ils forment, avec leurs affluents, leurs dérivations naturelles et les canaux creusés de main d'homme, autant de systèmes hydrographiques indépendants et singulièrement compliqués. D'après les cartes de Wyld et de Garrey, le Salouên et l'Iraouaddi auraient plusieurs points de contact. On a cru qu'il en était de même du Mênam et du Mêkong ; mais il paraît certain que ces cours d'eau n'ont aucune communication entre eux. Le Mêkong est le plus imposant par la rapidité de ses eaux, qui conservent leur impétuosité jusqu'à Penom-pen, à 60 lieues de la mer. L'exploration effectuée, en 1865, par les officiers de la marine française, a fourni, sur l'étendue, le régime de ce fleuve et les obstacles qui embarrassent son cours, des renseignements du plus haut intérêt. Du reste, son aspect, comme celui du Mênam, change complétement avec les saïsons, par suite des variations considérables que subit le niveau des eaux. Tous deux engendrent, dans les lieux bas, des marécages qui ne se dessèchent jamais ; c'est ainsi que la plaine de Bangkok est parsemée de milliers d'étangs, couverts de nymphæas blancs, roses ou rouges, et peuplés de poissons qui attirent sur leurs bords une multitude d'oiseaux.

Le plus considérable de ces réservoirs est le lac *Tonli-Sap* qui

----

[1] Mouhot, *Travels*, etc., t. I, p. 126.

communique avec le Mênam par un canal naturel, et qui mesure 36 lieues de longueur, du sud-est au nord-ouest, sur 8 à 10 de largeur. Alimenté par plusieurs rivières, et notamment par celle de Battambang, ce lac présente des particularités fort curieuses qui n'ont pas été signalées jusqu'ici, et qui méritent de nous arrêter un moment. Il est formé par une dépression peu profonde qui tend à s'exhausser de jour en jour et qui finira, sans doute, par se niveler avec le temps. On reconnaît, aux bancs de coquillages, et particulièrement de cyrènes, enfouis à une légère profondeur sous un sol plus ou moins spongieux, qu'il s'étendait jadis jusqu'aux collines de Battambang, à 25 lieues environ dans l'ouest. Ces restes organiques constituent des dépôts assez considérables pour alimenter les fours à chaux de la contrée. A l'époque des basses eaux, de mars en juin, la profondeur du lac se réduit uniformément à 1 mètre, et le poisson demeure à la discrétion des pêcheurs, car il n'y croît ni joncs ni aucune autre plante propre à lui fournir un abri. On voit seulement flotter, à une faible distance du bord, des touffes de riz sauvage qui croissent avec la même rapidité que les eaux, et qui s'élèvent jusqu'à 5 et 6 mètres pour se maintenir à la surface. C'est pendant cette période que se réalisent les pêches miraculeuses dont Mouhot a parlé dans ses lettres [1].

Le flux de l'Océan, en refoulant les eaux du Mêkong, se fait sentir jusqu'au Tonli-Sap, à 80 lieues de distance; mais la salure ne s'étend pas au delà de Mytho, à 12 lieues de l'embouchure du fleuve. On peut donc s'étonner de rencontrer communément dans ce vaste bassin des poissons vivant habituellement dans l'eau salée, tels qu'une raie de grande taille qui remonte jusque dans les rivières du Laos, une sole, un squale du genre scie, etc. On y voit aussi des troupes de marsouins qui sont réduits, pendant l'étiage, à se frayer une issue dans la vase. En effet, le canal de jonction est alors tellement obstrué que toute communication avec le fleuve devient difficilement praticable. Aucun mollusque marin n'a été observé jusqu'ici dans le Tonli-Sap; on y trouve, à la vérité, une modiole, mais, sans doute, une espèce d'eau douce, car elle reparaît au nord de la Chine, dans les mêmes eaux que le *Dipsas plicatus* et le bel *Unio Languilati*. Les tortues y sont aussi variées qu'abondantes; mais les crocodiles, dont on connaît deux espèces, ne

---

[1] Mouhot, *Travels*, etc., t. II, p. 21.

s'y montrent que rarement; ils habitent de préférence les halliers marécageux qui couvrent les bords de Mêkong. La plaine immense qui règne aux alentours n'est qu'une forêt basse, inondée pendant sept à huit mois de l'année et couverte, par intervalles, de graminées à tiges rudes atteignant 4 mètres de hauteur. On n'y voit aucunes fleurs, au moins de celles qui attirent le regard; elles sont mêmes rares sur les coteaux, où le sol est plus découvert. Ces conditions sont peu favorables à la multiplication des mollusques terrestres, qui se plaisent, en général, dans les lieux aérés et sur le bord des bois, beaucoup plus que dans leur profondeur; aussi n'en connaît-on qu'un petit nombre.

Quant à la région des montagnes, on sait, par les recherches des naturalistes anglais et par celles de Mouhot, combien elle est favorisée au point de vue malacologique; de superbes hélices, d'énormes clausilies, de nombreux cyclostomes appartenant, pour la plupart, aux sections des *Cyclophorus* et des *Pterocyclos* y ont été recueillis, sans parler de plusieurs genres nouveaux, comme *Hypselostoma*, *Hybocystis*, *Clostophis*, etc. Un fait assez curieux, c'est l'existence dans ces parages de certaines formes dont les analogues se retrouvent aux Antilles, telles que l'*Helicina Mouhoti*, et les *Hybocistis* que l'on pourrait confondre avec les *Megalomastoma*.

Ce n'est pas encore aujourd'hui que nos connaissances peuvent nous permettre de dresser un catalogue scientifique des productions de l'Indo-Chine; nous possédons, toutefois, des renseignements suffisants pour nous former une idée de la faune malacologique de cette grande péninsule. On remarquera que cette faune se rapproche, dans les terres basses, de celles de l'Inde et des îles de la Sonde; on y voit prédominer les hélices orbiculaires du sous-genre *Nanina*, le *Bulimus perversus* avec ses nombreux dérivés, et les Cyclostomes turbinés, à opercules minces, qui se rattachent au sous-genre *Cyclophorus*. Les mêmes rapports, plus prononcés encore, se manifestent dans les eaux, où l'on retrouve plusieurs espèces communes aux trois pays (*Plan. exustus*, *Palud. Bengalensis*, *Nerit. crepidularia* et *melanostoma*, etc.). Il n'en est pas ainsi de la région montagneuse, où la faune revêt un caractère local très-nettement accentué. Ce que nous connaissons porte l'empreinte d'une création spéciale, à peu près circonscrite dans les limites des genres connus, mais avec des écarts qui lui donnent une physionomie très-originale.

Bien que l'Indo-Chine ne constitue qu'une seule et même région, au point de vue des sciences physiques et de l'histoire naturelle, je crois, cependant, qu'il faut tenir compte des grandes divisions que la nature y a tracées, et qu'il peut être utile d'en grouper séparément les productions. Elles méritent, en effet, par la diversité qu'elles présentent dans chacune de ces divisions, d'être étudiées à part, sans perdre de vue le lien qui les rattache les unes aux autres.

La géographie, d'accord avec l'ancien état politique de ces contrées, a fixé elle-même ces divisions, qui sont au nombre de trois :

1° Le Birman comprenant le bassin de la Salouën et celui de l'Iraouaddi; cette circonscription est limitée à l'ouest par le Brahmapoutra, et à l'est par la chaîne qui traverse la presqu'île de Malacca, jusqu'à la hauteur du 15° degré environ;

2° Le Siam ou bassin du Ménam, comprenant toute la presqu'île de Malacca, qui en fut autrefois une dépendance politique, de même qu'elle s'y rattache comme dépendance géographique;

3° Enfin la Cochinchine ou bassin du Mékong, avec le Cambodje, le lac Tonli-Sap et ses affluents; partagé entre les deux États par une ligne fictive, ce lac appartient, en effet, au bassin du Mékong, avec lequel il est en communication.

Cette distribution est très-simple, et cependant il ne faut pas se dissimuler qu'elle laisse subsister plus d'une difficulté dans la pratique; mais ces difficultés, on les rencontrera toujours dans les rapports de l'histoire naturelle et de la géographie; les délimitations basées même sur l'altitude ne sont que des lois générales, soumises à de nombreuses exceptions, comme la distribution des végétaux en fournit tant d'exemples. Quoi qu'il en soit, la division du sol en trois bassins indépendants et parallèles se prolongeant du nord au sud, paraît être la plus naturelle; la direction des eaux pourra toujours servir de guide dans les cas douteux.

Je compléterai ces généralités par quelques mots sur le groupe de Poulo-Condor, composé de douze îles dont quelques-unes sont de simples rochers. La plus considérable, où un pénitencier a été fondé pour les Annamites, est située à 20 lieues marines de l'embouchure du Mékong. Sa longeur, du sud-ouest au nord-est, est de 18 kilomètres. Une baie profonde la divise en deux parties d'inégale grandeur, reliées entre elles par un isthme que recouvrent les grandes marées. Les montagnes occupent au moins les quatre cinquièmes de la superficie du sol; elles s'élèvent abruptement des eaux jusqu'à une hauteur de 600 mètres et ne montrent à l'œil que des arêtes vives et des pentes rapides. Leur structure géologique est primitive; elle consiste en granite syénitique d'une grande dureté. Partout où ces montagnes sont exposées à l'influence directe des moussons, elles sont entièrement nues ou revêtues seulement de plantes herbacées; mais, à l'abri des vents, elles se couvrent de bois touffus, peuplés d'arbres énormes, où les lianes et les plantes parasites forment un lacis inextricable. Les terrains plats, généralement marécageux, sont envahis aussi par une végétation exubérante.

Il n'y a pas dans l'île de cours d'eau permanent; les torrents qui se précipitent des hauteurs pendant l'hivernage laissent leurs lits à sec dans la belle saison.

On peut citer, parmi les essences remarquables qui ornent les forêts de Poulo-Condor et celles du littoral voisin, le *Dammara orientalis*, arbre résinifère, le *Garcinia Cambojia*, dont on extrait la gomme-gutte, l'*Erythrina monosperma,* qui nourrit l'insecte à gomme laque, le *Clusia flava* au tronc monstrueux, le *Quercus tinctoria*, qui fournit l'écorce appelée *quercitron*, enfin plusieurs Saponacées dont une espèce produit la *gutta-percha*. En Cochinchine, ce sont les beaux arbres de la famille des Diptéracées, fertiles en résines et en huiles essentielles, qui constituent dans les forêts le fonds de la végétation; les palmiers y sont clair-semés [1].

Les mollusques terrestres recueillis jusqu'à ce jour dans l'île de Poulo-Condor ne sont pas nombreux, soit qu'on ait mis peu d'intérêt à leur recherche, soit à cause des difficultés du terrain. Je citerai, comme espèces locales, les *Helix Annamitica, Bouyeri* et *Condoriana*, les *Ennea Michaui* et *bulbulus*, enfin les *Cyclost. breve, Condorianum* et *Michaui*.

Aucune coquille terrestre ou fluviatile de l'Indo-Chine n'a été connue de Linné; les ouvrages mêmes du xviiie siècle postérieurs à ceux du grand naturaliste n'en mentionnent que cinq, dont trois vivent à Poulo-Condor : *Helix Janus* et *Volvulus* Mull.; *Limax lampas* et *Lituus*, et *Lituus brevis* Martyn. Quoique cette île ait été peu visitée avant notre époque, au moins d'une manière authentique, nous savons cependant que Dampier y fit un séjour dont il nous a laissé la

---

[1] *Ann. de la Cochinchine française,* 1865; *Mémoires de la Soc. impér. des sc. nat. de Cherbourg,* 1866.

relation, et que la Compagnie des Indes orientales y fonda un comptoir lorsqu'elle fut contrainte, en 1702, d'abandonner Chusan. Au surplus, l'auteur de l'*Universal Conchologist* nous apprend que plusieurs des coquilles représentées dans son ouvrage ont été rapportées par les officiers de la marine britannique, sous les ordres des capitaines Byron, Cook et Wallace.

Plus d'un quart de siècle s'écoula sans que la faune malacologique de l'Indo-Chine s'enrichît d'une seule acquisition nouvelle. Cette disette trouve son explication dans l'état politique de l'Europe, qui ne favorisait alors ni les entreprises scientifiques ni les explorations lointaines. Ce fut dans le *Zoological journal*, publié par MM. Broderip et Sowerby, de 1824 à 1834, que la chaîne de nos connaissances se renoua par la description du *Cyclost. perdix* recueilli près de Tenasserim.

L'apparition de cette coquille marque précisément l'époque où les Anglais pénétrèrent dans la vallée de l'Iraouaddi et s'y établirent en maîtres. Cependant, jusqu'en 1836, les fruits de cette occupation furent à peu près nuls pour la conchyliologie; mais alors commencèrent à paraître, dans le *Journal de la Société asiatique* du Bengale, les descriptions de M. Benson, qui nous ont initiés peu à peu à la faune de ces lointaines contrées. Secondé par les relations qu'il avait nouées dans l'Inde, et surtout par le concours actif de MM. Théobald et Blanford, ce savant, dont le zèle ne s'est éteint qu'avec la vie, a décrit ou mentionné, dans l'espace de trente-quatre ans, plus de la moitié des coquilles terrestres et fluviatiles du Birman, outre un grand nombre d'autres qui se rattachent plus particulièrement à la faune du royaume de Siam. C'est à lui, à M. Gould, et en dernier lieu M. Blanford, que la conchyliologie est surtout redevable des connaissances qu'elle possède aujourd'hui sur cette première subdivision de l'Indo-Chine.

Dès l'année 1843, M. Gould publiait, dans les *Proccedings* de la Société d'histoire naturelle de Boston, une série de coquilles recueillies aux environs de Tavoy, de Mergui et de Tenasserim, cette partie de l'empire birman que l'Angleterre avait acquise par le traité de 1826. Continuées jusqu'en 1856, ces descriptions comprennent trente-huit espèces nouvelles, parmi lesquelles on remarque un certain nombre d'Acéphalés. Deux ans auparavant, en publiant, dans les archives de Wiegman, une excellente figure de l'*Unio delphinus*, Grüner avait éveillé l'attention des conchyliologistes sur les Naïades de l'Indo-Chine; mais il appartenait à M. Lea, dont la spécialité est bien connue, de nous donner une idée plus complète de cette branche de la malacologie fluviale dans l'extrême Orient.

Grâce au concours du missionnaire House, voyageur entreprenant, dont les pérégrinations s'étaient étendues jusqu'à Kôrat, sur les limites du Laos siamois, M. Lea nous a fait connaître, de 1850 à 1856, vingt-six coquilles nouvelles du Siam, appartenant pour les trois quarts à des mollusques acéphales. On doit regretter que le désir de mettre au jour des matériaux aussi précieux ait conduit ce savant à les employer tous dans sa publication, sans attendre un supplément d'informations que le temps n'eût pas manqué de lui fournir; on ne verrait pas figurer dans son œuvre des formes trop éloignées de l'âge adulte pour que leur description puisse être de quelque utilité et ne devienne même pas une source d'incertitude et d'erreur.

La vallée orientale de l'Indo-Chine, comprenant la Cochinchine et le Cambodge, fut visitée plus tard que les deux autres, surtout dans ses parties intérieures, en sorte que nos connaissances, ici, ne datent que d'un petit nombre d'années. Une seule coquille, de forme singulière, le *Cycl. gibbum*, fut connue de bonne heure, car elle existait dans la collection de Férussac bien avant la publication de M. Eydoux, qui remonte à 1838. C'est au voyage de *la Bonite* que l'on doit les premiers renseignements authentiques sur la malacologie des pays annamites. Un certain nombre de coquilles terrestres et fluviatiles, recueillies par Souleyet aux environs de Tourane, dans la haute Cochinchine, fut décrite par ce naturaliste dans la *Revue zoologique*, de 1841 à 1842, et figurées, dix ans plus tard, dans le grand ouvrage qui résume les travaux de l'expédition. Toutefois, les découvertes les plus remarquables qui aient été faites dans ces parages sont dues à un voyageur regretté qui unissait au culte des sciences naturelles celui des beaux-arts et de la géographie, et qui paya son entreprise de la vie. Henri Mouhot pénétra jusqu'au cœur du pays, navigua sur le Mênam et le Mékong et rapporta du pays des Stiengs, ainsi que du Laos annamite, des coquilles infiniment curieuses qui diffèrent notablement de celles du littoral, les seules que l'on connût avant lui. Ces coquilles ont été décrites et figurées en partie par M. Pfeiffer dans les *Proceedings* de la Société géologique de Londres (1862) et dans les *Novitates conchologicæ* de l'auteur. On trouve aussi, dans le tome II du voyage du Mouhot, qui a paru à Londres en 1864, une planche de Sowerby, d'une exécution très-grossière, représentant les plus remarquables d'entre elles. Ajoutons, enfin, pour terminer cet exposé sommaire, que les recherches de ces vingt dernières années n'ont pas été tout à fait stériles, car la faune de la Cochinchine, qui comprenait seulement une douzaine d'espèces en 1850, en compte six fois autant aujourd'hui. Mais ce chiffre n'est évidemment qu'une expression bien faible des richesses du pays, et il s'accroîtra sans nul doute quand les explorations s'étendront au delà des grandes plaines et gagneront la région plus favorisée des montagnes.

REVUE DE GÉOLOGIE, par MM. Delesse et de Lapparent.
(Tome X.)

La *Revue de géologie*, dont la publication a été commencée en 1860, est maintenant parvenue à son *dixième* volume. De même que l'*Histoire des progrès de la géologie* de d'Archiac, elle se propose de tenir au courant des progrès de la science. Les nombreux travaux qui paraissent chaque année y sont résumés d'une manière aussi concise que possible et, quand cela est nécessaire, ils y sont l'objet d'une discussion. Une part assez large est faite d'ailleurs aux travaux publiés à l'étranger, particulièrement en Angleterre, en Italie et en Allemagne. On trouvera de plus dans la *Revue de géologie* les résultats de différentes communications manuscrites ou verbales qui ont été faites directement aux auteurs, ainsi que des analyses inédites de roches qui ont surtout été exécutées dans les laboratoires des Écoles des mines et des ponts et chaussées.

**PRIX PROPOSÉ PAR LA SOCIÉTÉ CENTRALE D'AGRICULTURE
DE LA SEINE-INFÉRIEURE.**

De toutes parts des plaintes s'élèvent sur les fraudes dont le lait est l'objet. C'est, cependant, comme tout le monde le sait, l'aliment essentiel de l'enfant qui n'est pas nourri au sein. Un grand intérêt s'attache donc à ce que cet aliment soit donné à l'état de pureté à l'enfant, sans quoi celui-ci est exposé aux accidents d'une alimentation malsaine ou insuffisante.

On a essayé jusqu'ici une foule de procédés pour reconnaître les fraudes, qui sont multiples; mais aucun ne donne *immédiatement* un moyen pratique satisfaisant.

L'analyse chimique, les instruments connus donnent, sans doute, la possibilité de découvrir les fraudes; mais ils ont l'inconvénient d'exiger des connaissances qui ne sont pas à la portée de tout le monde, ou de demander un long délai pour faire connaître la vérité.

La Société centrale d'agriculture de la Seine-Inférieure, désirant ramener l'honnêteté dans le commerce du lait, autant au point de vue de l'humanité que dans l'intérêt de l'agriculture, décernera, dans sa séance publique d'octobre 1877, un prix de la valeur de *700 francs* et une médaille d'or à l'auteur ou à l'inventeur d'un procédé prompt et facile pour reconnaître, à toute température, si le lait a été privé de tout ou partie de sa crème, et surtout s'il a été additionné d'eau, et dans quelles proportions. Le Lactodensimètre de Quevenne, le Lactomètre de MM. Chevallier et O. Henry donnent ce résultat, mais seulement après que toute la crème a été séparée des autres matériaux du lait. Le Crémomètre de Banck est précieux, mais il lui faut aussi vingt-quatre heures de repos. Le Lactobutyro-mètre de M. Marchand, le Lactoscope de M. Donné, sont des instruments très-utiles à consulter, mais ils demandent une grande habileté dans leur emploi.

Le moyen à trouver devra donc être plus simple et à la portée du plus grand nombre.

La Société se réserve le droit de décerner le prix, en totalité ou en partie, selon le mérite des procédés ou instruments, qui ne seront appréciés et jugés qu'après essai.

Les mémoires ou instruments devront être adressés, avant le 1er mars 1877, à M. Bidard, secrétaire de correspondance de la Société, place Saint-Hilaire, à Rouen. Ils devront être porteurs d'une devise répétée sur un billet cacheté, indiquant le nom et l'adresse de l'auteur.

TABLE DES MATIÈRES

ASTRONOMIE.

SCIENCES PHYSIQUES.

MÉTÉOROLOGIE.

Températures du Rhône, rive gauche, par M. Marnas. — Rapport de M. E. Renou, p. 13.

Note sur les variations barométriques et la prévision locale du temps, par M. Gobin. — Rapport de M. E. Renou, p. 15.

Recueil de quelques observations météorologiques faites à Lyon pendant le xviii° siècle, par M. Lafon. — Rapport de M. E. Renou, p. 16.

Les vignobles de la Moselle et les nuages artificiels, par M. Abel. — Compte rendu de M. E. Renou, p. 17.

Note historique sur les aurores polaires, par M. Müller. — Compte rendu de M. E. Renou, p. 18.

Observations météorologiques faites en 1874 au Pic du Midi de Bigorre, par M. Tarisson, p. 86.

Sur la répartition de la pluie à la surface de la chaîne des Alpes, par M. Raulin, p. 89.

Tableau graphique d'une série d'observations de gelées de printemps pour les mois d'avril et de mai depuis 1790 jusqu'à 1854, par M. Isidore Pierre, p. 89.

Mémoire sur un nouveau genre d'abri de thermomètres, pour les observations météorologiques, par M. A. Demangeon, p. 127.

Les institutions météorologiques des États-Unis, par M. A. Angot, p. 213.

PHYSIQUE.

Méthode photométrique permettant de composer les sources lumineuses différemment colorées, par M. Th. Trannin, p. 56.

Présence du phosphore dans l'électricité, par M. Raoult, p. 58.

Des propriétés physiques des lames de collodion, par M. E. Gripon, p. 61.

De la température du soleil, par M. Violle, p. 62.

Sur un nouveau microscope polarisant, par M. Nodot, p. 63.

Vérification de la loi de la double réflexion totale dans les cristaux uni-axes, par M. Abria, p. 64.

Thermomètres métalliques d'une construction nouvelle et d'une grande précision, par M. Francisque Michel, p. 89.

CHIMIE.

Résultats d'une étude sur les causes d'usure et d'explosion des chaudières des machines à vapeur, par M. le docteur Garrigou, p. 56.

Recherches relatives à l'action du platine sur les hydrocarbures en présence de l'oxygène de l'air, par M. Coquillion, p. 56.

Résultats des recherches entreprises pour arriver à la détermination de la force chimique contenue dans la lumière du soleil, par M. Eugène Marchand, p. 57.

Nouveaux résultats d'analyses d'eaux minérales sur des mètres cubes d'eau, par M. Garrigou, p. 57.

Faits nouveaux, tendant à prouver que le monosulfure de sodium peut exister et existe réellement dans les eaux sulfureuses thermales des Pyrénées, par M. Filhol, p. 59.

Résumé de recherches faites sur l'électrolyse des carbonates et des bicarbonates alcalins, par MM. Favre et F. Roche, p. 60.

MINÉRALOGIE.

SCIENCES NATURELLES.

GÉOLOGIE.

BOTANIQUE.

PHYSIOLOGIE.

AGRONOMIE.

ZOOLOGIE.

PALÉONTOLOGIE.

MÉDECINE. — CHIRURGIE.

FAITS DIVERS.

TABLE

DES

SOCIÉTÉS SAVANTES.

S

T

TABLE ALPHABÉTIQUE
DES NOMS D'AUTEURS.

E

F

S

T

FIN DU TOME IX.